“十四五”职业教育规划教材

高职高专机电专业理实一体化创新规划教材

液压与气压传动技术

主编 丰章俊

北京航空航天大学出版社

内容简介

本书根据高等职业教育培养目标和教学特点编写而成，全书共11章，内容包括液压传动概述、液压流体力学基础、液压动力元件、液压执行元件、液压控制阀元件、液压辅助元件、液压基本回路、典型液压系统、气压传动概述、气动元件及气动基本回路。本书以液压传动为主、气压传动为辅，由浅入深地介绍液压与气压传动技术的基础知识、元件的功能与选用以及典型回路等。全书内容实用且有针对性。

本书可作为高职高专院校机电类专业“液压与气压传动”课程的教材，也可作为职工大学、成人高校教学用书，还可供相关工程技术人员参考使用。

图书在版编目(CIP)数据

液压与气压传动技术 / 丰章俊主编. -- 北京 : 北京航空航天大学出版社，2022.8

ISBN 978-7-5124-3866-8

Ⅰ. ①液… Ⅱ. ①丰… Ⅲ. ①液压传动②气压传动 Ⅳ. ①TH137②TH138

中国版本图书馆CIP数据核字(2022)第148388号

液压与气压传动技术

主编　丰章俊

策划编辑　杨晓方　　责任编辑　杨晓方

*

北京航空航天大学出版社出版发行

北京市海淀区学院路37号(邮编100191)　http://www.buaapress.com.cn

发行部电话:(010)82317024　传真:(010)82328026

读者信箱:copyrights@buaacm.com.cn　邮购电话:(010)82316936

涿州市新华印刷有限公司印装　各地书店经销

*

开本:710×1 000　1/16　印张:12.5　字数:266千字

2022年8月第1版　2022年8月第1次印刷

ISBN 978-7-5124-3866-8　定价:49.00元

编　委　会

主　编　丰章俊

副主编　刘国文　冯国林

参　编　李维俊　刘　苹　沈佳燚

前　言

本书结合我国当前高等职业教育教学改革的规划方向和目标，在广泛汇集相关教学单位的意见和建议的基础上，选取了较具创新特色的知识点作为本书内容进行讲解。编写本书，我们遵循的主要指导思想是：阐明工作原理，引入先进技术信息，拓展专业知识，强化实验实践环节，注重理论联系实际，以培养学生理解、分析、应用的综合能力为教学目标。

书中内容紧扣国家、行业制定的最新规范、标准和法规，并充分结合当前机械工程实际应用，具有较强的适用性、实用性、时代性。学习本书可使读者对液压与气压传动技术有较为全面的了解。

本书编写力求突出以下特点：

(1) 在内容上更贴近当前高职教育教学改革的实际规划方向和目标，以及高职教育的培养目标，较注重对学生技术应用能力的培养，突出其实用技术应用的训练。书中内容精简、重点突出，充分考虑教学计划的更新和相关专业学时的要求，尽量用图表代替文字论述内容。

(2) 着重分析各类元件的工作原理、结构及常见故障的排除方法，有针对性地对典型液压设备的工作原理、调试及故障分析和排除进行了简明扼要的阐述。

(3) 书中配有电子课件和部分课后练习题参考答案，方便学生进行课后练习，具体内容可扫描下面二维码获取。

(4) 以提升学生能力为本，内容叙述力求深入浅出、层次分明。

本书由浙江同济科技职业学院丰章俊担任主编，并负责统稿，湖州职业技术学院刘国文、杭州西奥电梯有限公司冯国林担任副主编，浙江同济科技职业学院李维俊、刘苇以及浙江工商大学沈佳燚担任编委。

本书编写时，得到杭州西奥电梯有限公司的大力支持，在此表示感谢。编者参阅了很多相关文献资料，谨向这些文献的作者致以诚挚的谢意。限于编者的水平和经验，书中存在的错误和不妥之处敬请读者批评指正。

编　者

2022 年 3 月 19 日

目　录

第1章 液压传动概述

液压与气压传动是研究以有压力的流体(液压油或压缩空气)为工作介质,实现各种机械传动和控制的技术。液压传动与气压传动实现传动的方法基本相同,都是利用各种元件组成所需要的各种控制回路,再由若干回路组合构成能完成一定控制功能的传动系统,以此进行能量的传递、转换及控制。

1.1 液压传动的工作原理

液压传动是指用液压油作为工作介质,借助液压油的压力能进行能量传递和控制的一种传动形式,其利用各种元件组成不同功能的基本控制回路,再根据基本控制回路及系统要求组成具有一定控制功能的液压传动系统。

液压千斤顶是机械行业常用的工具,这个小型工具可顶起较重的物体。下面以千斤顶为例简述液压传动的工作原理,如图1-1(a)所示。

图1-1中大缸体9和大活塞8组成举升液压缸。杠杆手柄1、小缸体2、小活塞3、单向阀4和7组成手动液压泵。如提起手柄使小活塞向上移动,小活塞下端油腔容积会增大,形成局部真空,这时单向阀4打开,通过吸油管5从油箱12中吸油;用力压下手柄,小活塞下移,小活塞下腔压力升高,单向阀4关闭,单向阀7打开,下腔的油液经管道6输入举升油缸9的下腔,迫使大活塞8向上移动,顶起重物。再次提起手柄进行吸油时,单向阀7自动关闭,使油液不能倒流,从而保证了重物不会自行下落。不断地往复扳动手柄,就能不断地把油液压入举升缸下腔,使重物逐渐地升起。如果打开截止阀11,举升缸下腔的油液通过管道10、截止阀11流回油箱,重物就向下移动。

上述内容就是液压千斤顶的工作原理。

通过对液压千斤顶工作过程的分析,可以看出:液压传动是利用有压力的油液作

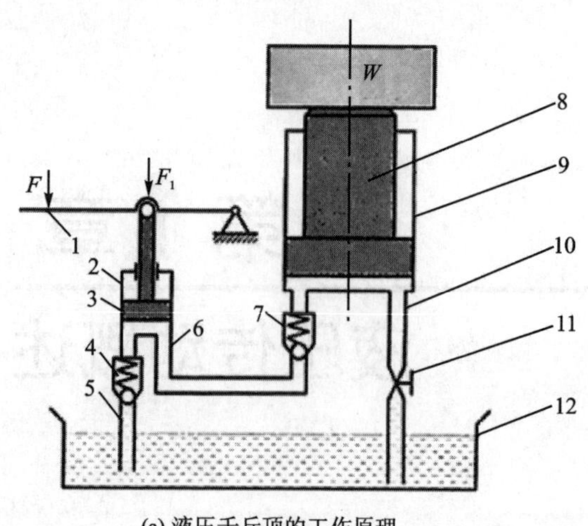

(a) 液压千斤顶的工作原理

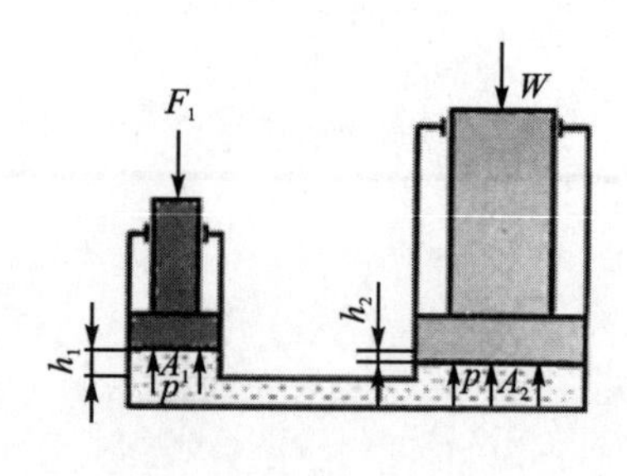

(b) 液压千斤顶的简化模型

F—手柄受力；F_1—小活塞受力；W—重物重力；h_1—小活塞移动距离；

h_2—大活塞移动距离；A_1—小活塞横截面；A_2—大活塞横截面；p—系统压力；

1—杠杆手柄；2—小缸体；3—小活塞；4、7—单向阀；5—吸油管；

6、10—管道；8—大活塞；9—大缸体；11—截止阀；12—油箱

图 1-1 液压千斤顶

为传递动力的工作介质的。当压下杠杆时，小油缸 2 输出压力油，机械能转换成油液的压力能，压力油经过管道 6 及单向阀 7，推动大活塞 8 举起重物，将油液的压力能又转换成机械能。大活塞 8 举升的速度取决于单位时间内流入大油缸 9 中油容积的多少。

由此可见，液压传动是以密闭系统内液体（液压油）的压力能传递运动和动力的一种传动形式，其过程是先将原动机的机械能转换为便于输送的液体的压力能，再将液体的压力能转换为机械能，从而对外做功，实现运动和动力的传递。

1. 动力的传递

如前面图 1-1 所示，大小两个油缸由连通管道相连，构成密闭容积，其中大活塞面积为 A_2，作用在活塞上的重物为 W，液体形成的压力为：

$$p = W/A_2 \tag{1-1}$$

由帕斯卡定理可知：小活塞处的压力也为 p，若小活塞面积为 A_1，则为防止大活塞下降，在小活塞上应施加的力应为：

$$F_1 = pA_1 = A_1 W / A_2 \tag{1-2}$$

在 A_1 和 A_2 值一定时，负载 W 越大，液体内的压力即 p 也就越高，作用力 F_1 也就越大。当大活塞上的负载 $W=0$，且不考虑活塞自重和其他阻力，则不论怎样推动小活塞，也不能在液体中形成压力。由此得到液压传动工作原理的第一个重要特征：液压传动中的工作压力取决于外负载。

2. 运动的传递

如果不考虑液体的可压缩性、泄露以及构件的变形，小油缸排出的液体体积必然等于进入大油缸的液体体积。设小活塞的位移为 h_1，大活塞的位移为 h_2，则有：

$$h_1A_1 = h_2A_2 \tag{1-3}$$

上式同时除以运动时间 t，可得：

$$q_1 = v_1A_1 = v_2A_2 = q_2 \tag{1-4}$$

式中，v_1 和 v_2 分别为小活塞和大活塞的平均运动速度；q_1 和 q_2 分别为小油缸输出的平均流量和输入大油缸的平均流量。

由此得出液压传动工作原理的第二个重要特征：活塞的运动速度只取决于输入流量的大小，而与外负载无关。

1.2 液压传动系统的图形符号

图 1-2 所示的液压系统为半结构方式表达的工作原理图，它直观易懂，但绘制麻烦，当系统中液压元件数量多时更麻烦，因此，需要简化表示方法。

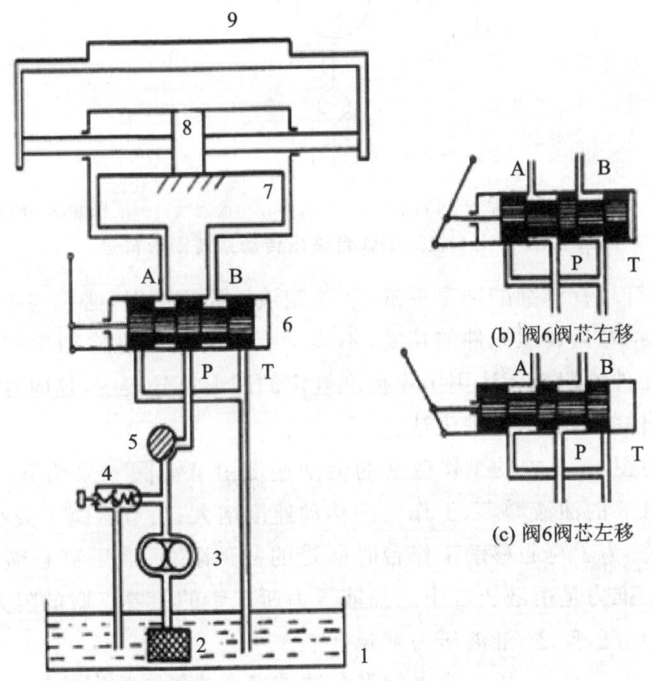

A—出油口；B—出油口；P—进油口；T—回油口；

1—油箱；2—滤油器；3—液压泵；4—溢流阀；5—节流阀；6—换向阀；7—液压缸；8—活塞；9—工作台

图 1-2　机床工作台液压传动系统工作原理图

图 1-3 采用 GB/T 786.1—1993 所规定的液压图形符号所绘制，与图 1-2 表示的是同一个液压系统，但图 1-3 的表达显得简单明了，绘制也更方便快捷。

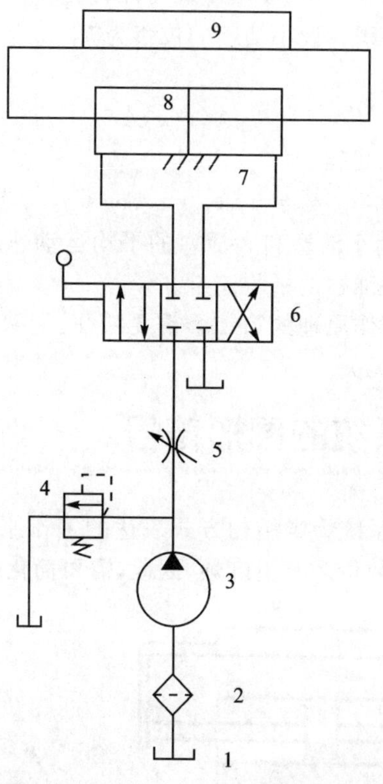

1—油箱；2—滤油器；3—液压泵；4—溢流阀；5—节流阀；6—换向阀；7—液压缸；8—活塞；9—工作台

图 1-3　机床工作台液压传动系统图形符号

液压图形符号有详细的国家标准，在绘制液压原理图时，必须遵循最新国家标准的规定。图形符号只表示元件的功能，不表示元件的具体机构和参数。在实际应用中，有些液压元件的职能无法用国家标准规定的图形符号表示，这时在液压原理图中允许采用该元件的结构示意图表达。

图 1-2 与图 1-3 中的工作台 9 的运动速度由节流阀 6 来调节，节流阀 6 开大时，进入液压缸 8 的油液增多，工作台的移动速度增大；当节流阀 6 关小时，工作台的移动速度减小。为了克服移动工作台时所受的各种阻力，液压缸必须产生一个足够大的推力，这个推力是由液压缸中的油液压力所产生的。要克服的阻力越大，液压缸中的油液压力越高，反之，油液压力就越低。

如同图 1-3 所示，液压泵排出的多余油液经溢流阀 3 排回油箱。液压泵的最大工作压力由溢流阀 4 调定，其调定值应为液压缸的最大工作压力及系统中油液流经阀和管道的压力损失的总和。因此，系统的工作压力不会超过溢流阀的调定值，溢流阀对系统起着过载保护作用。

1.3　液压系统的组成

从上面的例子可以看出，液压传动系统主要由以下 5 个部分组成：

（1）动力元件——将机械能转换为流体压力能的装置，向液压系统提供压力油。如液压泵。

（2）执行元件——将流体的压力能转换为机械能的元件。如液压缸、液压马达。

（3）控制元件——控制系统压力、流量、方向的元件以及进行信号转换、逻辑运算和放大等功能的信号控制元件，如溢流阀、节流阀、方向阀等。

（4）辅助元件——保证系统正常工作除上述 3 种元件外的装置，如油箱、过滤器、蓄能器、管件等。

（5）工作介质——液压油。用来传递运动和动力，同时起润滑、冷却和密封作用。

1.4　液压传动的特点

1. 液压传动的优点

（1）液压传动装置同其他传动方式相比，传动功率相同时，重量轻，体积紧凑。液压马达的体积和重量只有同等功率电动机的 12%左右。

（2）可实现无级调速，调速范围大。调速比可达 2 000∶1（一般是 100∶1），还可以在运行过程中进行调速。

（3）工作平稳，运动件的惯性小，换向冲击小，响应速度快，容易实现快速启动、制动和频繁换向。

（4）系统容易实现缓冲吸振，并能自动防止过载。液压缸和液压马达都能在长期堵塞状态下工作而不会过热，这是电气传动装置和机械传动装置无法办到的，且液压件能自行润滑，因此使用寿命长。

（5）液压传动易于实现自动化，它易于对液体压力、流量或流动方向进行调节或控制。当将液压控制和电气控制、电子控制或气动控制结合起来使用时，整个传动装置能实现很复杂的顺序动作，也能方便地实现远程控制。

（6）元件已基本上系列化、通用化和标准化，利于 CAD 技术的应用，工作效率高，降低成本。

（7）用液压传动实现直线运动远比用机械传动简单。

（8）由于液压传动是油管连接，所以借助油管的连接可以方便、灵活地布置传动机构，这是比机械传动优越的地方。

（9）一般采用矿物油为工作介质，相对运动面可自行润滑，使用寿命长。

2. 液压传动的缺点

(1) 由于液压油的可压缩性和泄漏，可能会影响运动的平稳性和正确性，使得液压传动不能保持严格的传动比。

(2) 液压传动系统同时存在压力损失、容积损失和机械损失等，故系统效率较低，不适宜用于远距离传动。

(3) 液压传动对油温变化比较敏感，工作性能易受温度变化的影响，因此不宜在很高或很低的温度条件下工作。

(4) 为了减少泄漏，液压元件的制造精度要求较高，因而价格较贵，而且对工作介质的污染比较敏感。

(5) 液压传动系统出现故障时不易查找，排除故障较困难，使用和维护水平要求较高。

思考题

一、填空题

1. ________是液压传动中常用来传递运动和动力的工作介质。

2. 液压传动的工作原理是依靠________传递运动，依靠________传递动力。

3. 液压传动系统除油液外可分为________、________、________、________ 4 个部分。

4. 液压传动具有传递功率________，传动平稳性________，能实现过载________易于实现自动化等优点。但是一旦有泄漏，容易________环境，传动比不________。

二、判断题

1. 液压传动装置实质上是一种能量转换装置。 (　　)

2. 液压传动以流体为工作介质。 (　　)

3. 液压传动可实现过载保护。 (　　)

三、选择题

1. 液压系统的辅助元件是________。

A. 电动机　　B. 液压泵

C. 液压缸或液压马达　　D. 油箱

2. 换向阀属于________。

A. 动力元件　　B. 执行元件

C. 控制元件　　D. 辅助元件

3. 可以将液压能转化为机械能的元件是________。

A. 电动机　　B. 液压泵

C. 液压缸或液压马达　　D. 液压阀

4. 液压传动的特点是________。

A. 可与其他方式联用,但不易自动化　　C. 速度、扭矩、功率均可作无级调节

B. 不能实现过载保护与保压　　D. 传动准确、效率高

四、简答题

1. 什么是液压传动?
2. 液压传动系统由哪几部分组成,各组成部分的主要作用是什么?
3. 绘制液压系统图时,为什么要采用图形符号?
4. 简述液压传动的主要优缺点。

第 2 章 液压流体力学基础

2.1 液压油的性质、种类及选用

2.1.1 液压油的主要性质

1. 密　度

单位体积某种液压油的质量称为密度，以 ρ 表示，单位为 kg/m^3，即：

$$\rho = m/V \tag{2-1}$$

式中，V——液压油的体积；

m——体积为 V 的液压油的质量。

矿物油的密度随温度和压力的变化而变化，但其变动值很小，一般看成常数。一般，矿物油在 20 ℃时密度为 850～900 kg/m^3。

2. 液体的粘性

液体在外力作用下流动时，由于液体分子间的内聚力而产生一种阻碍液体分子之间进行相对运动的内摩擦力，这一特性称为粘性。液体只有在流动时才会呈现粘性，静止的液体是不会呈现粘性的。粘性是液体的重要物理特性，也是选择液压用油的依据，其大小用粘度来衡量。

液体流动时，液体的粘性及液体与固体壁面间的附着力，使得流动液体内部各层间的速度并不相等。如图 2－1 所示，若两平行平板间充满液体，当上平板以 u_0 相对于静止的下平板向右移动时，由于液体粘性的作用，使紧贴于下平板的液体层的速度为零，紧贴于上平板的液体层速度为 u_0，而中间各层液体的速度从上到下近似呈线性递减的规律分布。

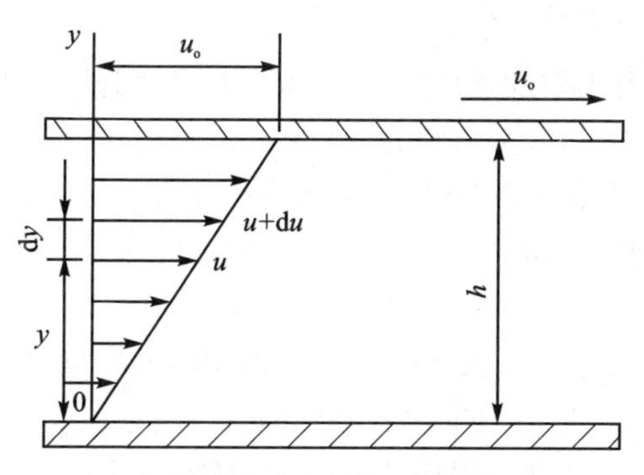

u_0—上平板移动速度;h—平行板间距

图 2－1　液体粘性示意图

(1) 动力粘度 μ

实验测定指出,液体流动时相邻液层之间的内摩擦力 F 与液层间的接触面积 A 和液层间的相对速度 du 成正比,而与液层间的距离 dy 成反比,即:

$$F=\mu A\ \frac{\mathrm{d}u}{\mathrm{d}y} \tag{2-2}$$

式中,μ——动力粘度;

du/dy——速度梯度。

如果用单位接触面积上的内摩檫力 τ(剪切力)来表示,则上式可以改写为:

$$\tau=F/A=\mu\ \frac{\mathrm{d}u}{\mathrm{d}y} \tag{2-3}$$

这是牛顿液体的内摩擦定律。由式(2－3)可得到动力粘度的表达式为:

$$\mu=F/A\mu\ \frac{\mathrm{d}u}{\mathrm{d}y} \tag{2-4}$$

由式(2－4)可知,动力粘度 μ 的物理意义是:当速度梯度 $\frac{\mathrm{d}u}{\mathrm{d}y}=1$ 时,单位面积上的内摩擦力的大小,称为动力粘度,也称绝对粘度。其单位是 Pa・S。

(2) 运动粘度 ν

动力粘度 μ 与液体密度 ρ 的比值称为液体的运动粘度 ν,即:

$$\nu=\mu/\rho \tag{2-5}$$

运动粘度 ν 单位为 m^2/s,工程单位使用的运动粘度单位还有 cm^2/s,通常称为 st(斯),工程中常用 cst(厘斯)表示,1 m^2/s=104 st=106 cst。运动粘度 ν 没有明确的物理意义,但习惯上常用它标志液体的粘度。例如 46 号液压油,是指这种油在 40 ℃时的运动粘度的平均值为 46 cst。

(3) 相对粘度

相对粘度又称条件粘度,它是采用特定的粘度计在规定的条件下测出的液体粘度。各国采用的相对粘度单位有所不同。美国用国际赛氏粘度(SSU),英国用雷氏粘度(R),我国采用恩氏粘度(°E)。

恩氏粘度(°E)用恩氏粘度计测定:将 200 mL 温度为 t℃的被测液体装入恩氏粘度计的容器内,让此液体从底部直径为 $\phi 2.8$ mm 的小孔中流出,测出液体流完所需的时间 t_1 和同体积的蒸馏水在 20 ℃时流过同一小孔所需时间 t_2 的比值,便是该液体在温度为 t℃时的恩氏粘度:

$$°E = t_1 / t_2 \tag{2-6}$$

一般以 20 ℃、40 ℃、50 ℃及 100 ℃作为测定液体粘度的标准温度,由此而得到的恩氏粘度分别用°E20、°E40、°E50、°E100 表示。

通常,工程上先测出液体的恩氏粘度,再根据关系式或用查表法,换算出动力粘度或运动粘度。

当 $1.35 \leqslant °E \leqslant 3.2$ 时:

$$\nu = (8°E - 8.64/°E) \times 10^{-6} \tag{2-7}$$

当$°E > 3.2$ 时:

$$\nu = (7.6°E - 4/°E) \times 10^{-6} \tag{2-8}$$

(4) 压力、温度对粘度的影响

液体粘度随液体压力和温度变化而变化。对液压油而言,压力增大,粘度增大,但其变化量很小。对于一般的液压系统,当压力在 32 MPa 以下时,压力对粘度的影响很小,可以忽略不计。液压油的粘度对温度的变化十分敏感,温度升高,则液体中分子间的内聚力减小,粘度降低。液压油的粘度随温度变化的关系称为液压油的粘温特性。由于液压油粘度的变化直接影响液压系统的性能和泄漏量,因此粘度随温度的变化越小越好,即粘温特性要好。粘温特性可用粘度指数 $V \cdot I$ 表示。

粘度指数 $V \cdot I$ 是用被测油液粘度随温度变化的程度同标准油液粘度变化程度比较的相对值。$V \cdot I$ 值越高,表示液压油粘度随温度变化越小,即粘温特性越好。对于普通的液压传动系统,一般要求 $V \cdot I \geqslant 90$,精制的液压油或掺有添加剂的粘度指数可达 100 以上。图 2-2 为几种常见国产油液的粘温曲线。

3. 液体的可压缩性

液体因压力作用而体积减小的特性称为液体的可压缩性。可压缩性用体积压缩系数 k 表示,并定义为单位压力变化下的液体体积的相对变化量。设体积为 V_0 的液体,其压力变化量为 Δp,液体体积减小 ΔV,则:

$$k = -\Delta V / \Delta p V_0 \tag{2-9}$$

常用液压油的 $k = (5 \sim 7) \times 10^{-10}\ \mathrm{m^2/N}$。在一般情况下,由于压力变化引起液体体积的变化很小,液压油的可压缩性对液压系统性能影响不大,所以一般可认为液体是不可压缩的。

但是在压力变化较大或有动态特性要求的高压系统中,应考虑液体可压缩性对系统的影响。当液体中混入空气时,其可压缩性将显著增加,并严重影响液压系统的

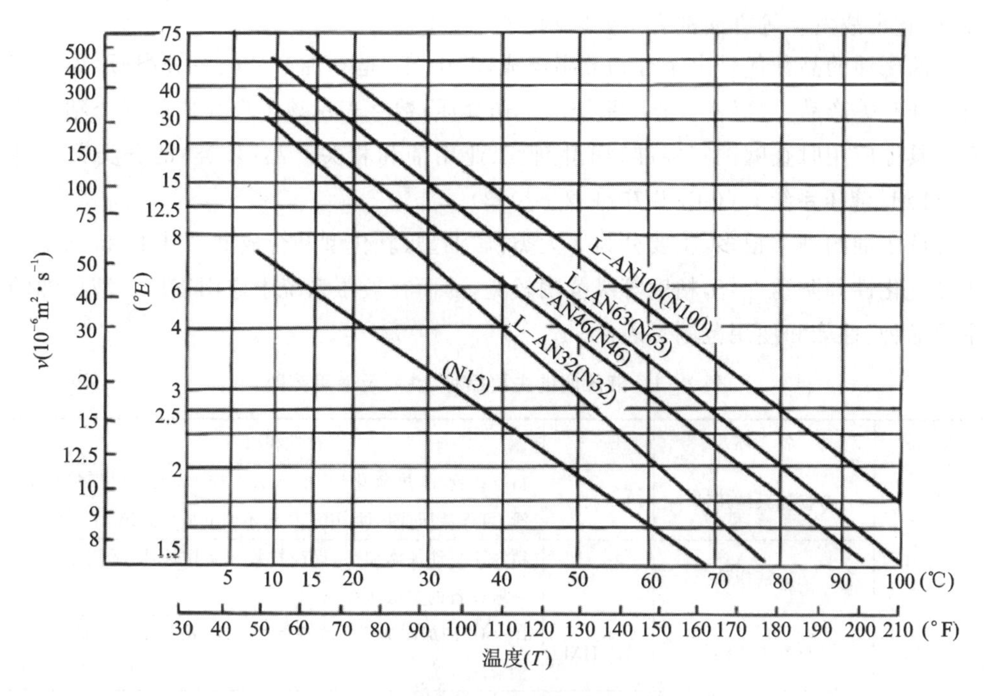

图 2－2　几种常见国产油液的粘温曲线

性能,故应将液压系统中油液中空气的含量减少到最低。

4. 闪点和凝点

油温升高时,部分油液蒸发而与空气混合成油气,此油气所能点火的最低温度称为闪点。闪点后继续加热,则会连续燃烧,此温度称为燃点。闪点是表示油液着火危险性的指标,一般认为,使用温度应比闪点低 20 ℃～30 ℃。

凝点为油液温度逐渐降低,停止流动的最高温度。凝点标志油液耐低温的能力。一般来说,使用的最低温度应比凝点高 5 ℃～7 ℃。

5. 其他性质

液压油还有其他一些物理化学性质,如抗燃性、抗凝性、抗氧化性、抗泡沫性、抗乳化性、防锈性、润滑性、导热性、相容性(主要是指对密封材料不侵蚀、不溶胀的性质)以及纯净性等,都对液压系统工作性能有重要影响。这些性质可以在精炼的矿物油中加入各种添加剂获得,不同品种的液压油有不同的指标,具体应用时可参阅相关油类产品手册。

2.1.2　液压油的种类

了解液压油的种类,对于正确、合理地选择使用工作介质,保证液压油对液压系统适应各种环境条件和工作状态的能力,延长系统和元件的寿命,提高运行的可靠性，防止事故发生等方面都有重要影响。

液压油的品种代号由字母和数字组成，其中“L”是石油产品的总分类号，表示润滑剂和有关产品；“H”表示液压系统的工作介质；数字表示该工作介质的某个粘度等级。具体应用时查阅国家标准《润滑剂、工业用油和相关产品（L类）的分类第2部分：H组（液压系统）》（GB/T 7631.2—2003）。

液压油的种类很多，主要分为3大类：矿油型、乳化型和合成型。其中，矿油型液压油乳化性和防锈性好，粘度等级范围较宽，因而在液压系统中应用很广。液压油的主要品种、性能和使用范围见表2-1。

表2-1 液压油的主要品种、性质及使用范围

类别	名称	代号	特性和用途
矿油型	全损耗系统用油	L-HH	精制矿物油，抗氧化性、抗泡沫性较差，主要用于机械润滑，可作液压代用油，用于要求不高的低压系统
	通用液压油	L-HL	精制矿物油加添加剂，提高抗氧和防锈性能，适用于室内一般设备的中低压系统
	抗磨液压油	L-HM	L-HL油加添加剂。改善抗磨性能，适用于工程机械、车辆液压系统
	低凝液压油	L-HV	可用于环境温度为－40～－20 ℃的高压系统
	高黏度指数液压油	L-HR	L-HL油加添加剂，改善粘温特性，Ⅵ值达175以上，适用于对粘温特性有特殊要求的低压系统，如数控机床液压系统
	液压导轨油	L-HG	L-HM油加添加剂，改善粘温特性，适用于机床中液压和导轨合用的系统
	汽轮机油	L-TSA	精制矿物油加添加剂，改善抗氧化。抗泡沫等性能。为汽轮机专用油，可用于一般液压系统代用油
乳化型	水包油乳化液	L-HFA	其含油为5%～10%，含水量90%～95%，另加各种添加剂。难燃，粘温特性好，有一定的防锈能力，润滑性差，易泄漏，适用于有抗燃要求、油液用量大，且泄露严重的系统
	油包水乳化液	L-HFB	其含油为60%，含水量为40%，另加各种添加剂。既具有矿油型液压油的抗磨、防锈性能，又具有抗燃性，但使用温度不能高于65 ℃，适用于有抗燃要求的中压系统
合成型	水—乙二醇合成液	L-HFC	难燃，粘温特性和抗蚀性好，能在－30～60 ℃温度下使用，适用于有抗燃要求的中低压系统
	磷酸酯合成液	L-HFDR	难燃，润滑抗磨性能和抗氧化性能良好，能在－54～135 ℃温度范围内使用，缺点是有毒，适用于有抗燃要求的高压精密系统

2.1.3　液压油的使用要求及选用

液压系统中工作油液有双重作用，一是作为传递能量的介质，二是作为润滑剂润滑运动零件的工作表面，因此油液的性能直接影响液压传动的性能，如工作的可靠性、稳定性、系统的效率及液压元件的使用寿命等。

1. 对液压油的要求

(1) 适宜的粘度和良好的粘温性能，一般液压系统所用的液压油粘度范围为：$\nu=11.5\times10^{-6}\sim35.3\times10^{-6}\ \mathrm{m^2/s}$ 或$(2\sim5)°E_{50}$。

(2) 良好的润滑性能。在液压传动机械设备中，除液压元件外，其他一些有相对滑动的零件也要用液压油润滑。

(3) 良好的化学稳定性，即遇热、氧化、水解时都具有良好的稳定性，长期不变质。

(4) 良好的相容性，即对密封件、软管、涂料等无溶解有害影响。

(5) 可使金属材料防锈和防腐。

(6) 比热、热传导率大，热膨胀系数小。

(7) 抗泡沫性好，抗乳化性好。

(8) 油液较纯净，不含或含有极少量的杂质、水分和水溶性酸碱等。

(9) 在温度低的环境下工作时，油的流动点和凝固点要低；在高温下工作时，为了防火，油的闪点和燃点高。

(10) 对人体无害，成本低。

2. 选　用

正确而合理地选用液压油，乃是保证液压设备高效率正常运转的前提。用液压油时，可根据液压元件生产厂样本和说明书所推荐的品种号数选用，或者根据液压系统的工作压力、工作温度、液压元件种类及经济性等因素全面考虑。一般先确定适用的粘度范围，再选择合适的液压油品种，同时还要考虑液压系统工作条件的特殊要求。

选择液压油时要注意以下几点：

(1) 工作环境。当液压系统工作温度较高时，考虑油液的粘温特性，应采用较高粘度的液压油，反之则采用较低粘度的液压油。

(2) 工作压力。当液压系统压力较高时，为减少泄漏，应采用较高粘度的液压油，反之，采用较低粘度的液压油。

(3) 运动速度。当液压系统工作部件运动速度高时，为了减小液流的摩擦阻力，减少功率损失，应采用粘度较低的液压油，反之采用较高粘度的液压油。

(4) 液压泵的类型。在液压系统的所有元件中，液压泵对液压油的性能最为敏感。液压泵内零件的运动速度很高，承受的压力较大，润滑要好，温升较高，因此，常根据液压泵的类型及要求选择液压油的粘度。表 2-2 列举了各类液压泵适用的粘度范围。

表 2-2 各类液压泵适合的粘度范围

液压泵的类型		环境温度 5 ℃～40 ℃/cst	环境温 40 ℃～80 ℃/cst
叶片泵	$p<7\times10^8$ Pa	30～50	40～75
	$p\geqslant7\times10^8$ Pa	50～70	55～90
齿轮泵		30～70	95～165
轴向柱塞泵		40～75	70～150
径向柱塞泵		30～80	65～240

3. 液压油使用要点

液压油使用要点有：

(1) 换油前要清洗液压系统。首次使用液压油前，液压系统必须彻底清洗干净；在更换同一种液压油时也要用新油冲 1～2 次。

(2) 液压油不能混用。一种牌号的液压油，未经设备生产厂家同意，没有科学依据时，不得随意与不同型号的液压油混用，更不得与其他品种的液压油混用。

(3) 注意液压系统密封是否良好，防止泄漏或混入尘土、杂质和水分等。

(4) 加入新的液压油时，必须按要求过滤。

(5) 应根据换油指标及时更换液压油。

4. 液压油的污染及控制

根据一些资料统计，液压系统产生故障的原因有 70%～85%是由于液压油受污染变质而引起的。因为液压系统所用的各种泵、阀类等元件，相对运动时都有光洁度很高的配合面和精密度很高的配合间隙，有些元件还设有阻尼孔、缝隙式控制阀口，如果油液中混入杂质，将会堵塞这些缝隙、小孔，阻碍油液的运动，破坏液压件的正常工作。如杂质进入阀内，就可能破坏阀芯与阀体的配合面或卡在它们中间，造成阀的密封不严或动作不灵。如油液中污物过多，将会堵塞滤油器，使系统循环受阻，又如安全阀常常开启，系统温度会升高。

使用液压油时，要注意工作条件的变化的影响，更要注意防止油液被尘土、切屑等固体颗粒及水、空气等物质污染，保持液压系统和液压油的清洁还应注意以下几点：

(1) 按说明书的规定选用合适的液压油。

① 液压油的种类及精度，必须依据液压系统和元件厂家的具体规定和要求。

② 如果须使用代用油时，则尽可能满足原牌号油的性能要求。

③ 切忌不同牌号的液压油混合使用。

(2) 采用封闭式油箱,在油箱入口处安装具有一定精度的空气滤清器。

(3) 在使用过程中,应防止水分、乳化液、灰尘、纤维杂质杂物及其他机械物的侵入。

(4) 液压油的油量要适当。液压油箱的油量在系统管路和元件充满油后,应保持在规定的油位范围内。

(5) 元件管路和系统在投入使用前必须进行严格的清洗。

(6) 加油时必须严格过滤,经常检查滤油器,发现脏时应及时给予更换。

(7) 定期检查液压油质量,保持液压油的清洁。在检查液压油质量时,主要检查以下 3 个方面的内容:

① 液压油的氧化程度。液压油在使用过程中,由于温度的变化、空气中氧气及太阳光的作用,会逐渐被氧化,使其粘度等性能改变,其氧化的程度,通常从液压油的颜色、气味方面判断。如果液压油的颜色呈黑褐色,并有恶臭味,说明已被氧化。褐色越深,恶臭味越浓,说明被氧化的程度越高。

② 液压油中含水分的程度。液压油中如果混入水分,其润滑性能将会降低,进而腐蚀金属。判断液压油中混入水分的程度通常有两种方法:一是根据其颜色和气味的变化情况,如液压油的颜色呈乳白色,气味没变,则说明混入水分过多;二是取少量液压油滴在灼热的铁板上,如果发出“叭叭”的声音,说明含有水分,此时应更换新油。

③ 液压油中含有杂质的情况。在机械工作一段时间后,取数滴液压油放在手上,用手指捻一下,查看是否有金属颗粒或在太阳光下观察是否有微小的闪光点。如果有较多的金属颗粒或闪光点,则说明液压油含有机械杂质较多,这时应更换液压油,或将液压油放出,进行不少于 42 h 以上时间的沉淀,然后将其过滤后再使用。

(8) 更换液压油时,应在机械刚工作完毕进行,即液压油热的时候倒出(更容易把机械杂质、油污等带出)。具体办法是:使工作装置处于最高位置,关闭发动机,利用其自重下降,使油箱彻底排油,然后彻底清洗油箱及相应管路,再加入新的液压油。

(9) 正确清洗液压系统。清洗液最好采用系统用过、牌号相同的液压油,切忌使用煤油或柴油做清洗液,清洗时应采用尽可能大的流量,使管路中的液流呈紊流状态,完成各个执行元件的动作,以便将污染物从各个泵、阀与液压缸等元件中冲洗出来,清洗结束后,在热状态下排掉清洗液,更换新的工作油液。

另外,一定要注意,新油中也往往含有许多污染物颗粒,所以在储藏、搬运及加注油液过程中,以及液压系统工作和拆装中,应采取一定的防护、过滤措施,防止油液被污染。

2.2　流体静力学基础

流体静力学主要讨论流体静止时的平衡规律以及这些规律的应用。“流体静止”是指流体内部质点间没有相对运动,不呈现粘性,液体整体完全可以像刚体那样做各种运动。

2.2.1 液体静压力及其特性

液体静压力是指静止液体单位面积上所受的法向力，用 p 表示。液体静压力在物理学上称为压强，在工程实际应用中习惯称为压力。若法向力均匀地作用于面积上，则压力可表示为：

$$p = \lim_{\Delta \to 0} \Delta F / \Delta A \tag{2-10}$$

液体内某质点处的法向力 ΔF 对其微小面积 ΔA 的极限称为压力 p，即：

$$p = F/A \tag{2-11}$$

压力的单位为 Pa（帕，N/m^2），工程上常使用 MPa（兆帕），1 MPa＝10^6 Pa。液体静压力具有下述两个重要特征：

(1) 液体静压力垂直于作用面，其方向与该面的内法线方向一致。如果压力不垂直于其作用面，液体就要沿着该作用面的某个方向产生相对运动；如果压力的方向不是指向作用表面的内部，则由于液体不承受拉力，液体就要离开该表面产生运动，破坏了液体静止的条件。

(2) 在静止液体中，任何一点所受到的各方向上的静压力都相等。如果液体中某点受到的压力不相等，那么必然产生运动，从而破坏静止的条件。

2.2.2 液体静力学方程

静止液体内部受力情况可用图 2－3 说明。在重力作用下的静止液体所受的力，除了液体重力，还有液面上作用的外加压力 p_0。为了求出距离液面 h 处某一点处的压力 p，可以在液体内取出一个底面通过该点、底面积为 ΔA 的小液柱为研究对象，这个液柱在重力和周围液体压力作用下，处于平衡状态。

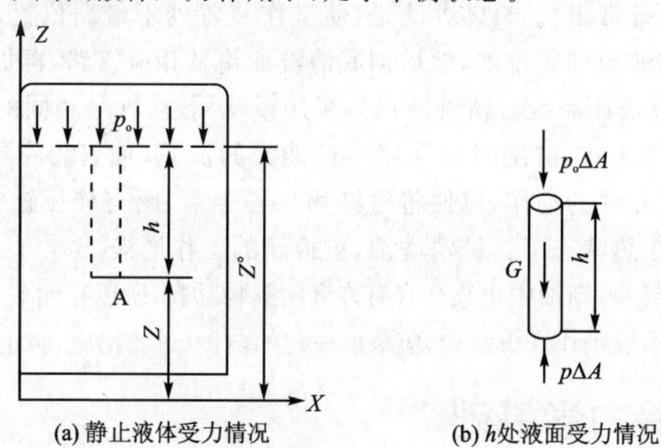

G—液柱重力；F—外加压力；p_0—液面压力；ρ—液体密度；g—重力加速度；

Z°—液面与基准水平面距离；Z—液体内点 A 与基准面间距离

图 2－3　静止液体内压力分布规律

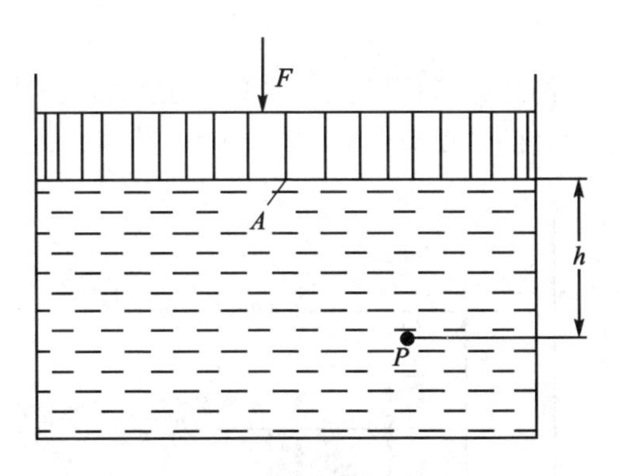

图 2－4　静止液体内的压力

如图 2－4 所示，则 A 点所受的压力为：

$$p = p_0 + \rho gh \qquad (2-12)$$

此式即为液体静压力基本方程，由此式可知：

(1) 静止液体内任一点处的压力由两部分组成：一部分是液面上的压力 p_0，另一部分是 ρg 与该点离液面深度 h 的乘积。

(2) 同一容器中，同一液体内的静压力随液体深度增加而线性地增加。

(3) 液体内深度相同处的压力都相等。由压力相等的点组成的面称为等压面。在重力作用下，静止液体内的等压面是一个水平面。

[例 2－1]　如图 2－4 所示，已知油的密度 $\rho = 900\ \text{kg/m}^3$，活塞上的作用力 $F = 1\ 000\ \text{N}$，活塞面积 $A = 1 \times 10^{-3}\ \text{m}^2$，忽略活塞的重量，试计算活塞下方深度为 $h = 0.5\ \text{m}$ 处的压力为多少？

解：活塞与液体接触面上的压力为：

$$p_0 = F/A = 1000/1 \times 10^{-3} = 10^6\ \text{Pa}$$

根据液体静压力基本方程，深度为 h 处的液体压力为：

$$p = p_0 + \rho gh = 10^6 + 900 \times 9.8 \times 0.5 = 1.0044 \times 10^6 \approx 10^6\ \text{Pa}$$

由此可见，液体在外界压力的作用下，由液体自重所形成的那部分压力 ρgh 相对很小，在液体系统中常可忽略不计，因而可近似地认为整个液体内部的压力是处处相等的。在分析液压系统的压力时，一般采用这个结论。

2.2.3　压力的表示方法及单位

通常，液压系统中的压力就是指压强，液体压力通常有绝对压力、相对压力（表压力）、真空度三种表示方法。相对于大气压（即以大气压为基准零值时）所测量的一种压力，称为相对压力或表压力。另一种是以绝对真空为基准零值时所测得的压力，称为绝对压力。某点的绝对压力比大气压小的那部分数值叫作该点的真空度。

如图 2－5 所示，绝对压力、相对压力、真空度的关系是：

绝对压力＝大气压力＋相对压力 Pa；相对压力＝绝对压力－大气压力；真空度＝

大气压力－绝对压力。

压力单位为帕斯卡，简称帕，符号为 Pa，1 Pa＝1 N/m²。由于此单位很小，工程上使用不便，因此常采用它的倍单位兆帕，符号 MPa。

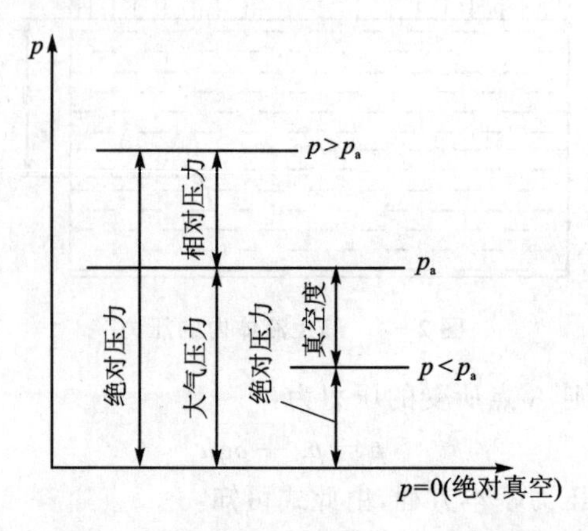

图 2-5　绝对压力、相对压力和真空度

2.2.4　静压力对固体壁面的作用力

静止液体和固体壁面相接触时，固体壁面上各点在某一方向上所受静压作用力的总和，便是液体在该方向上作用于固体壁面上的力。在液压传动计算中，质量力可以忽略，静压力处处相等，所以可认为作用于固体壁面上的压力是均匀分布的。

(1) 当固体壁面是一平面时，液体压力在该平面上的总作用力 F 等于液体压力 p 与该平面面积 A 的乘积，其作用方向与该平面垂直。

如图 2-6(a)所示，则压力 p 作用在活塞上的力 F 为：

$$F = pA = p\pi d^2/4 \tag{2-13}$$

式中，A——活塞的面积，m²；

d——活塞直径，m。

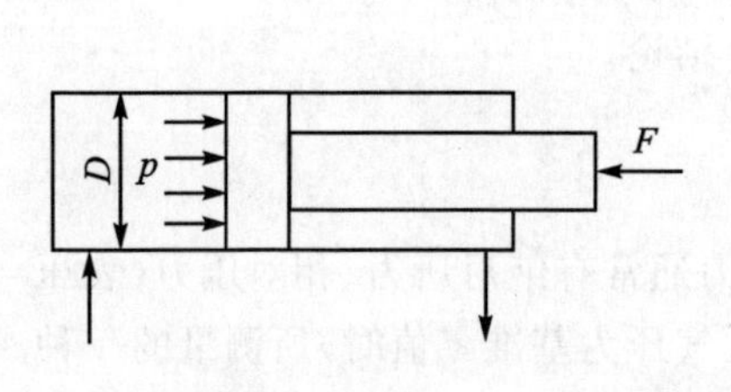

(a) 静压力作用在平面上

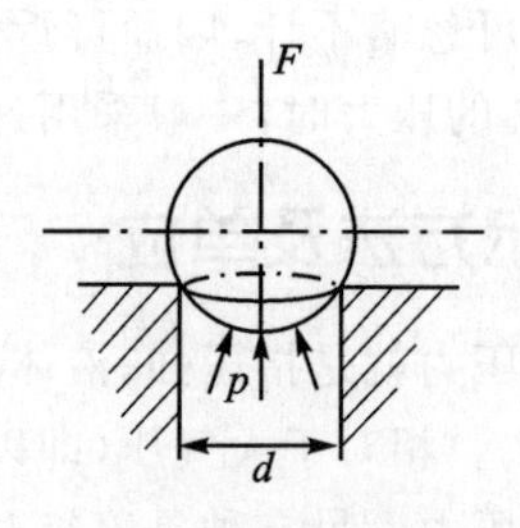

(b) 静压力作用在球面上

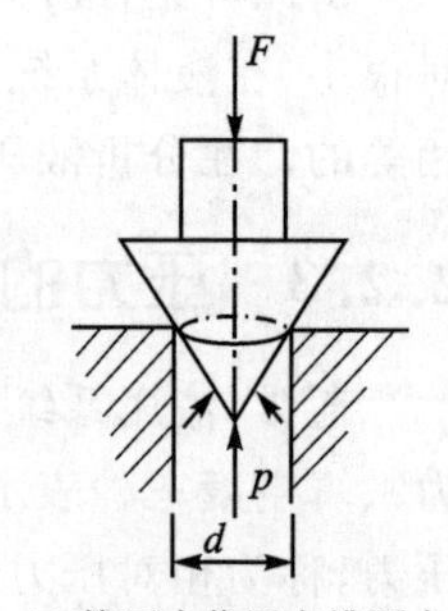

(c) 静压力作用在锥面上

D—活塞截面；p—系统压力；F—总作用力

图 2-6　液体对固体壁面上的作用力

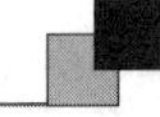

(2) 当固体壁面是曲面时，作用在曲面各点的液体静压力是不平行的，曲面上液压总作用力 F 等于液体静压力 p 和曲面在该方向的垂直面内投影面积 A 的乘积。

如图 2-6(b)和(c)所示，作用力 F 仍采用上式计算，但 A 表示曲面的投影面积，d 表示曲面的投影直径。

2.3　液体动力学基础

液体动力学是研究液体在外力的作用下流动时，流速和压力之间的变化规律。它是液压技术中分析问题和设计计算的理论基础。

2.3.1　基本概念

1. 理想液体和恒定流动

(1) 理想液体

理想液体就是指没有粘性、不可压缩的液体。我们把既具有粘性又可压缩的液体称为实际液体。

液体是有粘性的，也是可以压缩的，有粘性的液体流动时就会产生内摩擦力，如果把液体的粘性和可压缩性考虑进去，会使问题复杂化，为了方便分析和计算问题，在开始分析时往往假设液体是没有粘性、不可压缩的，之后再通过实验验证等方法对理性化的结论进行补充或修正。

(2) 稳定流动

如果液体空间上的运动参数如压力、速度及密度在不同的时间内都有确定的值，即它们只随空间点坐标的变化而变化，不随时间变化，称为定常流动或稳定流动，反之称为非稳定流动。

非稳定流动比较复杂，一般在研究液压系统静态性能时，认为液体是稳定流动的。

2. 流线、流束和通流截面

(1) 流线。流线是流场中液体质点在某一瞬间运动状态的一条空间曲线。在该线上，各点的液体质点的速度方向与曲线在该点的切线方向重合。如图所示 2-7(a)，流线

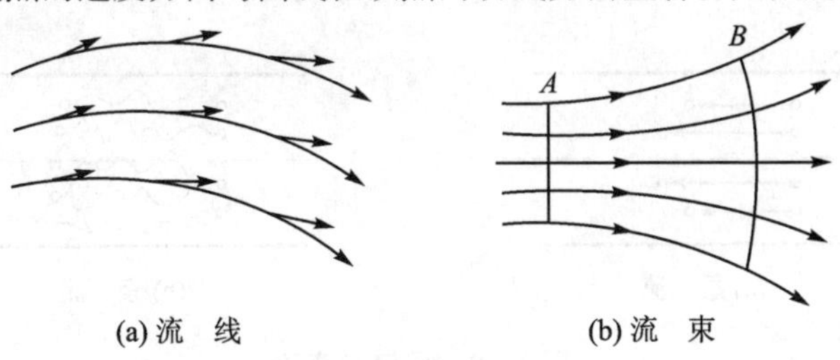

(a) 流　线　　(b) 流　束

图 2-7　流线和流束

既不能相交，也不能转折，是一条光滑的曲线。对于稳定流动的情况，流线的形状不随时间而变化。

(2) 流束。如果通过某截面 A 上所有点做流线，这些流线的集合便构成流束如图 2-7(b)。当面积 A 很小时，该流束称为微小流束，可以认为微小流束截面上各液体质点的速度是相等的。

(3) 通流截面。垂直于流束的截面称为通流截面。如图 2-7(b)的 A 面与 B 面。

3. 流量和平均流速

单位时间内通过通流截面的液体的体积称为流量，用 q 表示，流量的常用单位为 L/min。

由于流动液体粘度的影响，液体在管道中流动时速度规律呈抛物面分布，如图 2-8 所示。一般为了简化计算，假设通流截面上流速是均匀分布的，且以均布流速 v 流动，流过通流截面 A。流速 v 称为通流截面上的平均流速(u 为某点截流速)。

于是有：

$$q = va \tag{2-14}$$

故平均流速为：

$$v = q/A \tag{2-15}$$

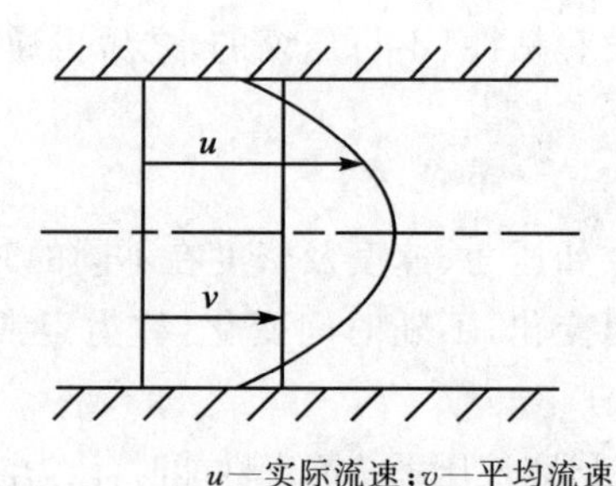

u—实际流速；v—平均流速

图 2-8　通流截面的流速分布

4. 流动状态、雷诺数

(1) 流动状态——层流和紊流，如图 2-9 所示。

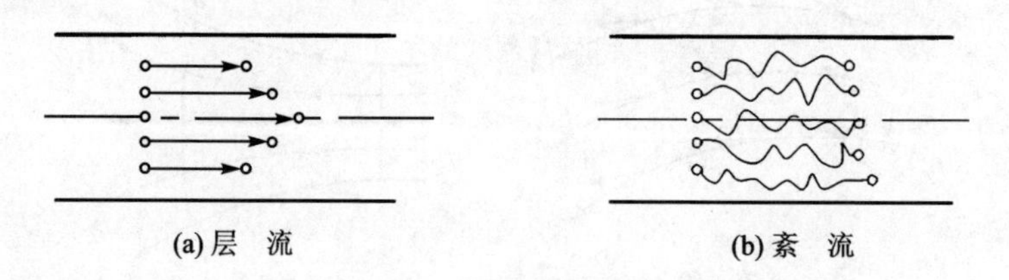

(a) 层　流　　(b) 紊　流

图 2-9　层流和紊流

① 层流：在液体运动时，如果质点没有横向脉动，液体质点不会混杂，流态层次

分明，且能维持流束的安定，这种流动称为层流。

② 紊流：如果液体流动时质点具有脉动速度，引起流层间质点相互错杂交换，这种流动称为紊流或湍流。

(2) 雷诺数

液体流动时究竟是层流还是紊流，须用雷诺数判别。实验证明，液体在圆管中的流动状态不仅与管内的平均流速 v 有关，还和管径 d、液体的运动粘度 v 有关。但是，真正决定液流状态的，却是称为雷诺数 Re 的无量纲纯数：

$$Re = vd/v \tag{2-16}$$

液体流动时，油层流变为紊流的雷诺数和由紊流变为层流的雷诺数是不同的，后者数值小，一般工程中用后者作为判别液体流动状态的依据，称为临界雷诺数，记作 Re 临。光滑金属圆管的 $Re_{临}=2\ 000\sim2\ 300$，橡胶软管的 $Re_{临}=1\ 600\sim2\ 000$，圆柱形滑阀阀口的 $Re_{临}=260$，锥阀阀口的 $Re_{临}=20\sim100$。当液流实际流动时的雷诺数小于临界雷诺数时，液流为层流；反之，液流为紊流。

2.3.2　流量连续性方程

质量守恒是自然界的客观规律，不可压缩液体的流动过程也遵守能量守恒定律。

当液体在管内稳定流动时，单位时间内液体通过管内任意截面的质量必然相等。图 2-10 为一截面不等的管道，液体在管中稳定流动，任取两通流截面面积分别为 A_1 和 A_2，流速为 v_1 和 v_2，则通过任意截面的流量为：

$$q = A_1 v_1 = A_2 v_2 = 常量 \tag{2-17}$$

式(2-17)称为不可压缩液体稳定流动时的连续性方程。由此可知，液体的流速取决于流量；当流量一定时，液体的平均流速与其截面积大小成反比。

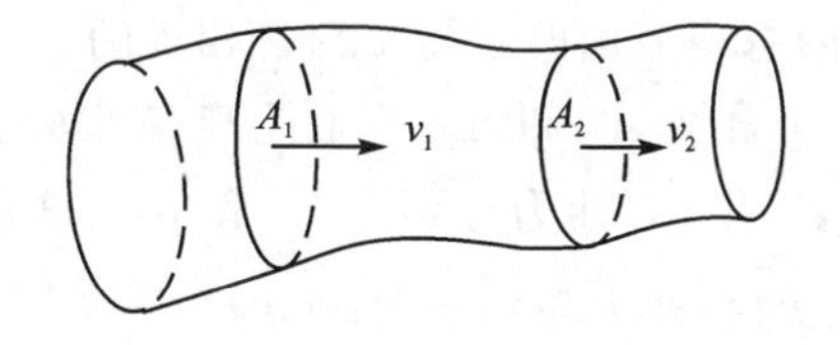

图 2-10　流量连续性

[例 2-2]　图 2-11 所示为相互连通的两个液压缸，已知大缸内径 $D=100$ mm，小缸内径 $d=20$ mm，大活塞上放上质量为 5 000 kg 的物体。试计算：

(1) 在小活塞上所加的力 F 为多大时才能使大活塞顶起重物？

(2) 若小活塞下压速度为 $V=0.2$ m/s，试求大活塞上升速度？

解：(1) 活塞上需施加的物体的重力为：

$$G = mg = 5\ 000 \times 9.8 = 49\ 000\ \text{N}$$

则液压缸中油液的压力为：

$$p = G/A_2 = 4G/\pi d^2 = 49\ 000/3.14 \times 0.1^2 = 6.24 \times 10^6\ \text{Pa}$$

所以，小活塞上需施加的力为，

$$F=pA_1=6.24\times10^6\times3.14\times0.02^2/4=1\ 960\ \text{N}$$

(2) 两活塞的速度满足 $A_1v_1=A_2v_2=$ 常量

由不可压缩液体稳定流动时的连续性方程得：

$$v_1\pi d^2/4=v_2\pi D^2/4$$

故大活塞上升的速度：

$$v_2=v_1d^2/D^2=0.2\times0.02^2/0.1^2=0.008\ \text{m/s}$$

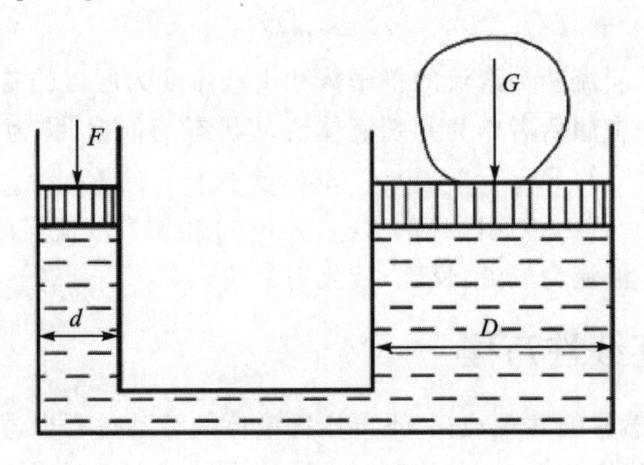

图 2-11　连续性方程应用实例

2.3.3　伯努利方程

1. 理想液体的伯努利方程

理想液体因无粘性，又不可压缩，因此在管内作稳定流动时没有能量损失。根据能量守恒定律，同一管道内每一截面的总能量都是相等的。

在图 2-12 中任取两个截面 A_1 和 A_2，它们距离基准水平面的距离分别为 z_1 和 z_2，断面平均流速分别为 v_1 和 v_2，压力分别为 p_1 和 p_2。根据能量守恒定律有：

$$p_1+\rho gz_1+1/2\rho v_1^2=p_2+\rho gz_2+1/2\rho v_2^2 \tag{2-18}$$

由于流束的 A_1、A_2 截面是任取的，因此伯努利方程表明，在同一流束各截面上，参数 z、pv^2 及 ρg^2g 之和是常数，即：

$$p/\rho g+z+v^2/2g=c(c\ 为常数) \tag{2-19}$$

伯努利方程的物理意义为：在密封管道内理想液体在任意一个通流断面上具有三种形成的能量，即压力能、势能和动能。这三种能量的总和是一个恒定的常量，而且三种能量之间是可以相互转换的，即在不同的通流断面上，同一种能量的值会是不同的，但各断面上的总能量值都是相同的。

2. 实际液体的伯努利方程

由于液体存在着粘性，会产生内摩擦力，消耗能量；同时管路中管道尺寸和局部

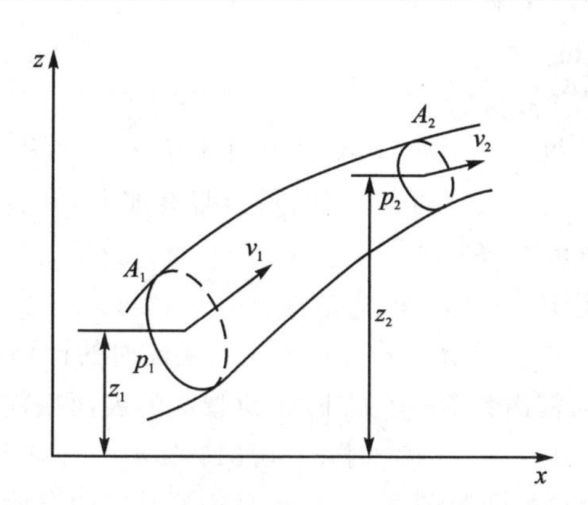

图 2-12　理想液体伯努利方程推导简图

形状的骤然变化使液体产生扰动，也引起能量消耗。另外，由于实际流速在管道通留截面上分布是不均匀的，用平均流速计算动能时，必然会产生偏差，需要引入动能修正系数 α 补偿偏差。因此，设单位质量液体在两截面之间流动的能量损失为 hw，实际液体的伯努利方程为：

$$p_1 + \rho g z_1 + 1/2\rho v_1^2 = p_2 + \rho g z_2 + 1/2\rho v_2^2 + hw \qquad (2-20)$$

式中，紊流时取 $\alpha=1$，层流时取 $\alpha=2$。

2.4　液压系统的压力损失

由于液体具有粘性，会在流动中由于摩擦而产生能量损失。另外，液体在流动时会因管道尺寸或形状变化而产生撞击和出现旋涡，也会造成能量损失，其中，在液压管道中的损失表现为压力损失。管道压力损失过大，将使功率消耗增加、油液发热、泄漏量增加、液压系统性能变坏，因此在设计液压系统时，要考虑减小压力损失的途径。

液压系统中的压力损失分为沿程压力损失和局部压力损失两种。

1. 沿程压力损失

液压油沿等径直管流动时产生的压力损失，称为沿程压力损失。这类压力损失是由液体流动时，液体内部、液体和管壁间的摩擦力，以及湍流流动时质点间的相互碰撞所引起的。液体的流动状态不同，沿程压力损失也不同。

(1) 层流时的沿程压力损失

液体在直管中流动时的沿程压力损失可用达西公式确定：

$$\Delta p_\lambda = \lambda l / d \times \rho v^2 / 2 \qquad (2-21)$$

式中，Δp_λ——沿程压力损失，Pa；

l——管路长度，m；

v——液流速度，m/s；

d——管路内径，m；

ρ——液体密度，kg/m^3；

λ——沿程阻力系数。对于圆管层流，其理论值 $\lambda=64/Re$；考虑实际圆管截面可能变形，以及靠近管壁处的液层可能冷却，阻力略有加大，故实际计算时，对金属管取 $\lambda=75/Re$，橡胶管取 $\lambda=80/Re$。

(2) 紊流时的沿程压力损失

紊流时的沿程压力损失计算公式在形式上与层流时的计算公式(2-21)相同，但式中的阻力系数 λ 除了与雷诺数 Re 有关外，还与管壁的表面粗糙度有关。实际计算时，对于光滑管，当 $2.32\times10^3\leqslant Re<10^5$ 时，$\lambda=0.3164Re^{-0.25}$；对于粗糙管，λ 的值要根据雷诺数 Re 和管壁的相对表面粗糙度 Δ/d，从有关液压传动设计手册中查出。

2. 局部压力损失

液压油流经局部障碍(如弯道、接头、管道截面突然扩大或收缩)时，由于液流的方向和速度突然变化，会在局部区域形成漩涡，引起液体质点与固体壁面间相互撞击和剧烈摩擦，进而产生的压力损失，称为局部压力损失。

液流流过上述局部装置时流动状态极为复杂，影响因素较多，故局部压力损失一般先通过实验确定局部压力损失的阻力系数，再用相应公式计算局部压力损失值。局部压力损失的计算公式为：

$$\Delta p_\zeta=\zeta\rho v^2/2 \tag{2-22}$$

式中，Δp_ζ——局部压力损失，Pa；

ζ——局部阻力系数，由试验求得，具体数值可查阅有关液压传动设计计算手册；

v——液流速度，m/s；

ρ——液体密度，kg/m^3。

3. 管道系统中的总压力损失

管路系统的总压力损失等于所有沿程压力损失和局部压力损失之和，即：

$$\Delta p=\sum\Delta p_\lambda+\sum\Delta p_\zeta=\sum\lambda l\rho v^2/2d+\sum\zeta\rho v^2/2 \tag{2-23}$$

当大部分液压系统中的压力损失转换为热能，会造成系统油温升高、泄漏增大，以致影响系统的工作性能。从压力损失的计算公式可以看出，减小液流在管道中的流速，缩短管道长度，减少管道的截面突变和管道弯曲，适当增加管道内径，合理选用阀类元件等都可使压力损失减小。

2.5 液压冲击及气穴现象

1. 液压冲击现象

在液压系统工作过程中，由于某种原因而引起液体压力在某一瞬间急剧升高，形成很高的压力峰值，这种现象称为液压冲击。

(1) 液压冲击产生的原因及其危害

在执行部件换向、液压阀突然关闭或液压缸快速制动等情况下，液体在系统中的流动会忽然受阻，这时由于液流和运动部件的惯性作用，液体就会从受阻端开始，迅速将动能逐层转换为压力能，产生压力冲击波，之后，又从另一端开始，将压力能逐层转换为动能，液体又反向流动；然后，再次将动能转化为压力能，如此反复地进行能量转换。由于这种压力波的快速往复传播，能在系统内形成压力振荡。实际上，由于液体受摩擦力，而且液体自身和管壁都有弹性，不断消耗能量，才使振荡过程逐渐衰减，并趋向稳定。

系统中出现液压冲击波时，液体瞬时压力峰值可能是正常压力的好几倍，所以液压冲击会损坏密封装置、管道或液压元件，并且还会引起设备振动，产生很大噪声，有时，液压冲击还会使某些液压元件(如压力继电器、顺序阀等)产生误动作，影响系统的正常工作，甚至造成事故。

(2) 减少液压冲击的措施

① 延长液压阀的关闭时间和运动部件的制动时间。实践证明，当运动部件的制动时间大于 0.2 s 时，液压冲击就可大为减小。应用中可采用换向时间可调的换向阀。

② 限制管道中液体的流速和运动部件的运动速度。一般，在液压系统中把管路流速控制在 4.5 m/s，运动部件速度一般不宜超过 10 m/min。

③ 适当加大管径，尽可能缩短管长，以减小压力冲击波的传播时间。

④ 在容易发生液压冲击的部位设置缓冲装置、采用橡胶管或设置蓄能器，以吸收冲击压力；也可以在这些位置安装安全阀，以限制压力升高。

⑤ 在液压系统中设置蓄能器或安全阀。

2. 气穴现象

(1) 气穴现象及产生的原因

在液压系统中，液压油总会不可避免含有一定量的空气。这些混入油液中的空气一部分可能溶解在油液中，也可能以气泡状态混合在油液中。常温时，在一个大气压下矿物型液压油中含有 6%～12%的溶解空气。如果某一处的压力低于工作温度下油液的空气分离压时，溶解在油液中的空气将大量分离出来，形成气泡，这些气泡以原有气泡为核心，逐渐变大。当油液中某部分的压力降低到当时温度下的饱和蒸汽压时，油液将迅速汽化，产生大量气泡。这些气泡混杂在油液中，使得原来充满油管和液压元件容腔中的油液成为不连续状态，这种现象就称为气穴。

(2) 危害及防治措施

在液压系统中，泵的吸油口及吸油管路中的压力低于大气压力时容易产生气穴现象。油液流经节流口等狭小缝隙处时，由于速度增加，当压力低于空气分离压时，也会产生气穴现象。

如果液体产生了气穴现象，则液体中由气穴而产生的气泡，随着油液运动到高压区时，气泡在高压油作用下迅速破裂，并又凝结成液态，即体积突然减小而形成局部真空，周围高压高速流过来补充。由于这一过程是在瞬间产生的，因而会引起局部液压冲击，压力和温度都急剧升高，并产生强烈的噪音和振动。在气泡凝结区域的管壁及其他液压元件表面，因长期受冲击压力和高温作用以及从油液中游离出来的空气中的氧化和酸化作用，零件表面受到腐蚀，这种因气穴现象而产生的零件腐蚀，称为气蚀。

在液压元件和液压系统设计时，为了防止气穴和气蚀现象的产生，要正确设计液压泵的结构参数和液压泵的吸油管路，尽量避免在油道狭窄处或急剧转弯处产生低压区，另外，还应合理选择液压元件的材料，增加零件的机械强度，提高零件的表面质量等，以提高管道耐腐蚀能力。

为了减少气穴现象和气蚀的危害，建议采取下列措施：

① 减小小孔或缝隙前后的压差。一般希望小孔或缝隙前后的压力比值 $p_1/p_2<3.5$。

② 降低泵的吸油高度，适当加大吸油管内径，限制吸油管的流速，尽量减少吸油管中的压力损失（如及时清洗过滤器或更换滤芯等）。因为自吸能力差的泵需用辅助泵供油。

③ 管路要有良好的密封，防止空气进入。

④ 提高零件的机械强度，宜采用抗腐蚀能力强的金属材料。

2.6 小孔流量

液压传动中常利用液体流经阀的小孔或缝隙控制流量和压力，达到调速和调压的目的。研究小孔和缝隙的流量计算，了解其影响因素，对于合理设计液压系统，正确分析液压元件和系统的工作性能是很有必要的。

小孔的结构形式可分为三类：当小孔的板厚(l)与其孔的直径(d)比为 $l/d\leqslant 0.5$ 时，称为薄壁小孔；当 $l/d>4$ 时，称为细长孔；当 $0.5<l/d\leqslant 4$ 时，称为短孔。

(1) 薄壁小孔的流量

图 2-13 为进口边做成锐缘的典型薄壁小孔，其流量公式为：

$$q=C_dA(2\Delta p/\rho)^{1/2} \tag{2-24}$$

式中，C_d——流量系数，可根据雷诺数的大小查阅相应数值；

A——小孔的通流截面面积，m^2；

Δp——小孔前后的压力差($\Delta p=p_1-p_2$)，MPa。

薄壁小孔由于流程很短，流量对温度的变化不敏感，因而流量稳定，宜做节流器用。但薄壁小孔加工较为困难，实际上应用较多的是短孔。

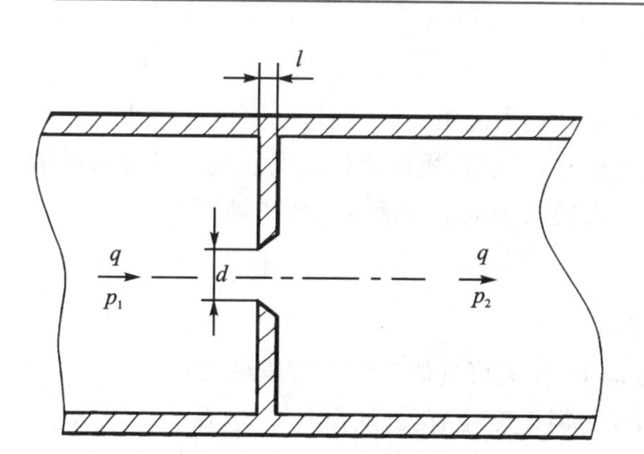

l—小孔的长度；d—小孔的直径

图 2－13　薄壁小孔流量

（2）短孔的流量

短孔的流量公式依然是式(2－24)，但流量系数 C_d 不同，一般 C_d 取 0.82。

（3）细长孔流量

流经细长孔的液流，由于粘性而流动不畅，故多为层流。其流量计算公式为：

$$q = \pi d^2 \Delta p / 128\mu l \tag{2-25}$$

式中，μ——液体的动力粘度。

纵观各类小孔流量公式，可归纳为一个通用公式，

$$q = A \Delta p \varphi \tag{2-26}$$

式中，C——由孔的形状、尺寸和液体性质决定的系数；

A——小孔的通流截面面积，m^2；

Δp——小孔前后的压力差，MPa；

φ——由孔的长径比决定的指数，薄壁小孔 $\varphi=0.5$，细长孔 $\varphi=0.5$。

从通用公式(2－26)可以看出，无论哪种小孔，其通过的流量均与小孔的通流截面面积 A 及两端压差 Δp 成正比，改变其中一个量即可改变通过小孔的流量，从而达到调节运动部件运转速度的目的，这就是节流阀的工作原理。

思考题

一、填空题

1. 油液的两个最主要的特性是________和________。

2. 液压传动的两个重要参数是________和________，它们的乘积表示________。

3. 随着温度的升高，液压油的粘度会________，________会增加。

4. 压力的大小决定于________，而流量的大小决定了执行元件的________。

二、判断题

1. 作用在活塞上的推力越大，活塞的运动速度就越快。 ( )

2. 油液流经无分支管道时，横截面积较大的截面通过的流量也越大。 ( )

3. 液压系统压力的大小取决于液压泵的供油压力。 ( )

三、选择题

1. 油液特性的错误提法是________。

A. 在液压传动中，油液可近似看作不可压缩

B. 油液的粘度与温度变化有关，油温升高，粘度变大

C. 粘性是油液流动时，其内部产生摩擦力的性质

D. 液压传动中，压力的大小对油液的流动性影响不大，一般不考虑其影响

2. 活塞有效作用面积一定时，活塞的运动速度取决于________。

A. 液压缸中油液的压力　　B. 负载阻力的大小

C. 进入液压缸的流量　　D. 液压泵的输出流量

3. 当液压系统中有几个负载并联时，系统压力取决于克服负载的各个压力值中的________。

A. 最小值　　B. 额定值

C. 最大值　　D. 极限值

4. 如水压机的大活塞上所受的力，是小活塞受力的50倍，则小活塞对水的压力与通过水传给大活塞的压力比是________。

A. 50　　B. 50∶1

C. 1∶1　　D. 25∶1

5. 水压机大小活塞直径之比是10∶1，如果大活塞上升2 mm，则小活塞被压下的距离为________ mm。

A. 100　　B. 50

C. 10　　D. 200

四、简答题

1. 在工作中，如何选取合适的液压油？

2. 液压系统中的油液污染有何不良后果，应如何预防？

3. 理想液体的伯努利方程的物理意义是什么，其应用形式是什么？

4. 薄壁孔和细长孔有何区别及应用？

5. 气穴现象产生的原因和危害是什么，如何减小这些危害？

6. 液压冲击产生的原因和危害是什么，如何减小压力冲击？

第3章 液压动力元件

在液压系统中，动力元件是将原动机所提供的机械能转换为工作液体的压力能的能量转换装置，是液压系统的动力源，它向系统提供所需要的压力油。动力元件在液压系统中占有极其重要的位置。

3.1 液压泵概述

液压泵是一种能量转换装置，功能是向液压系统提供一定压力和流量的液体，把机械能转换成液体的压力能。

3.1.1 液压泵的工作原理

液压泵的工作原理如图3-1所示：柱塞2装在泵体3内形成密封容积a。柱塞2靠弹簧4压紧在偏心轮1上，当偏心轮1由原动机带动旋转时，柱塞使在泵体内作往复运动，使密封容积的大小发生周期性的变化。当偏心轮1在图示位置转动时，柱塞2向右移动，泵体内密封容积逐渐增大，形成局部真空，油箱内的油液在大气压作用下，顶开单向阀6进入密封腔中，实现吸油；当偏心轮1转过半周后，柱塞2向左移动，密封容积逐渐减小，油液受柱塞挤压而产生压力，使单向阀6关闭，同时单向阀5被顶开，具有较高压力的油液将流入液压系统，实现了向系统压油。偏心轮不断地旋动，柱塞左右往复运动，液压泵就不断地进行半个周期吸油和半个周期压油的工作循环。由此可见，液压泵是依靠密封容积的变化进行工作的，故常称其为容积式液压泵。

液压泵的结构特点如下：

(1) 液压泵是通过密封容积的变化实现吸油和排油动作的，密封而又变化的容积是液压泵须有的基本结构。

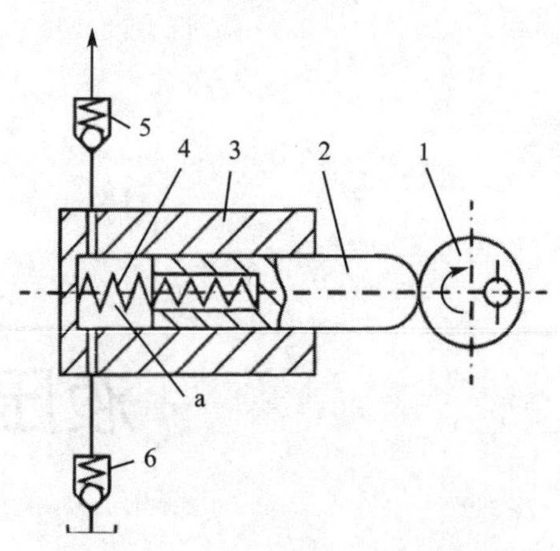

1—偏心轮;2—柱塞;3—缸体;4—弹簧;5,6—单向阀

图3-1 单柱塞液压泵工作原理图

(2) 具有配油装置。它保证密封容积在吸油时与油箱连通,在压油时与液压系统连通。图中的单向阀5和6就是泵的配油装置。

(3) 系统工作时,油箱中的液体须保持能产生不低于一个大气压的绝对压力,这是保证液压泵能从油箱吸油的必要外部条件,因此油箱的液面要与大气相通(或采用密封的充液油箱)。

3.1.2 液压泵的主要性能参数

1. 压力

(1) 工作压力 p 是指泵在工作时输出的实际压力,即液压泵工作时的出口压力,其大小取决于工作负载总和。当负载增加时,液压泵的压力升高。如果负载无限制增加,液压泵的工作压力也无限制升高,会导致液压泵工作机构的密封性和零件被破坏,因此,在液压系统中应设置溢流阀限制泵的较大工作压力,起过载保护作用。当排油管直接接回油箱,总负载为零,泵排出压力为零,这一工况称为卸荷。

(2) 额定压力 p_n 是指泵在正常工作条件下,按实验标准连续运转时所允许的最高压力。正常工作时不允许超过其额定压力,超过此值即为过载。一般泵的铭牌上所标的压力值就是额定压力。

(3) 最高允许压力 $p_{\max}$ 是指泵短时间内过载时所允许的极限压力,受泵本身密封性能和零件强度等因素的限制,一般由液压系统中的溢流阀限定。溢流阀的调定值不允许超过液压泵的最高压力。p、p_n、$p_{\max}$——国际单位为 N/m^2,Pa;常用单位为MPa。

液压传动的用途不同,系统所需的压力也不相同,为了便于液压元件的设计/生产和使用,将压力分为几个等级,见表3-1。

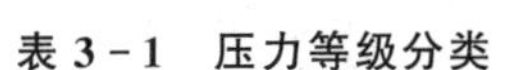

表3-1　压力等级分类

压力等级	低压	中压	中高压	高压	超高压
压力范围/MPa	0～2.5	2.5～8	8～16	16～32	＞32

2. 排量和流量

(1) 排量V是指在没有泄漏情况下，液压泵每转一转理论上应排出的油液体积，排量的大小仅与泵的密封容积变化有关。V——国际单位为m^3/r；常用单位L/r。

(2) 流量液压泵的流量分为理论流量、实际流量和额定流量。

① 理论流量q_t是指在不考虑泄漏的情况下，液压泵单位时间内所排出的油液体积。它泵的排量V和主轴转速n成正比，即液压泵的理论流量q_t为：

$$q_t = Vn \tag{3-1}$$

② 实际流量q是指液压泵在某一具体工况下，单位时间内实际排出的油液体积。由于液压泵在工作时，存在泄漏流量Δq，所以实际流量q小于理论流量，即

$$q = q_t - \Delta q \tag{3-2}$$

当液压泵的出口压力等于零或进、出口压力差等于零时，泵的泄漏量$\Delta q=0$，即$q=q_t$。工业生产中将此时的流量等同于理论流量。

③ 额定流量q_n是指液压泵在额定转速和额定压力下必须保证的输出流量。

q_t、q、q_n——国际单位m^3/s，常用单位L/min。

n——国际单位r/s，常用单位r/min。

3. 功率和效率

(1) 输入功率P_i液压泵的输入功率是指作用在液压泵主轴上的机械功率，当输入转矩为T，角速度为$\omega(\omega=2\pi n)$时，有，

$$P_i = T\omega \tag{3-3}$$

(2) 输出功率P_0为液压泵实际输出的功率，是液压泵在工作过程中的实际吸、压油口间的压差Δp和输出流量q的乘积，即：

$$P_0 = \Delta p q \tag{3-4}$$

式中：Δp——液压泵吸、压油口之间的压力差，Pa；

q——液压泵的实际输出流量，m^3/s；

P——液压泵的输出功率，N·m/s或W。

(3) 容积效率η_v是指液压泵的实际流量和理论流量之比值，即，

$$\eta_v = q/q_t \tag{3-5}$$

容积效率产生的原因：高压腔的泄漏；吸油阻力大、粘度大，液压泵转速太高导致吸油时油液不能全部充满工作腔。

(4) 机械效率η_m是指液压泵的理论转矩T_i与实际转矩T之比值，即：

$$\eta_m = T_i / T \tag{3-6}$$

机械效率产生的原因:液压泵相对运动部件之间的机械摩擦而引起的摩擦转矩损失;粘性引起的摩擦损失。

(5) 液压泵的总效率 η 是指液压泵的实际输出功率 P_o 与其输入功率 P_i 的比值,即,

$$\eta = P_o / P_i = \eta_m \eta_v \tag{3-7}$$

[例 3-1] 某液压泵的工作压力 10 MPa,转速为 1 450 r/min,排量为 46.2 ml/r,容积效率为 0.95,总效率 0.9。求泵的实际输出功率和驱动该泵所用电动机的功率。

解:(1) 泵的理论流量,

$$q_t = Vn = 46.2 \times 1\ 450 = 66\ 990\ \text{mL/min}$$

(2) 泵的实际流量,

$$q = q_t \eta_v = 66\ 990 \times 0.95 = 63\ 640.5\ \text{mL/min}$$

(3) 泵的实际输出功率,

$$P_o = \Delta p q = 10 \times 10^6 \times 63\ 640.5 \times 10^{-6} / 60 = 10\ 606.75\ \text{W}$$

(4) 泵所用电机功率,

$$P_i = p_o / \eta = 10\ 606.75 / 0.9 = 11\ 785.28\text{W}$$

3.1.3 液压泵的分类

液压泵按主要运动构件的形状和运动方式分为齿轮泵、叶片泵、柱塞泵和螺杆泵:

(1) 齿轮泵分为外啮合齿轮泵和内啮合齿轮泵。

(2) 叶片泵分为双作用叶片泵、单作用叶片泵和凸轮转子叶片泵。

(3) 柱塞泵分为径向柱塞泵和轴向柱塞泵。

(4) 螺杆泵分为单螺杆泵、双螺杆泵和三螺杆泵。

按其排量能否调节可分为定量泵和变量泵两类;按输油方向能否改变分为单向泵和双向泵;按其额定压力的高低可分为低压泵、中压泵、高压泵等。液压泵的图形符号如图 3-2 所示。

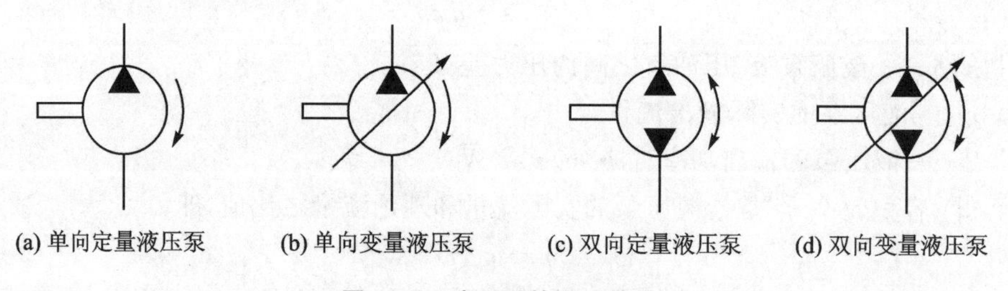

图 3-2 液压泵的图形符号

3.2 柱塞泵

柱塞泵是依靠柱塞在缸体孔内作往复运动时产生的容积变化进行吸油和压油的。由于柱塞和缸体内孔都是圆柱表面，配合精度高，密封性能好，在高压下工作仍能保持较高的容积效率和总效率；同时，它可通过改变柱塞的工作行程改变泵的流量，易于实现流量调节和液流方向的改变；此外，其主要零件均受压，材料强度性能得到充分利用。因此，柱塞泵的优点是结构紧凑、压力高、效率高及流量调节方便等，其缺点是结构复杂、价格高、油液易污染。常用于压力高、流量大及流量需要调节的液压机、工程机械、大功率机床等液压系统中。

根据柱塞的布置和运动方向与传动主轴相对位置不同，柱塞液压泵可分为径向柱塞泵和轴向柱塞泵两类。图 3－1 所示为单柱塞泵，其柱塞沿径向放置，被称为径向柱塞泵，并且单个柱塞因其半个周期吸油、半个周期排油，且供油不连续，故而不能直接用于工业生产。如使柱塞泵能够连续地吸油和压油，柱塞数必须大于 3。

3.2.1 配油轴式径向柱塞泵

图 3－3 为配油轴式径向柱塞泵，其转子径向上均匀排列着柱塞孔，孔中装有柱塞 1，柱塞可在孔中自由滑动，衬套 3 固定在转子孔内，并随转子一起旋转，转子中心与定子中心存在偏心距 e。配油轴 5 固定不动，在相对于柱塞孔的部位有上下两个相互隔开的配油腔 b 腔和 c 腔，两个配油腔又分别通过所在部位的两个轴向孔与泵的进、排油口相连。当转子顺时针方向转动时，柱塞在离心力或在低压油的作用下压紧在定子 4 的内壁上，当柱塞转到上半周时柱塞向外伸出，径向孔内的密闭容积不断增大，产生局部真空，油箱中的油液经配油轴上的 a 孔进入 b 腔；当柱塞转到下半周时，定子内壁表面将柱塞向里推，密闭容积不断减小，c 腔中的油液从配油轴上的 d 孔压出。转子每周一周，柱塞在每个径向孔内吸、压油各一次，转子连续转动，即完成吸压油工作。

配油轴式径向柱塞泵的输出流量受偏心距 e 大小的影响，移动定子，改变偏心量 e 就可改变泵的排量，当移动定子使偏心量从正值变为负值时，泵的进、排油口就互相调换，因此径向柱塞泵可以是单向或双向变量泵，为了使流量脉动尽可能小，通常采用奇数柱塞数。为了增加流量，径向柱塞泵有时将缸体沿轴线方向加宽，将柱塞做成多排形式的。

3.2.2 轴向柱塞泵

轴向柱塞泵是将多个柱塞配置在一个共同的缸体的圆周上，并使柱塞中心线平行于缸体的轴线的液压泵。轴向柱塞泵有两种形式，直轴式(斜盘式)和斜轴式(摆缸式)。

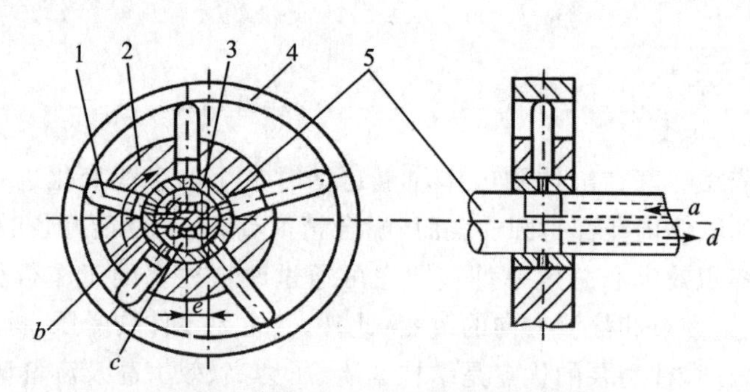

1—柱塞；2—转子；3—衬套；4—定子；5—配油轴

图 3-3　配油轴式径向柱塞泵

1. 直轴式轴向柱塞泵

图 3-4 为直轴式轴向柱塞泵，缸体上均匀分布着几个轴向排列的柱塞孔，柱塞可以在孔内沿轴向滑动，斜盘的中心与缸体中心线斜交成一个 γ 角，以产生往复运动。斜盘和配油盘固定不动，柱塞可在低压油或弹簧作用下压紧斜盘，在配油盘上有两个腰形窗口，它们之间由过渡区隔开，不能连通。过渡区的宽度等于或稍大于缸体底部窗口宽度，以防止吸油区和压油区连通，但不能相差太大，否则会发生困油现象。一般在两配油窗口的两端部开有小三角槽，以减小冲击和噪声。

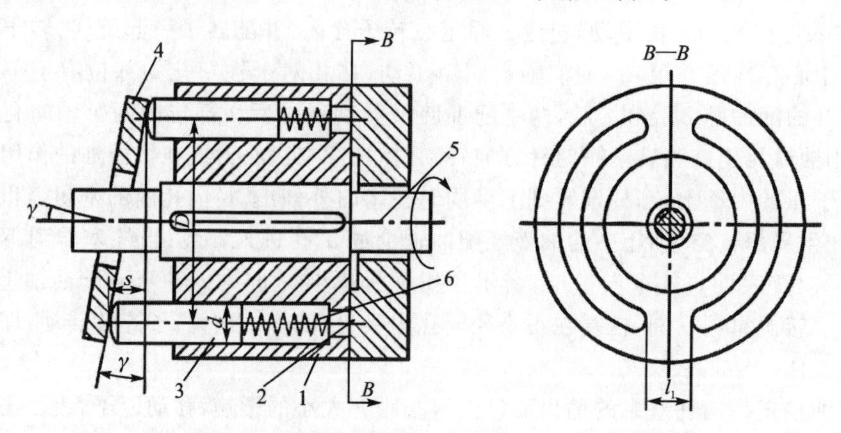

1—缸体；2—配油盘；3—柱塞；4—斜盘；5—传动轴；6—弹簧；

γ—斜盘倾角；s—柱塞行程；d—柱塞直径；l_1—配油孔间距

图 3-4 斜盘式轴向柱塞泵

传动轴以图 3-4 所示方向带动缸体转动时，当柱塞运动到下半周范围时，柱塞在弹簧的作用下逐渐伸出，柱塞底部的密封容积增大，产生局部真空，通过配油盘的吸油窗口进行吸油；柱塞运动到上半圆范围内时，柱塞被斜盘推入孔内，密封容积逐渐减小，通过配油盘的压油窗口压油。缸体旋转一周，每个柱塞往复运动一次，完成一次吸油和压油动作。

如果改变斜盘倾角 γ 的大小，就能改变柱塞行程，也就改变了泵的排量；如果改

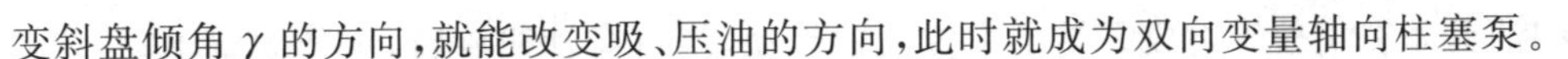

变斜盘倾角 γ 的方向，就能改变吸、压油的方向，此时就成为双向变量轴向柱塞泵。

轴向柱塞泵的优点是结构紧凑、径向尺寸小，惯性小，容积效率高，目前，其最高压力可达 40 MPa，甚至更高，一般用于工程机械、压力机等高压系统中，但其轴向尺寸较大，轴向作用力也较大，结构比较复杂。

2. 斜轴式轴向柱塞泵

图 3-5 为斜轴式轴向柱塞泵。当传动轴 1 随电动机一起转动时，连杆 2 推动柱塞 3 在缸体 4 中做往复运动，同时连杆的侧面带动柱塞连同缸体一起旋转。通过固定不动的配流盘 5 的吸油窗口、压油窗口进行吸油、压油。斜轴式轴向柱塞泵同样，可通过改变缸体的倾斜角度 γ 改变泵的排量，角度越大，排量越大；通过改变缸体的倾斜方向构成的双向变量轴向柱塞泵，优点是变量范围大，泵的强度较高；但和直轴式相比，其结构较为复杂，外形尺寸和重量较大。

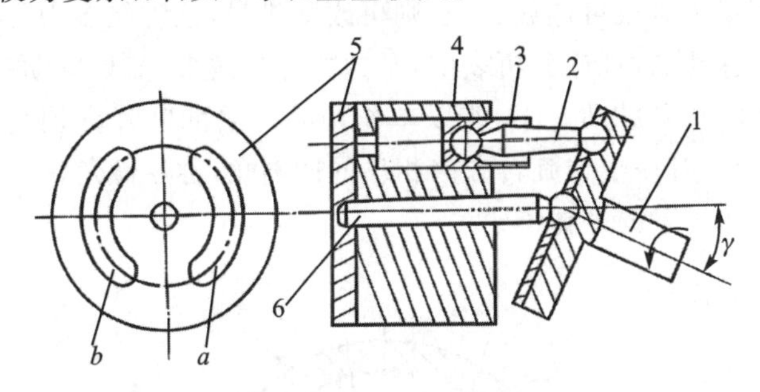

1—传动轴；2—连杆；3—柱塞；4—缸体；5—配流盘；6—中心轴；
a—吸油窗口；*b*—压油窗口

图 3-5　斜轴式轴向柱塞泵

3.3　叶片泵

叶片泵工作压力较高，且具有流动量脉动小，工作平稳，噪声较小，寿命较长等优点，所以它被广泛用于机械制造中的专用机床、自动线等中低液压系统中。但其结构复杂，吸油特性不太好，油液较易污染，广泛用于工程机械、机床、起重运输机械、船舶、飞机、注塑机和冶金设备中。

根据各密封工作容积再在转子旋转一周吸、排油液次数的不同，叶片泵分为两类，即完成一次吸、排油液的单作用叶片泵和完成两次吸、排油液的双作用叶片泵。单作用叶片泵多为变量泵，工作压力最大为 7.0 MPa；双作用叶片泵均为定量泵，一般最大工作压力亦为 7.0 MPa，改进结构的高压叶片泵的工作压力可达 16.0～21.0 MPa。

3.3.1　单作用叶片泵

1. 单作用叶片泵工作原理

图 3-6 为单作用叶片泵的工作原理图。单作用叶片泵由转子 1、定子 2、叶片 3、

配油盘 4 和端盖等组成。转子由传动轴带动,绕自身轴线旋转,定子固定不动,定子和转子偏心安放,两者偏心距为 e。定子内表面为圆柱形,转子上均布槽,叶片可以在槽内灵活滑动。当转子旋转时,叶片在自身离心力以及通入叶片根部的压力油的作用下,紧贴定子内表面,起密封作用,于是,在转子、定子、叶片和配油盘之间形成了若干个密封的工作容积。当转子如图 3-6 所示方向转动时,右边的叶片逐渐伸出,相邻叶片的密封工作容积逐渐增大,形成局部叶片真空,开始通过配油盘的吸油窗口吸油;左边的叶片被定子的内表面逐渐压入槽内,相邻两叶片间的密封工作容积逐渐减小而压油。在洗油腔和压油腔之间,有一段封油区,把吸油腔和压油腔分开。转子每转一周,相邻两叶片间的密封工作容积完成一次吸、压油,所以称为单作用式液压泵。转子在工作过程中受到来自压油腔的径向单向力,使轴承所受载荷较大,因此也称为单作用非卸荷叶片泵。

若将转子和定子做成可调偏心距,则可改变排量,这种泵多为变量泵。单作用叶片泵的流量是有脉动的,理论分析表明,泵内的叶片越多,流量脉动越小,奇数叶片泵的脉动率比偶数叶片泵脉动率小,所以单作用叶片泵的叶片数均为奇数,一般为 13 片或 15 片。当叶片有一个与旋转方向相反的倾斜角,称后倾角,一般为 24°能更有利于叶片在惯性力作用下向外伸出。

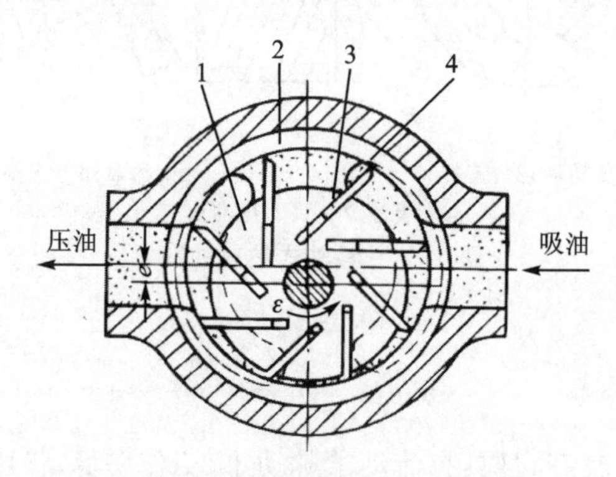

1—转子;2—定子;3—叶片;4—配油盘

图 3-6 单作用叶片泵工作原理

2. 变量叶片泵

变量叶片泵通过改变转子和定子间的偏心距改变泵输出流量的大小。偏心距的调节方法有手动调节和自动调节两种,其中,自动调节有限压式、恒流量式和恒压式三类,比较常用的是限压式变量叶片泵。

如图 3-7 所示,限压式变量泵的工作原理为:转子的回转中心是固定的,定子 2 是可以左右移动的,定子的右侧设置反馈油缸 6 和活塞 4,左侧设置有调压弹簧 9 和调压螺钉 10,在调压弹簧的作用下定子和转子有一初始中心距 e_0,而反馈油缸的作用油液来源于泵的压力油口,所以,泵在正常工作时,定子是在出口油的反馈压力和调压弹簧 9 的相互作用下,处于相对平衡的位置。

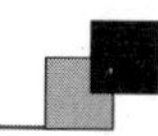

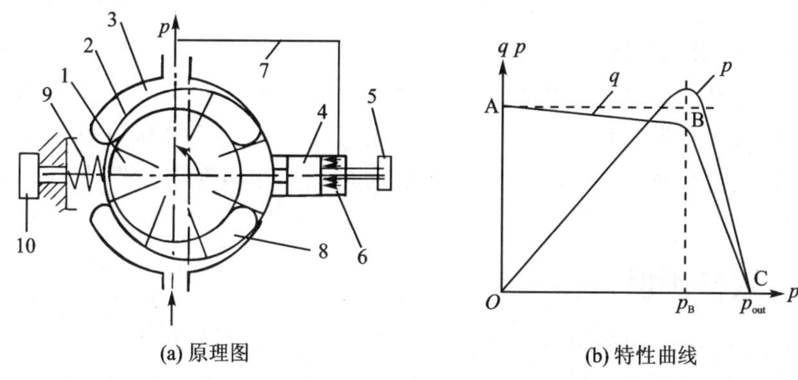

(a) 原理图　　(b) 特性曲线

1—转子；2—定子；3—压油口；4—活塞；5—螺钉；6—反馈油缸；7—通道；
8—吸油口；9—调压弹簧；10—调压螺钉

图 3-7 限压式变量叶片泵

(1) 泵工作时，出口压力 p 经泵内通道作用在活塞 4 的面积 A 上，因此活塞上的作用力 $F(F=pA)$ 与弹簧作用力方向相反。当 $pA=Kx_0$（K 是弹簧的弹性模量，x_0 是偏心量为 e_0 时弹簧的预压缩量）时，活塞受到的液压力与弹簧初始力平衡，此时的压力称为该泵的限定压力，用 p_B 表示，则 $p_BA=Kx_0$；

(2) 当泵刚刚开始工作，而泵的出口压力尚不存在时，或者当外部载荷较小而系统的油压很低时，系统压力 $p<p_B$ 时，$P_A<Kx_0$，活塞 4 上的作用力还不足以克服调压弹簧 9 的作用力时，定子 2 在调压弹簧 9 的作用下处于最右边的位置，最大偏心距保持不变，泵保持最大流量 q_{max}。

(3) 当系统压力 $p>p_B$ 时，$P_A>Kx_0$：当泵的出口压力达到工作压力时，在系统压力作用下，活塞 4 克服了调压弹簧 9 的作用力而向左推动定子，使定子 2 在活塞 4 和调压弹簧 9 的共同作用下处于某一相对平衡的工作位置，定子的偏心距及输出流量都处于相对平衡的状态；当外部载荷变化时，引起的系统压力变化会导致泵的供油量做相应的变化调整，当外载增大引起系统压力升高时，定子 2 会在活塞 4 的作用下向左移动，导致偏心距减小，流量减小，液压执行元件的移动速度会相应减慢，当外载荷减小时，会引起定子向右移动，移动速度相应加快；当泵的出口压力由于系统的超载或过载而超过调压弹簧 9 和调压螺钉 10 所调定的最高限定压力 p_{max} 时，调压弹簧 9 处于最大压缩状态，活塞 4 将定子 2 压到最左位置，此时的定子偏心距为 0，泵停止向外供油，从而防止出口压力的继续升高，起到了安全保护的作用。

在图 3-7(b)所示的特性曲线中，B 点为拐点，由调节螺钉调节弹簧的预压缩量确定；C 点为极限压力值，此时定子和转子的偏心距为零。在 AB 段，作用在反馈油缸活塞上的液压力小于弹簧的预压缩力，定子与转子的偏心量达到最大，泵输出最大流量。因为随着压力的增高，泵的泄漏量增加，泵的实际流量减小，线段 AB 略向下倾斜，拐点 B 之后，泵的输出流量随出口压力的升高而自动减小，如曲线 BC 段所示。到 C 点，输出流量为零。调节弹簧的预压缩量可改变 B 点的位置，而改变最大偏心距,从而改变泵的最大流量。由于泵的出口压力升至C点的压力时,泵的流量等于零,压力不会再增加,因此C点的压力是泵的最高压力 p_{max}。

限压式变量叶片泵结构复杂,轮廓尺寸较大,相对运动部件多,泄漏量较大,转子轴上承受较大的不平衡径向液压力,噪声较大,但它能按外载和压力的波动自动调节流量,节省了能源,减小了油液的发热程度,对机械动作和变化外载具有一定的自适应调整性。

3.3.2 双作用叶片泵

如图3-8所示,双作用叶片泵的工作原理:泵是由定子1、转子2、叶片3和配油盘(图中未画出)等组成。转子和定子中心重合,定子内表面近似为椭圆形,该椭圆形由上下两段长半径圆弧,左右两段短半径圆弧和四段过渡曲线所组成。当转子转动时,叶片在离心力和根部压力油的作用下,在槽内向外移动而压向定子内表面,在叶片、定子的内表面、转子的外表面和两侧配油盘间就形成若干个密封空间。当转子按图示方向顺时针旋转时,处在小圆弧上的密封空间,经过渡曲线而运动到大圆弧的过程中,叶片外伸,密封空间的容积增大,形成局部真空,此时油箱中的液压油在大气压力的作用下被压入吸油腔;再从大圆弧经过渡曲线运动到小圆弧的过程中,叶片被定子内壁逐渐压进槽内,密封空间容积逐渐变小而将油液从压油口压出。当转子每转一周时,叶片泵完成两次吸油和压油,称为双作用叶片泵。由于有两个吸油腔和两个压油腔,并且各自的中心角是对称的作用,所以作用在转子上的油液压力相互平衡,因此双作用叶片泵又称为卸荷式叶片泵。

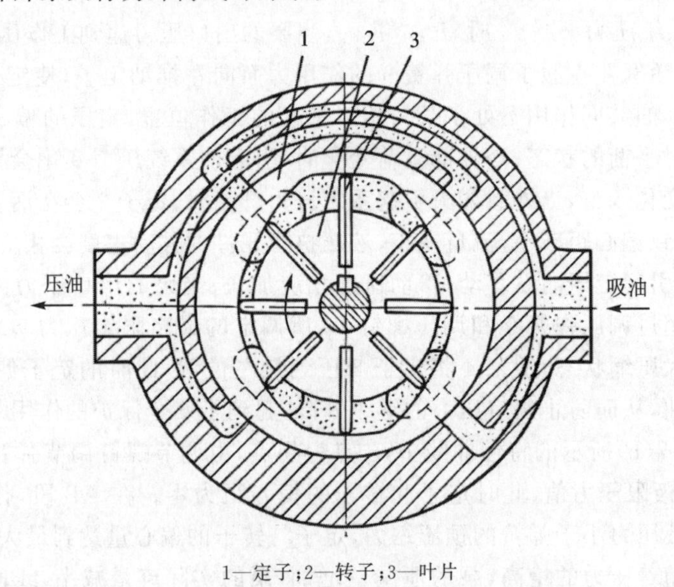

1—定子;2—转子;3—叶片

图3-8 双作用叶片泵

为了使叶片能从转子槽中顺利滑出,双作用叶片泵紧贴定子内表面,形成可靠的密封容积，叶片在转子槽中不径向安装，而是沿转子旋转方向向前倾斜一定角度（一般取10°～14°，以减小压力角）。为了使径向力完全平衡，密封空间数（即叶片数）应当保持偶数，一般取叶片数为12片或16片。双作用叶片泵大多是定量泵。

3.4 齿轮泵

齿轮泵广泛地应用在各种液压机械上，其结构简单、紧凑，体积小，重量轻，转速高，自吸性能好，油液不易污染，工作可靠，寿命长，便于维修以及成本低等。但流量和压力脉动较大，噪声大（内啮合齿轮泵较小），排量不可变。按其结构不同，可分为外啮合齿轮泵和内啮合齿轮泵，其中以外啮合齿轮泵应用最广。

3.4.1 外啮合齿轮泵

1. 工作原理

如图3-9所示，外啮合齿轮泵是分离三片式结构，泵体内装有一对齿数相同、宽度和泵体接近而又互相啮合的齿轮，这对齿轮与两端盖和泵体形成一个密封腔，并由齿轮的齿顶和啮合线把密封腔划分为两部分，即吸油腔和压油腔。两齿轮分别用键固定在由滚针轴承支承的主动轴和从动轴上，主动轴由电动机带动进行旋转。当齿轮按图3-9所示方向旋转时，左侧吸油腔内的轮齿相继退出啮合，使密封工作腔容积增大，形成局部真空，经吸油口从油箱吸入油液，并将油液由旋转的轮齿带入右侧。右侧排油腔内的轮齿不断进入啮合，使密封容积变小，油液便被挤出排油口。随着齿轮的不断旋转，外啮合齿轮泵就连续地吸、排油液。

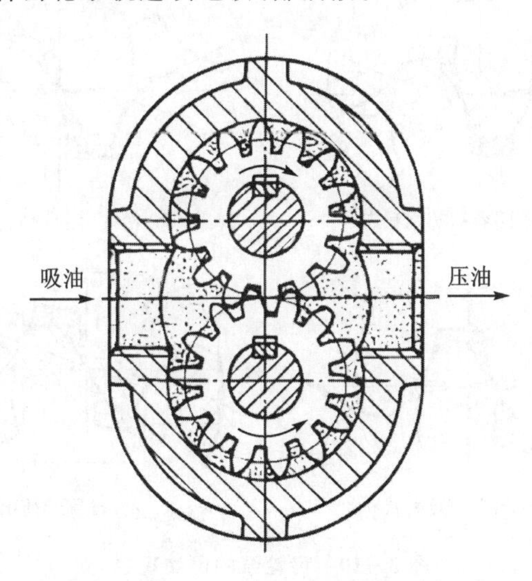

图3-9 外啮合齿轮泵

2. 外啮合齿轮泵存在的问题

(1) 泄漏

这里泄漏指的是液压泵的内部泄漏,即一部分压力油由压油腔流回到吸油腔。外啮合齿轮泵泄漏有 3 种可能:一是从齿轮啮合处的间隙泄漏,即齿侧间隙泄漏;二是由泵体定子环内孔与齿顶间的径向间隙泄漏,即齿顶间隙泄漏;三是齿轮两端面和侧板间泄漏,即端面间隙泄漏,这几种泄漏量约占总泄漏量的 70%~75%。减小端面泄漏是提高齿轮泵容积效率的主要途径。通常采用引入液压油使浮动轴套或浮动侧板紧贴于齿轮端面的方法自动补偿端面间隙。

(2) 齿轮泵的困油问题

为了使齿轮泵能连续平稳地供油,必须使齿轮啮合的重叠系数 $\varepsilon>1$,以保证工作的任一瞬间至少有一对轮齿在啮合。由于 $\varepsilon>1$,会出现两对轮齿同时啮合的情况,即原先一对啮合的轮齿尚未脱开,后面的一对轮齿已进入啮合。这样就在两对啮合的轮齿之间产生一个封闭的容积,使留在这两对轮齿之间的油液困在这个封闭的容积内,称为困油区。

随着齿轮的转动,困油区的容积逐渐减小,之后又逐渐增大。容积的减小会使被困油液受挤压而产生很高的压力,从缝隙中挤出,使油液发热,并使机件受额外的负载;容积的增大又会造成局部真空,使油液中溶解的气体分离,产生空穴现象,这就是困油现象。其封闭容积的变化如图 3-10 所示。困油现象使齿轮泵产生强烈的噪声和气蚀,影响平稳性、缩短其工作寿命。

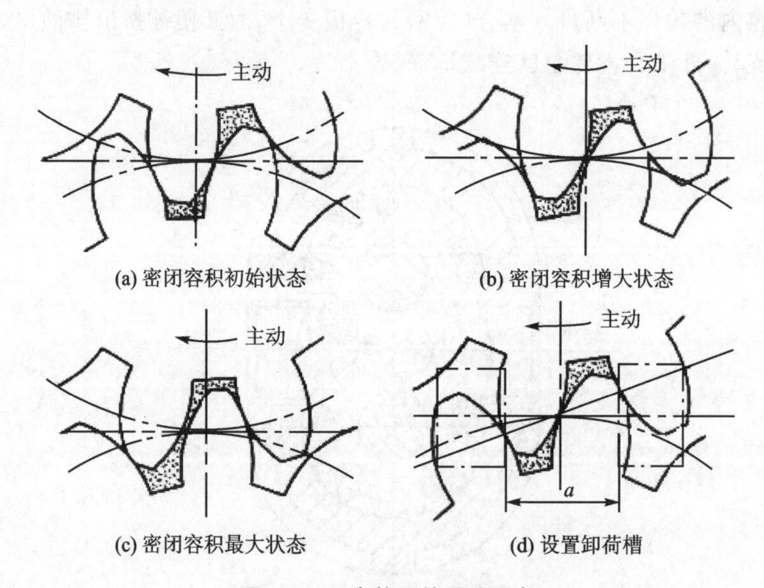

(a) 密闭容积初始状态　(b) 密闭容积增大状态

(c) 密闭容积最大状态　(d) 设置卸荷槽

图 3-10　齿轮泵的困油现象

消除困油的方法,通常是在两端盖上开卸荷槽,见图 3-10(d)中虚线。当闭死

容积减小时，通过右边的卸荷槽与压油腔相通，而闭死容积增大时，通过左边的卸荷槽与吸油腔相通。

(3) 齿轮泵的径向不平衡力

齿轮泵工作时，齿轮和轴承承受径向液压力的作用。如图 3-11 所示，泵的下侧为吸油腔，上侧为压油腔。在压油腔内有液压力作用于齿轮上，沿着齿顶的泄漏油，具有大小不等的压力，就是齿轮和轴承受到的径向不平衡力。液压力越高，这个不平衡力就越大，其结果不仅加速了轴承的磨损，降低了轴承的寿命，甚至使轴变形，使齿顶和泵体内壁产生摩擦等。

通常，采用缩小压油口的方法减小径向不平衡力，使压油腔的压力油仅作用于1～2 个齿，同时增大径向间隙，使齿顶不和泵体接触。

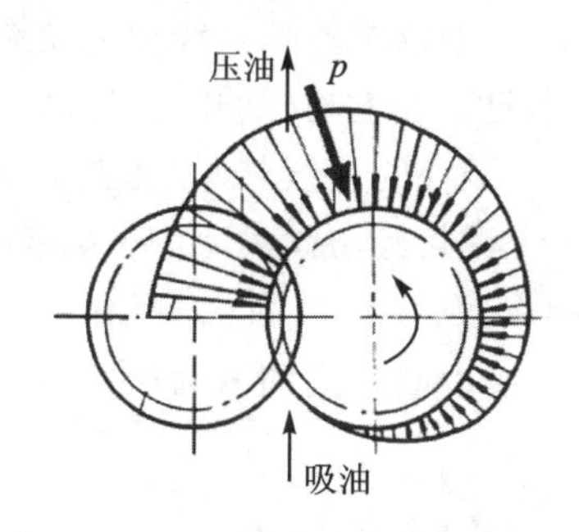

图 3-11　齿轮泵的径向不平衡

3.4.2　内啮合齿轮泵

常用的内啮合齿轮泵，其齿形曲线有渐开线齿轮泵和摆线齿轮泵两种。内啮合齿轮泵的工作原理和主要特点与外啮合齿轮泵基本相同，如图 3-12 所示，小齿轮为主动轮，按图 3-12 所示方向旋转时，轮齿退出啮合时容积增大而吸油，轮齿进入啮合时容积减小而压油。在渐开线齿形内啮合齿轮泵腔中，小齿轮和内齿圈之间要安

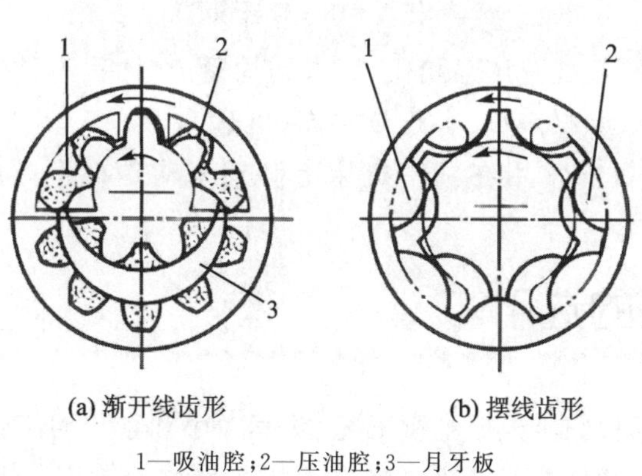

(a) 渐开线齿形　　(b) 摆线齿形

1—吸油腔；2—压油腔；3—月牙板

图 3-12　内啮合齿轮泵

装一块月牙形隔板，以将压油腔和吸油腔隔开，如图 3-12(a)所示，摆线齿形内啮合齿轮泵的小齿轮和内齿圈相差一个齿，因而不需设置隔板，如图 3-12(b)所示，随着工业技术的发展，摆线齿轮泵的应用将会越来越广泛。

3.5 螺杆泵

螺杆泵实质上是一种外啮合摆线齿轮泵，按其螺杆根数有单螺杆泵、双螺杆泵、三螺杆泵、四螺杆泵和五螺杆泵等；按横截面螺杆分为摆线齿形、摆线—渐开线齿形和圆形齿形三种不同形式的螺杆泵。

图 3-13 为三螺杆泵结构图，三个相互啮合的双头螺杆封装在壳体内，主动螺杆为凸螺杆，从动螺杆为凹螺杆，三个螺杆的啮合线把主动螺杆和从动螺杆的螺旋槽分隔成多个相互独立的密封工作腔。当主动杆顺时针转动时，螺杆每转一周，密封腔内的液体向前推进一个螺距，随着螺杆的连续转动，密封容积在左端生成，不断从左向右移动，液体以螺旋方式从一个密封腔压向另一个密封腔，最后挤出泵体。密封腔在左边形成时，它的容积逐渐增大，从吸油口吸油；而在右端密封腔，密封容积逐渐减小，压油。螺杆越长，吸油腔和压油腔之间的密封层次越多，泵的额定压力就越高。

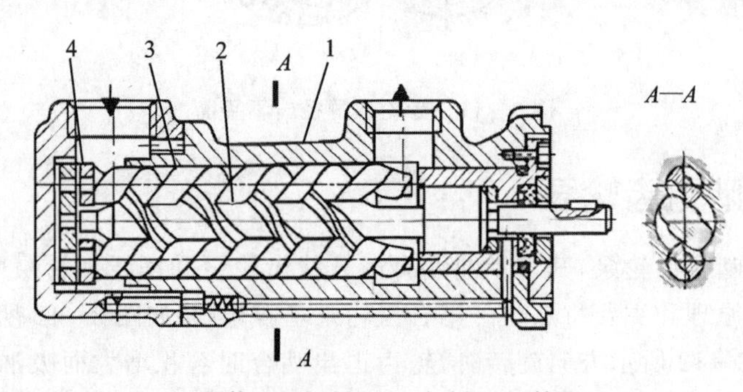

1—泵体；2—主动杆；3—从动杆；4—轴承

图 3-13　螺杆泵

螺杆泵与其他容积式液压泵相比，具有结构紧凑、体积小、重量轻、自吸能力强、运转平稳、流量无脉动、噪声小、容积效率高(可达 90%～95%)、油液不易污染及工作寿命长等优点。目前常用在精密机床上和用来输送粘度大或含有颗粒物质的液体。

3.6 液压泵的选用

选用液压泵的原则是：根据主机工况、功率大小和系统对工作性能的要求，首先确定液压泵的类型，然后按系统所要求的压力、流量大小确定其规格型号。

一般来说，由于各类液压泵各自突出的特点，其结构、功用和转动方式各不相同，

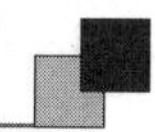

因此应根据不同的使用场合选择合适的液压泵。一般在机床液压系统中，往往选用双作用叶片泵和限压式变量叶片泵；而在筑路机械、港口机械以及小型工程机械作业中往往选择抗污染能力较强的齿轮泵；在负载大、功率大的场合往往选用柱塞泵。

思考题

一、填空题

1. 液压泵是将电动机输出的________转换为________的能量转换装置。

2. 外啮合齿轮泵的啮合线把密封容积分成________和________两部分，一般________油口较大，以减小________的影响。

3. 液压泵正常工作的必备条件是：应具备能交替变化的________，应有________，吸油过程中，油箱必须和________相通。

4. 输出流量不能调节的液压泵称为________泵，可调节的液压泵称为________泵。外啮合齿轮泵属于________泵。

5. 按工作方式不同，叶片泵分为________和________两种。

二、判断题

1. 液压泵输油量的大小取决于密封容积的大小。（　）

2. 外啮合齿轮泵中，轮齿不断进入啮合的那一侧油腔是吸油腔。（　）

3. 单作用式叶片泵属于单向变量液压泵。（　）

4. 双作用式叶片泵的转子每回转 1 周，每个密封容积分别完成两次吸油和压油。（　）

5. 改变轴向柱塞泵斜盘的倾角大小和倾向，则成双向变量液压泵。（　）

三、选择题

1. 外啮合齿轮泵的特点是________。

A. 结构紧凑，流量调节方便　　B. 价格低廉，工作可靠，自吸性能好

C. 噪声小，输油量均匀　　D. 油液不易污染，泄漏量小，主要用于高压系统

2. 不能成为双向变量液压泵的是________。

A. 双作用式叶片泵　　B. 单作用式叶片泵

C. 轴向柱塞泵　　D. 径向柱塞泵

3. CB－B25 齿轮泵型号中的 25 表示该泵的________。

A. 输入功率　　B. 输出功率

C. 额定压力　　D. 额定流量

4. 双作用叶片泵实质上是________。

A. 定量泵　　B. 变量泵

C. 双联叶片泵　　D. 双级叶片泵

5. 通常情况下，柱塞泵多用于________系统。

A. 低压　　B. 中压

C. 高压　　D. 超高压

四、简答题

1. 液压泵和液压马达有何区别与联系？

2. 液压泵的工作压力和额定压力分别指什么？

3. 何谓液压泵的排量、理论流量、实际流量，它们的关系怎样？

4. 试述外啮合齿轮泵的工作原理，并解释齿轮泵工作时径向力为什么不平衡？

5. 某液压泵的输出油压 $p=6$ MPa，排量 $V=100$ cm^3/r，转速 $n=1\,450$ r/min，容积效率 $\eta_v=0.94$，总效率 $\eta=0.9$，求泵的输出功率 P 和电动机的驱动功率 $P_电$ 的值。

6. 某液压泵的转数为 950 r/min，排量为 168 mL/r，在额定压力 29.5 MPa 和同样转速下，测得的实际流量为 150 L/min，额定工况下的总效率为 0.87，试求：

(1) 泵的理论流量 q_t 的值；

(2) 泵的容积效率 η_v 和机械效率 η_m 的值；

(3) 泵在额定工况下，所需电动机驱动功率 P_i 的值。

7. 某液压泵的输出油压 10 Mpa，转速 1 450 r/min，排量 200 mL/r，容积效率 0.95，总效率为 0.9，求泵的输出功率和电动机的驱动功率的值。

第4章

液压执行元件

液压执行元件是将流体的压力能转换为机械能的元件，驱动机构运动运动。液压执行元件分为两类：液压马达和液压缸。做直线往复运动的称为液压缸，做摆动的称为摆动液压马达，做旋转运动的称为液压马达。

4.1 液压马达

从工作原理上讲，液压传动中的泵和马达都是靠工作腔密闭容器的容积变化而工作的，所以说泵可以做马达用，反之也一样，即泵与马达有可逆性，实际上由于二者工作状况不一样，为了更好发挥各自工作性能，在结构上存在某些差别：(1)液压马达是依靠输入压力油启动的，密封容腔必须有可靠的密封；(2)液压马达往往要求能正、反转，因此它的配流机构应该对称，进出油口的大小相等；(3)液压马达是依靠泵输出压力进行工作的，不需要具备自吸能力；(4)液压马达要实现双向转动，高低压油口要能相互变换，故采用外泄式结构；(5)液压马达应有较大的启动转矩，为使启动转矩尽可能接近工作状态下的转矩，马达的转矩脉动要小，内部摩擦小，齿数、叶片数、柱塞数比泵多一些。同时，马达轴向间隙补偿装置的压紧力系数也要比泵小，以减少摩擦问题。

虽然马达和泵的工作原理是可逆的，但同类型的泵和马达一般不能通用。

4.1.1 液压马达的分类

液压马达与液压泵一样，按其结构形式分有齿轮式、叶片式和柱塞式；按其排量是否可调有定量式和变量式。液压马达一般根据其转速分类，有高速液压马达和低速液压马达两类。一般认为，额定转速高于 500 r/min 的马达属于高速液压马达；额定转速低于 500 r/min 的马达属于低速液压马达。高速马达转速高，便于启动和制动，但其输出转矩较小，故又称为高速小转矩液压马达。低速液压马达的输出转矩较大，所以又称为低速大转矩液压马达。低速液压马达的主要缺点是：体积大，转动惯量大，制动较为困难。此外，有些液压马达只能做小于某一角度的摆动运动，称为摆动液压马达。液压马达的图形符号如图 4-1 所示。

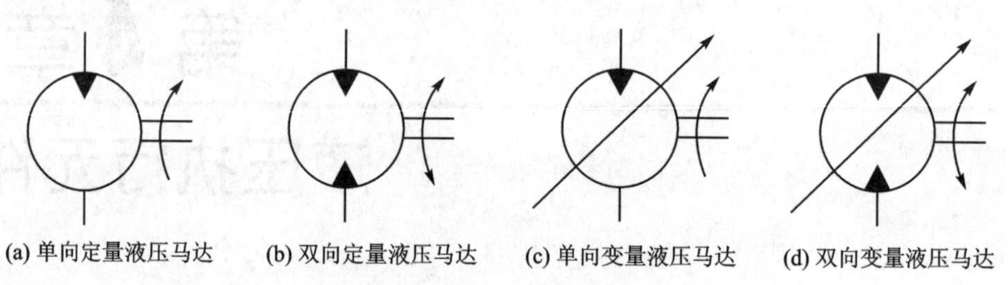

(a) 单向定量液压马达　(b) 双向定量液压马达　(c) 单向变量液压马达　(d) 双向变量液压马达

图 4-1　液压马达的图形符号

4.1.2　液压马达主要性能参数

(1) 容积效率和转速

液压马达的容积效率 η_v 是理论流量和实际流量之比。即：

$$\eta_v = q_t/q = nV/q \tag{4-1}$$

液压马达的转速 n 为：

$$n = q\eta_v/V \tag{4-2}$$

式中，q_t——液压马达的理论流量，m^3/s；

q——液压马达的实际排量，m^3/s；

V——液压马达的排量，m^3/r；

n——液压马达的转速，r/min。

(2) 转矩和机械效率

设马达的进出口压力差为 Δp，排量为 V，则马达的理论输出转矩 T_t 为：

$$T_t = \Delta pV/2\pi (\mathrm{N \cdot m}) \tag{4-3}$$

由于液压马达内部不可避免存在各种摩擦，马达的实际输出转矩 T 总比理论转矩小，即：

$$T = \Delta pV\eta_m / 2\pi (\mathrm{N \cdot m}) \tag{4-4}$$

式中，η_m——液压马达的机械效率，$\eta_m = T/T_t$。

(3) 功率和总效率

液压马达的输入功率为：

$$P_i = \Delta pq (\mathrm{kW}) \tag{4-5}$$

输出功率为：

$$P_o = 2\pi nT (\mathrm{kW}) \tag{4-6}$$

液压马达的总效率为：

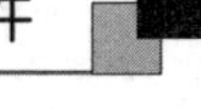

$$\eta = P_o/P_i = 2\pi nT/\Delta pq = 2\pi nT\eta_v/\Delta pnV = 2\pi T\eta_v/\Delta pV = T\eta_v/T_t = \eta_v\eta_m \tag{4-7}$$

4.1.3 液压马达的工作原理

1. 轴向柱塞马达

轴向柱塞式液压马达的结构形式基本上与轴向柱塞泵一样，故其种类与轴向柱塞泵相同，也分为直轴式轴向柱塞式液压马达和斜轴式轴向柱塞式液压马达两类。下面以轴向柱塞马达为例说明其工作原理。

图 4-2 是轴向柱塞马达的工作原理图。图中配油盘 4 和斜盘 1 固定不动，缸体 2 及其上的柱塞 3 可随马达轴 5 一起转动。当压力油经配油盘 4 的窗口进入柱塞孔底部时，柱塞 3 受压力油作用而外伸，紧贴斜盘 1，这时，斜盘 1 对柱塞 3 产生一个反作用力 F，由于斜盘存在倾角 α，所以 F 分解为轴向力 F_x 和垂直分力 F_y。F_x 与柱塞上的液压力相平衡，F_y 使柱塞对缸体中心产生一个转矩，带动马达轴按逆时针方向旋转(图 4-2)。轴向柱塞马达产生的瞬时总转矩是脉动的。若改变马达压力油输入方向，则马达轴 5 按顺时针方向旋转。斜盘倾角 α 改变，即排量发生变化，由此不仅影响马达的转矩，而且影响它的转速和转向。斜盘倾角越大，产生转矩越大，转速越低。

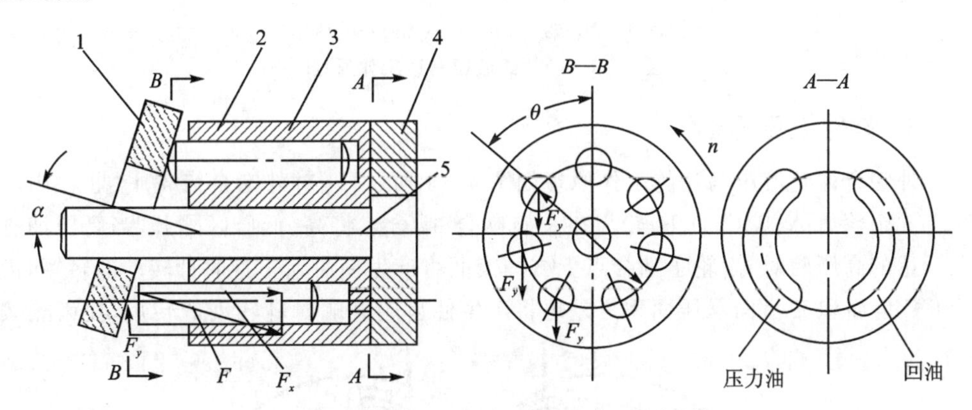

1—斜盘；2—缸体；3—柱塞；4—配油盘；5—马达轴

图 4-2 轴向柱塞马达工作原理

2. 叶片式液压马达

图 4-3 是叶片式液压马达的工作原理图。当高压油从进油口进入压油腔，再进入工作区段的叶片 2 和 6 之间时，叶片 2 和 6 的两侧均受压力油作用而不产生转矩，而叶片 1 和 5，3 和 7 都有一侧受高压油作用，一侧受低压油作用。由于叶片 3 和 7 伸出的面积大于 1 和 5 伸出的面积，所以产生使转子顺时针方向的转矩。改变进油方向即可变转子的转动方向。

由于液压马达一般都要求能正反转，所以叶片式液压马达的叶片要径向放置，叶片倾角 $\theta=0$。为了使叶片根部始终通有压力油，在回、压油腔与叶片根部相连的通路上应设置单向阀。为了确保叶片式液压马达在压力油通入后，回、压油腔不致串通，并能正常启动，必须使叶片顶部和定子内表面紧密接触，以保证良好的密封，因此在叶片根部应设置预紧弹簧。

叶片式液压马达体积小，转动惯量小，动作灵敏，适用于换向频率较高的场合，但其泄漏量较大，低速工作时不稳定，因此叶片式液压马达一般用于转速高、转矩小、动作要求灵敏、机械性能要求不很严格的场合。

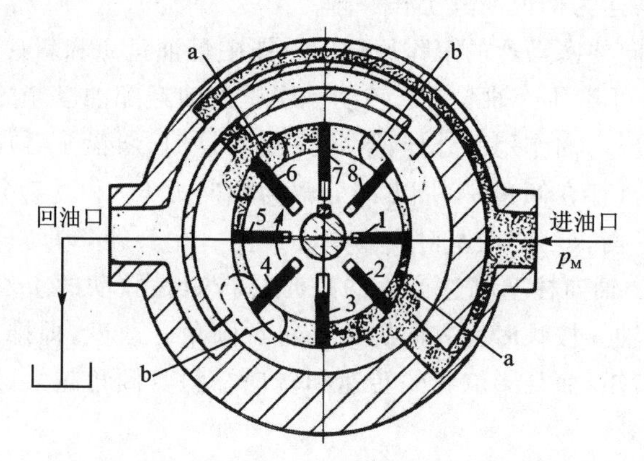

1,2,3,4,5,6,7,8—叶片；a—压油腔；b—回油腔

图 4-3 叶片式液压马达工作原理

3. 齿轮液压马达

外啮合齿轮液压马达的工作原理如图 4-4 所示，一对外啮合齿轮Ⅰ、Ⅱ在高压区有 5 个轮齿 A、B、C、D、E，轮齿在 y 点啮合，啮合点将高、低压区隔开，当高压油进入马达的高压腔时，齿轮Ⅰ啮合点上方的齿面将产生使齿轮Ⅰ逆时针转动的转矩，齿轮ⅡC 齿面和 E 齿面承压面积之差也将产生使齿轮Ⅱ顺时针转动的转矩，使齿轮按

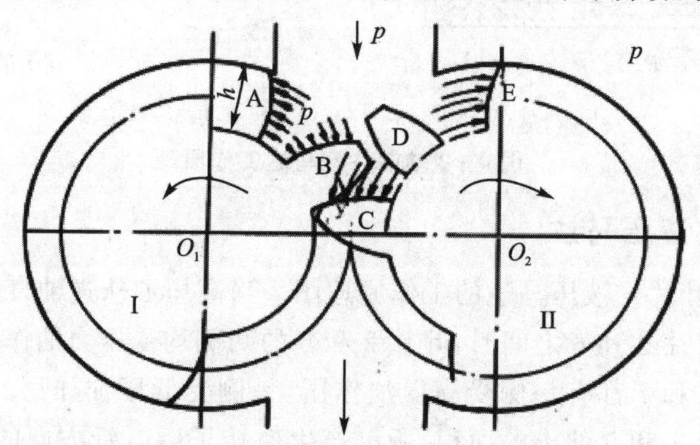

图 4-4 外啮合齿轮液压马达工作原理

图 4-4 所示方向旋转，油液被带到低压腔排出。齿轮马达在结构上为了适应正反转要求，进、出油口大小相等、具有对称性，有单独外泄油口将轴承部分的泄漏油引出壳体外；为了减少启动摩擦力矩，采用滚动轴承；为了减小转矩脉动，齿轮液压马达的齿数比液压泵要多。齿轮液压马达由于密封性差，容积效率较低，输入油压力不能过高，不能产生较大转矩，并且瞬间转速和转矩随着啮合点的位置变化而变化，因此齿轮液压马达仅适用于高速小的转矩场合，一般用于工程机械、农业机械以及对转矩均匀性要求不高的机械设备上。

4.2　液压缸

4.2.1　液压缸的类型及特点

液压缸的种类很多，按其作用分，有单作用式和双作用缸；按其结构形式分为活塞缸、柱塞缸和摆动缸三类。活塞缸和柱塞缸可实现往复运动，输出运动和速度，摆动缸则能实现小于 360°的往复摆动，输出转矩和角速度。液压缸除单个使用外，还可以几个组合起来或和杠杆、连杆、齿轮齿条等机构组合起来，以完成特殊的功用，因此液压缸的应用十分广泛。

1. 活塞式液压缸

活塞式液压缸可分为双杆式和单杆式两种结构形式，其安装形式有缸体固定式和活塞杆固定式。

(1) 双杆活塞式液压缸

活塞两端都有一根直径相等的活塞杆伸出的液压缸称为双杆式活塞缸，它一般由缸体、缸盖、活塞、活塞杆和密封件等零件构成。根据安装方式不同可分为缸筒固定式和活塞杆固定式两种。

如图 4-5(a)所示为缸筒固定式的双杆活塞缸。它的进、出口布置在缸筒两端，活塞通过活塞杆带动工作台移动，工作台移动范围等于活塞有效行程 l 的 3 倍($3l$)，占地面积大，一般适用于小型机床。当工作台行程要求较长时，可采用图 4-5(b)所示的活塞杆固定的形式。缸筒与工作台相连，活塞杆通过支架固定在机床上。这种安装形式中，工作台的移动范围只等于液压缸有效行程 l 的 2 倍($2l$)，因此占地面积小，进出油口可以设置在固定不动的空心的活塞杆的两端，但必须使用软管连接。

由于双杆活塞缸两端的活塞杆直径通常是相等的，因此它左、右两腔的有效面积也相等，当分别向左、右腔输入相同压力和相同流量的油液时，液压缸左、右两个方向的推力和速度相等。当活塞的直径为 D，活塞杆的直径为 d，液压缸进、出油腔的压力为 p_1 和 p_2，输入流量为 q 时，双杆活塞缸的推力 F 和速度 v 为：

$$F = A(p_1 - p_2) = (D^2 - d^2)(p_1 - p_2)\pi/4 \qquad (4-8)$$

$$v = q/A = 4q/\pi(D_2 - d_2) \tag{4-9}$$

式中，A——活塞的有效工作面积，m^2。

由于双杆活塞缸在工作时，设计成一个活塞杆是受拉的，而另一个活塞杆不受力，因此这种液压缸的活塞杆可以做得细些。

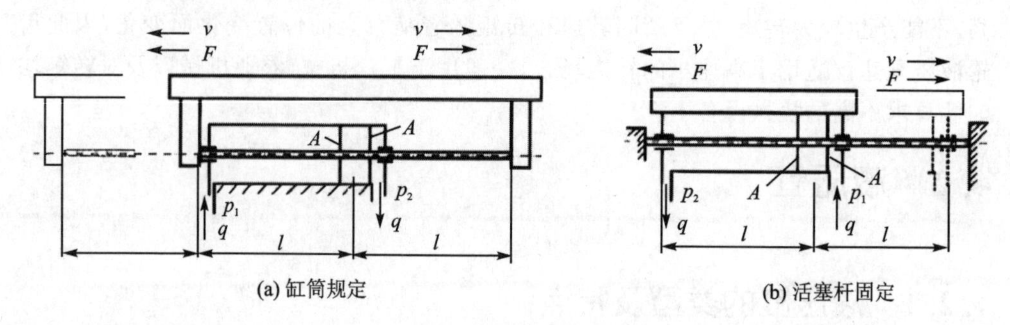

(a) 缸筒规定　　(b) 活塞杆固定

图 4-5　双杆活塞式液压缸

(2) 单杆式活塞缸

如图 4-6 所示，当活塞只有一端带活塞杆，单杆液压缸也有缸体固定和活塞杆固定两种形式，但它们的工作台移动范围都是活塞有效行程的 2 倍。

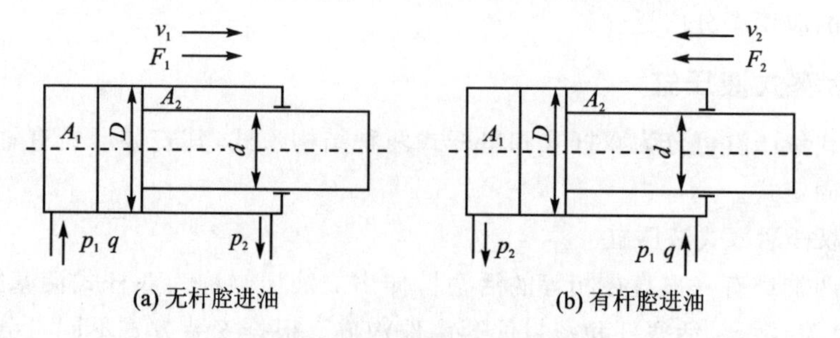

(a) 无杆腔进油　　(b) 有杆腔进油

图 4-6　单杆式活塞缸工作原理

由于液压缸两腔的有效工作面积不等，因此它在两个方向上的输出推力和速度也不等。

(1) 无杆腔进油，如图 4-6(a)所示，回油压力为零时，产生的推力 F_1 和运动速度 v_1 为：

$$F_1 = p_1 A_1 = p_1 \pi D^2/4 \tag{4-10}$$

$$v_1 = q/A_1 = 4q/\pi D^2 \tag{4-11}$$

(2) 当如图 4-6(b)所示，有杆腔进油，回油压力为零时，产生的推力 F_2 和运动速度 v_2 为：

$$F_2 = p_1 A_2 = \pi(D^2 - d^2)p_1/4 \tag{4-12}$$

$$v_2 = q/A_2 = 4q/\pi(D^2 - d^2) \tag{4-13}$$

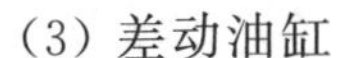

（3）差动油缸

如图4-7所示，单杆活塞缸在其左右两腔都接通高压油时称为“差动连接”，差动连接缸左右两腔的油液压力相同，但是由于左腔（无杆腔）的有效面积大于右腔（有杆腔）的有效面积，故活塞向右运动，同时使右腔中排出的油液（流量为 q'）也进入左腔，加大了流入左腔的流量（$q+q'$），从而也加快了活塞移动的速度。实际上活塞在运动时，由于差动连接时两腔间的管路中有压力损失，所以右腔中油液的压力稍大于左腔油液压力，而这个差值一般都较小，可以忽略不计，则差动连接时活塞推力 F_3 和运动速度 v_3 为：

$$F_3 = p_1(A_1 - A_2) = p_1 \pi d^2/4 \tag{4-14}$$

$$v_3 = 4q/\pi d^2 \tag{4-15}$$

通过上述分析，可以看出，差动连接时，液压缸的运动速度较快，产生的推力较小，因此，差动连接常用于空载快进场合。

实际生产中，单杆式活塞缸常用在需要实现“快进（v_3）→工进（v_1）→快退（v_2）”工作循环的组合机床液压传动系统中，当要求“快进”和“快退”的速度相等，即 $v_3 = v_2$，由公式（4-13）和（4-15）可得：

$$D = \sqrt{2}\,d \tag{4-16}$$

活塞式液压缸应用非常广泛，但由于活塞式液压缸缸孔加工精度要求很高，当工作行程较长时，加工难度较大，制造成本较高。

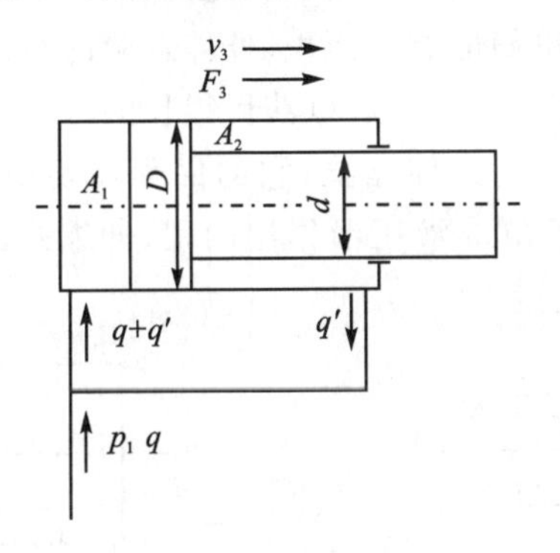

图4-7　差动连接

2. 柱塞式液压缸

图4-8(a)所示为单作用式柱塞缸，它只能实现一个方向的液压传动，反向运动要靠外力（自动或弹簧力等）实现。若需要实现双向运动，则必须成对使用。如图4-8(b)所示，这种液压缸中的柱塞和缸筒不接触，运动时由缸盖上的导向套来导向，因此缸筒的内壁不需精加工，工艺性好，特别适用于行程较长的场合。

柱塞缸的柱塞端面为受压面，其面积大小决定了柱塞缸的输出速度和推力，为保证柱塞缸有足够的推力和稳定性，一般柱塞较粗，质量较大，水平安装时易产生单边

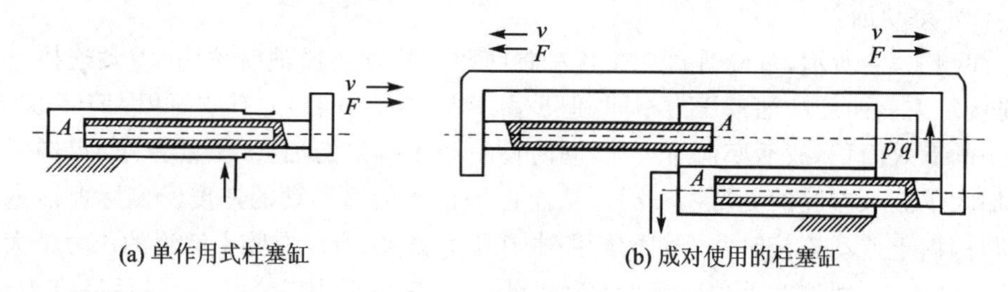

(a) 单作用式柱塞缸 (b) 成对使用的柱塞缸

图 4-8 柱塞式液压缸

磨损,故柱塞缸适宜于垂直安装使用。为减轻柱塞的重量,一般制成空心的。

当柱塞的直径为 d,输入液压油流量为 q 时。柱塞缸输出的推力 F 和速度 v 各为:

$$F = pA = p\pi d^2/4 \tag{4-17}$$

$$v = q/A = 4q/\pi d^2 \tag{4-18}$$

3. 其他形式液压缸

(1) 伸缩式液压缸

伸缩式液压缸又称多套缸,由两级或多级活塞式液压缸套装而成,前一级活塞缸的活塞是后一级活塞缸的缸筒。当通入压力油时,活塞有效面积最大的缸筒以最低油压力伸出,当行至终点时,活塞有效面积次之的缸筒在压力油的作用下开始伸出。各级伸出速度取决于外伸缸筒的有效面积,外伸缸筒的有效面积越小,工作油液压力越高,伸出速度越快。伸缩式液压缸可以获得很长的行程,缩回时轴向尺寸又很小。

图 4-9(a)所示为单作用式伸缩缸,它的回程需要借助外力(如重力)来完成。图 4-9(b)为双作用式伸缩缸靠液压油作用回程,伸缩式液压缸广泛运用于工程机械及自动步进式输送装置。

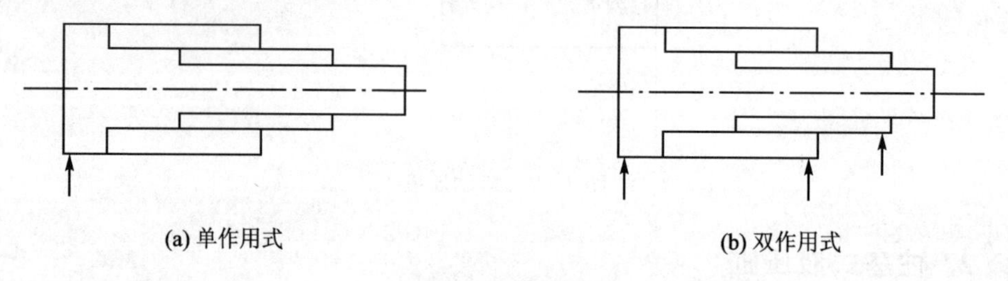

(a) 单作用式 (b) 双作用式

图 4-9 伸缩缸

(2) 齿条活塞式液压缸

齿条活塞式液压缸又称无杆缸,它由一根带有齿条杆的双活塞缸和一套齿轮齿条传动机构构成,如图 4-10 所示,压力油推动活塞往复运动,齿轮轴往复旋转,从而带动工作部件做周期性的往复旋转运动,齿条活塞式液压缸常用于自动线、组合机床等设备的转位或分度机构的液压系统中。

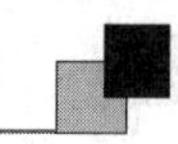

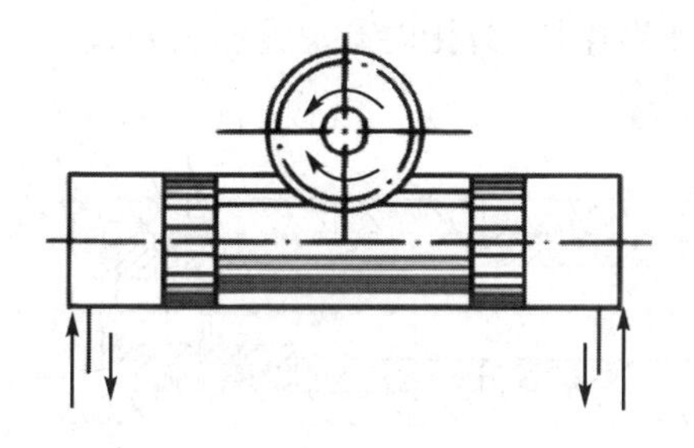

图 4-10　齿条活塞式液压缸

(3) 增压缸

增压缸也称增压器，与活塞式液压缸工作原理相类似，但不是将液压能转换为机械能，而是液压能的传递，使之增压，将输入的低压油转变成高压油供液压系统中的高压支路使用，图 4-11 是增压缸的工作原理图，当低压油 p_1 推动直径为 D 的大活塞向右移动时，也推动与其连成一体的直径为 d 的小活塞，由于大活塞和小活塞面积不同，因此小柱塞缸输出的压力 p_2 要比 p_1 小，p_2 可由下式求出：

$$p_2=(D/d)^2\ p_1=Kp_1 \tag{4-19}$$

式中，$K=D^2/d^2$ 称为增压比，它表示增压缸的增压能力。显然，增压能力是在降低有效流量的基础上得到的（$q_2=q_1/K$），增压能力越强，则输出的流量越小。

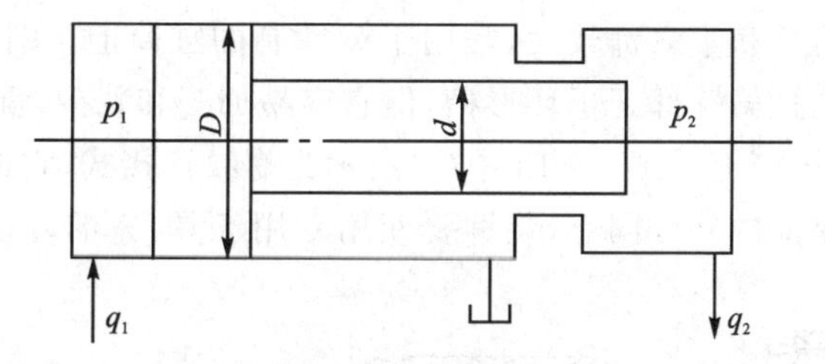

图 4-11　增压缸

4.2.2　液压缸的典型结构和组成

1. 典型结构

图 4-12 所示的是一个比较常用的双作用单活塞杆液压缸。它是由缸底 20、缸筒 10、缸盖兼导向套 9、活塞 11 和活塞杆 18 组成。缸筒一端与缸底焊接，另一端缸盖（导向套）与缸筒用卡键 6、套 5 和弹簧挡圈 4 固定，以便拆装检修，两端设有油口 A 和 B。活塞 11 与活塞杆 18 用卡键 15、卡键帽 16 和弹簧挡圈 17 连在一起。活塞与缸孔的密封采用的是一对 Y 形聚氨酯密封圈 12，由于活塞与缸孔有一定间隙，采用由尼龙 1010 制成的耐磨环（又叫支承环）13 定心导向。杆 18 和活塞 11 的内孔由密封圈 14 密封。图 4-12 中较长的导向套 9 可保证活塞杆不偏离中心，导向套外径由 O 形圈 7 密封，其内孔中的 Y 形密封圈 8 和防尘圈 3 分别防止油外漏和灰尘带入

缸内。缸与杆端销孔与外界连接，销孔内有尼龙衬套抗磨。

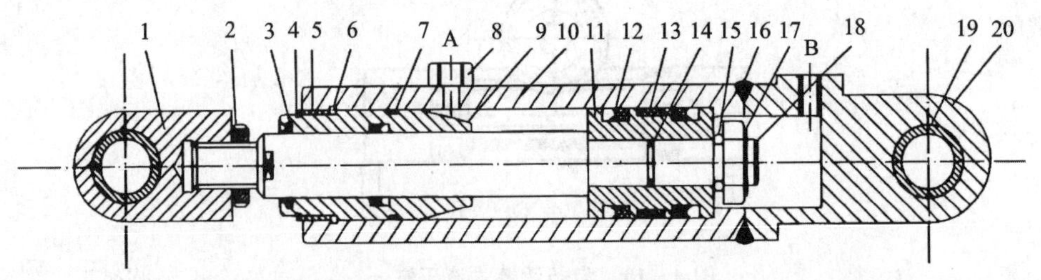

1—耳环；2—螺母；3—防尘圈；4、17—弹簧挡圈；5—套 6、15—卡键；

7、14—O 形密封圈；8、12—Y 形密封圈；9—缸盖兼导向套；10—缸筒；

11—活塞；13—耐磨环；16—卡键帽；18—活塞杆；19—衬套；20—缸底

图 4-12　双作用单活塞杆液压缸

2. 液压缸的组成

从上面所述的液压缸典型结构中可以看到，液压缸的结构基本可以分为缸筒和缸盖、活塞和活塞杆、密封装置、缓冲装置和排气装置 5 个部分。

(1) 缸筒和缸盖

一般来说，缸筒和缸盖的结构形式和其使用的材料有关。图 4-13 所示为缸筒和缸盖的常见结构形式。图 4-13 中(a)所示为法兰连接式，结构简单，容易加工，也容易装拆，但外形尺寸和重量都较大，常用于铸铁制的缸筒上。图 4-13 中(b)所示为半环连接式，它的缸筒壁部开了环形槽，但它容易加工和装拆，重量较轻，常用于无缝钢管或锻钢制的缸筒上。图 4-13 中(c)所示为螺纹连接式，它的缸筒端部结构复杂，外径加工时要保证内外径同心，装拆要使用专用工具，它的外形尺寸较小和重量

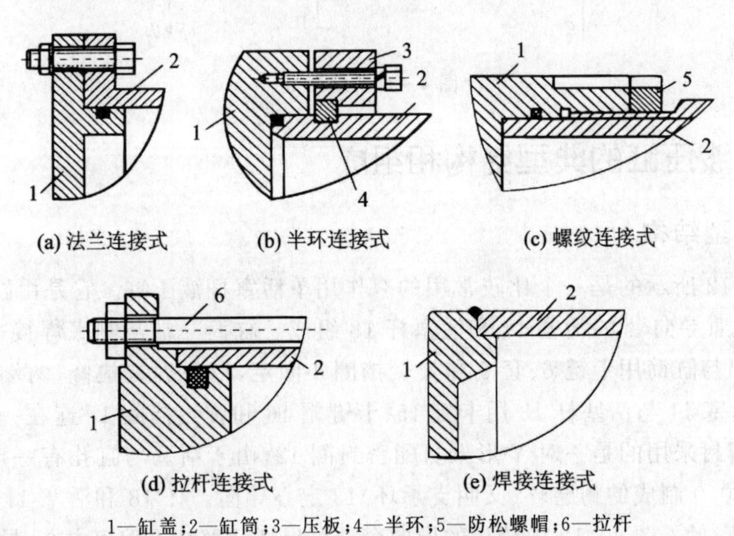

1—缸盖；2—缸筒；3—压板；4—半环；5—防松螺帽；6—拉杆

图 4-13　缸筒和缸盖的连接形式

较轻，常用于无缝钢管或铸钢制的缸筒上。图4－13中(d)所示为拉杆连接式，其结构的通用性好，容易加工和装拆，但外形尺寸较大，且较重。图4－13中(e)所示为焊接连接式，结构简单，尺寸小，但缸底处内径不易加工，且可能引起变形。

(2) 活塞与活塞杆

对于活塞与活塞杆一般可以把短行程的液压缸的活塞杆与活塞做成一体，这是最简单的形式。但当行程较长时，这种整体式活塞组件的加工较烦琐，所以常把活塞与活塞杆分开制造，然后再连接成一体。图4－14所示为几种常见的活塞与活塞杆的连接形式。图4－14中(a)所示的活塞与活塞杆之间采用螺母连接，它适用负载较小，受力无冲击的液压缸中。螺纹连接虽然结构简单，安装方便可靠。图4－14中(b)和(c)所示为卡环式连接方式。图4－14中(b)中活塞杆5上开有一个环形槽，槽内装有两个半圆环3以夹紧活塞4，半环3由轴套2套住，而轴套2的轴向位置用弹簧卡圈1固定。图4－14中(c)中的活塞杆，使用了两个半圆环4，它们分别由两个密封圈座2套住，半圆形的活塞3安放在密封圈座的中间。图4－14中(d)是一种径向销式连接结构，用锥销1把活塞2固定在活塞杆3上，这种连接方式特别适用于双出杆式活塞。

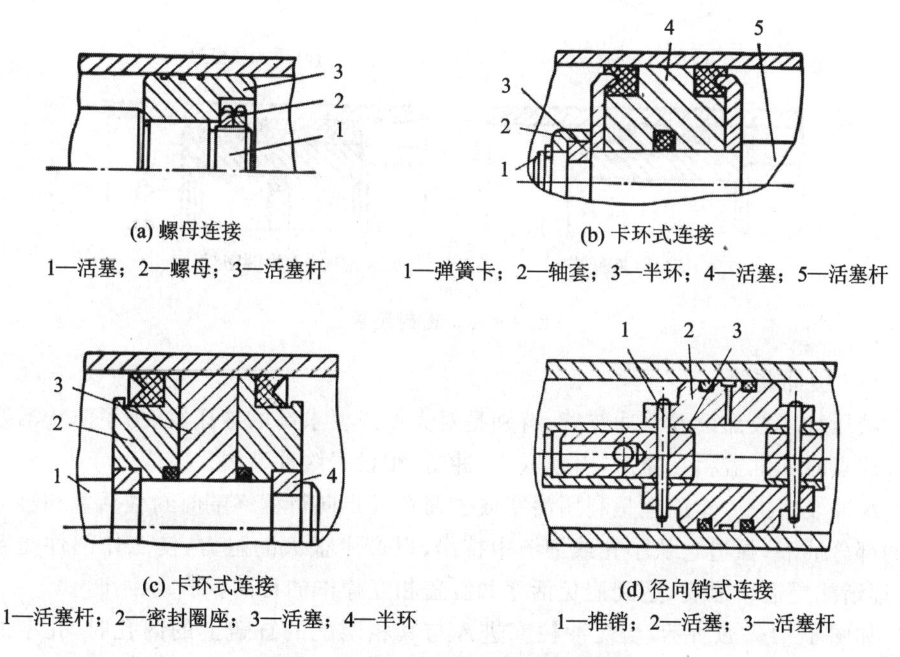

(a) 螺母连接
1—活塞；2—螺母；3—活塞杆

(b) 卡环式连接
1—弹簧卡；2—轴套；3—半环；4—活塞；5—活塞杆

(c) 卡环式连接
1—活塞杆；2—密封圈座；3—活塞；4—半环

(d) 径向销式连接
1—推销；2—活塞；3—活塞杆

图4－14 常见的活塞组件结构形式

(3) 密封装置

液压缸的泄漏直接影响到液压缸的工作性能和效率，严重时使系统压力上不去，甚至无法工作，并且外泄漏还会污染环境，因此液压缸中必须采取相应的密封措施。

图 4－15 所示为液压缸中常见的密封装置。图 4－15 中(a)所示为间隙密封，它依靠运动间的微小间隙防止泄漏。它的结构简单，摩擦阻力小，可耐高温，但泄漏量大，加工要求高，磨损后无法恢复原有能力，适宜在尺寸较小、压力较低、相对运动速度较高的缸筒和活塞间使用。图 4－15 中(b)所示为摩擦环密封，其套在活塞上的摩擦环(尼龙或其他高分子材料制成)在 O 形密封圈弹力作用下贴紧缸壁可防止泄漏。这种材料效果较好，摩擦阻力较小，且稳定，可耐高温，磨损后有自动补偿能力，但加工要求高，装拆不便，适用于缸筒和活塞之间的密封。图 4－15 中(c)、图 4－15 中(d)所示为密封圈(O 形圈、V 形圈等)密封，它利用橡胶或塑料的弹性使各种截面的环形圈贴紧在静、动配合面之间防止泄漏。它结构简单，制造方便，磨损后有自动补偿能力，性能可靠，在缸筒和活塞之间、缸盖和活塞杆之间、活塞和活塞杆之间、缸筒和缸盖之间都能使用。

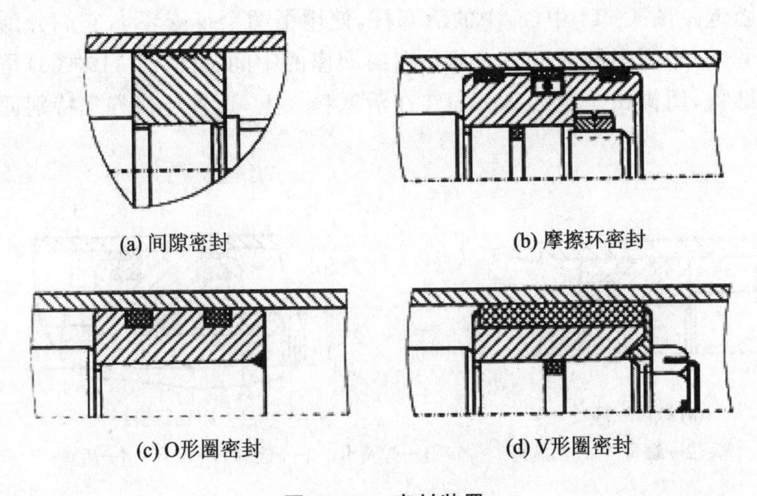

图 4－15　密封装置

(4) 缓冲装置

液压缸一般都设置缓冲装置，特别是对大型或要求高的液压缸，为了防止活塞在行程终点时和缸盖相互撞击，引起噪声、冲击，须设置缓冲装置。

缓冲装置的工作原理是利用活塞或缸筒在其走向行程终端时封住活塞和缸盖之间的部分油液，强迫它从小孔或细缝中挤出，以产生很大的阻力，使工作部件受到制动，逐渐减慢运动速度，达到避免活塞和缸盖相互撞击的目的。

如图 4－16(a)所示，当缓冲柱塞进入与其相匹配的缸盖上的内孔时，孔中的液压油只能通过间隙 δ 排出，使活塞速度降低。由于配合间隙不变，活塞运动速度的降低时可起缓冲作用。当缓冲柱塞进入配合孔之后，油腔中的油只能经节流阀 1 排出，如图 4－16(b)所示。由于节流阀 1 是可调的，因此缓冲作用也可调节，但仍不能解决速度减低后缓冲作用减弱的缺点。如图 4－16 中(c)所示，在缓冲柱塞上开有三角槽，随着柱塞逐渐进入配合孔中，其节流面积越来越小，解决了在行程最后阶段缓冲作用过弱的问题。

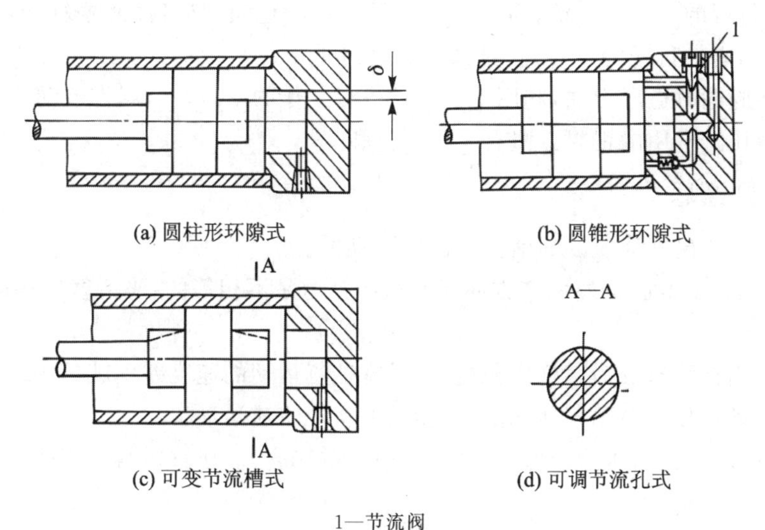

(a) 圆柱形环隙式　(b) 圆锥形环隙式

(c) 可变节流槽式　(d) 可调节流孔式

1—节流阀

图 4-16　液压缸的缓冲装置

(5) 排气装置

液压缸在安装过程中或长时间停放重新工作时，液压缸里和管道系统中会渗入空气，为了防止执行元件出现移动，噪声和发热等不正常现象，需把缸中和系统中的空气排出。一般可在液压缸的最高处设置进出油口以排气体，也可在最高处设置如图 4-17(a)所示的放气孔或专门的放气阀，图 4-17(b)、(c)。

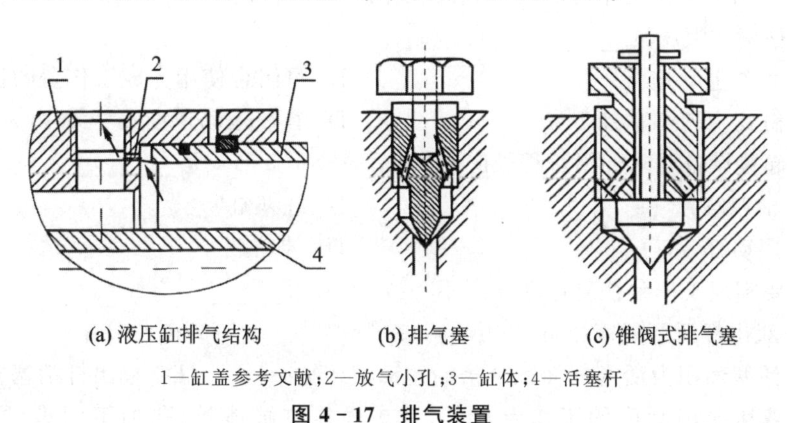

(a) 液压缸排气结构　(b) 排气塞　(c) 锥阀式排气塞

1—缸盖参考文献；2—放气小孔；3—缸体；4—活塞杆

图 4-17　排气装置

思考题

一、填空题

1. 液压缸是将________转变为________的转换装置，一般用于实现________或________。

2. 双出杆活塞缸当________固定时，为实心双出杆活塞缸，其工作台运动范围约为有效行程的________倍；当________固定时，为空心双出杆活塞缸，其工作台运动范围约为有效行程的________倍。

3. 两腔同时通压力油，利用________进行工作的________叫作差动液压缸。

4. 液压缸常用的密封方法有________和________。

二、判断题

1. 空心双出杆液压缸的活塞是固定不动的。 ( )

2. 单出杆活塞缸活塞两个方向所获得的推力是不相等的，当活塞慢速运动时，将获得较小推力。 ( )

3. 单出杆活塞缸活塞杆面积越大，活塞往复运动的速度差别就越小。 ( )

4. 差动连接的单出杆活塞缸，可使活塞实现快速运动。 ( )

5. 在尺寸较小，压力较低，运动速度较高的场合，液压缸密封可用间隙密封法。 ( )

三、选择题

1. 单出杆活塞式液压缸________。

A. 活塞两个方向的作用力相等

B. 活塞有效作用面积为活塞杆面积 2 倍时，工作台往复运动速度相等

C. 其运动范围是工作行程的 3 倍

D. 常用于实现机床的快速退回及工作进给

2. 柱塞式液压缸________。

A. 可作差动连接　　B. 可组合使用完成工作台的往复运动

C. 缸体内壁需精加工　　D. 往复运动速度不一致

3. 起重设备要求伸出行程长时，常采用的液压缸形式是________。

A. 活塞缸　　B. 柱塞缸

C. 摆动缸　　D. 伸缩缸

4. 要实现工作台往复运动速度不一致，可采用________。

A. 双出杆活塞式液压缸　　B. 柱塞缸

C. 活塞面积为活塞杆面积 2 倍的差动液压缸　　D. 单出杆活塞式液压缸

5. 液压龙门刨床的工作台较长，考虑液压缸缸体长，孔加工困难，所以采用________液压缸较好。

A. 单出杆活塞式　　B. 双出杆活塞式

C. 柱塞式　　D. 摆动式

四、简答题

1. 液压缸有何功用，按其结构不同主要分为哪几类？

2. 什么是差动连接，它适用于什么场合？

3. 柱塞式液压缸有什么特点，适用于什么场合？

4. 液压缸为什么要密封，哪些部位需要密封，常见的密封方法有哪几种？

5. 什么叫液压爬行，液压缸工作时为什么会出现爬行现象，如何解决？

6. 如图 4－18 所示，两个结构相同的液压缸串联，已知液压缸无杆腔面积 A_1 为 100 cm^2，有杆腔面积 A_2 为 80 cm^2，缸 1 的输入压力为 $p_1=1.8$ MPa，输入流量 $q_1=$ 12 L/min，若不计泄漏和损失，试求：

(1) 当两缸承受相同的负载时（$F_1=F_2$）该负载为多少？两缸的运动速度 v_1、v_2 各是多少？

(2) 缸 2 的输入压力为缸 1 的一半（$p_2=p_1/2$）时，两缸各承受的负载 F_1、F_2 为多大？

(3) 当缸 1 无负载（$F_1=0$）时，缸 2 能承受多大值负载？

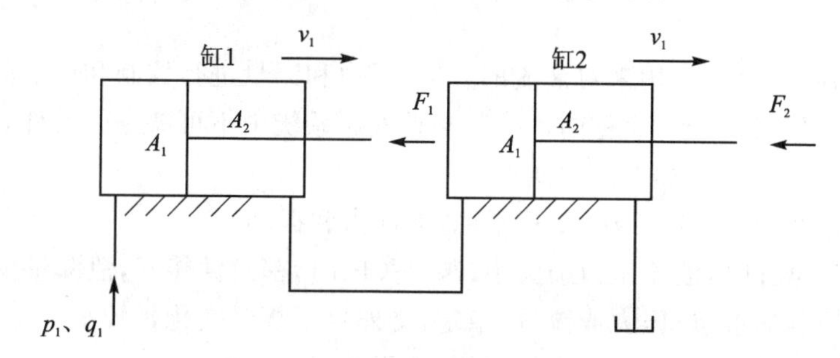

图 4－18　液压缸串联

第5章 液压控制阀

在液压传动系统中,用来对液流的方向、压力和流量进行控制和调节的液压元件称为控制阀,又称液压阀,简称阀。控制阀是液压系统中不可缺少的元件。

液压控制阀应满足如下基本要求:

(1) 动作准确、灵敏、可靠,工作平稳,无冲击和振动。

(2) 阀口全开时,液流压力损失小;阀口关闭时,密封性能好,泄漏量少。

(3) 所控制的参量(压力或流量)稳定,受外界干扰时变化量较小。

(4) 结构紧凑,安装、调试、维护方便,通用性好。

根据用途和工作特点的不同,液压控制阀分为以下三大类:

(1) 方向控制阀:用来控制和改变液压系统中液流方向的阀,如单向阀、换向阀、伺服阀等。

(2) 压力控制阀:用来控制或调节液压系统液流压力以及利用压力作为信号控制其他元件动作的阀,如溢流阀、减压阀、顺序阀、卸荷阀等。

(3) 流量控制阀:用来控制或调节液压系统液流流量的阀,如节流阀、调速阀、分流阀等。

5.1 方向控制阀

方向控制阀是用于控制液压系统中油路的接通、切断或改变液流方向的液压阀(简称方向阀),主要用以实现对执行元件的启动、停止或运动方向的控制。常用的方向控制阀有单向阀和换向阀。

5.1.1 单向阀

单向阀是用以防止油液倒流的元件。按控制方式不同,又分为普通单向阀和液

控单向阀两种。

1. 普通单向阀(单向阀)

单向阀是保证通过阀的液流只向一个方向流动而不能反向流动的方向控制阀。如图5-1所示,单向阀由弹簧1、阀芯2、阀体3等零件组成。当压力油从P_1口流入时,克服弹簧1的作用力顶开阀芯2,经阀芯上的轴向孔a和径向b从P_2口流出。若液流反向流动,则液压力和弹簧一起使阀芯锥面压紧在阀座孔上,油液被截止而不能通过。

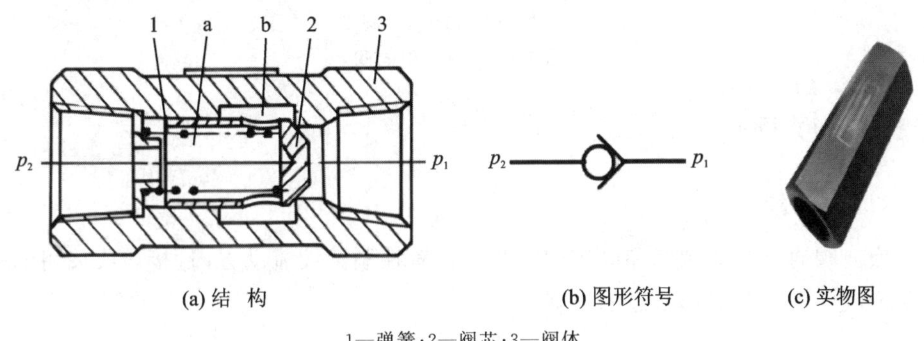

(a) 结 构　　(b) 图形符号　　(c) 实物图

1—弹簧;2—阀芯;3—阀体

图5-1 单向阀

为保证单向阀工作灵敏可靠,单向阀中弹簧刚度一般很小,弹簧仅起复位作用,一般正向开启压力为0.03~0.05 MPa;反向截止时,因锥阀阀芯与阀座孔为线密封,密封力随压力增大而增大,密封性能良好。

单向阀常安装在泵的出口处,一方面可防止系统的压力冲击,影响泵的正常工作;另一方面在泵不工作时可防止系统的油液倒流,并经泵回油箱。单向阀还被用来分隔油路以防止干扰,或与其他阀并联组成复合阀。当安装在系统的回油路使回油具有一定背压或安装在泵的卸荷回路使泵维持一定的控制压力时,应更换刚度较大的弹簧,正向开启压力应为0.3~0.5 MPa。

2. 液控单向阀

液控单向阀是一种通入控制液压油液,即允许油液双向流动的单向阀。

如图5-2所示,液控单向阀由控制活塞1、顶杆2、阀芯3和弹簧等组成。当控制口K无控制压力油通入时,其工作原理和普通单向阀是一样的,压力油只能从P_1口流向P_2口,不能反向流动。当K口有控制压力油通入时,压力油推动控制活塞1右移,推动顶杆2顶开阀芯3,使阀口开启,正反向液流均可自由通过。液控单向阀可对反向液流起截止作用,且密封性能好,又可以在一定条件下允许正反向液流自由通过,因此多用于液压系统的保压或锁紧回路。

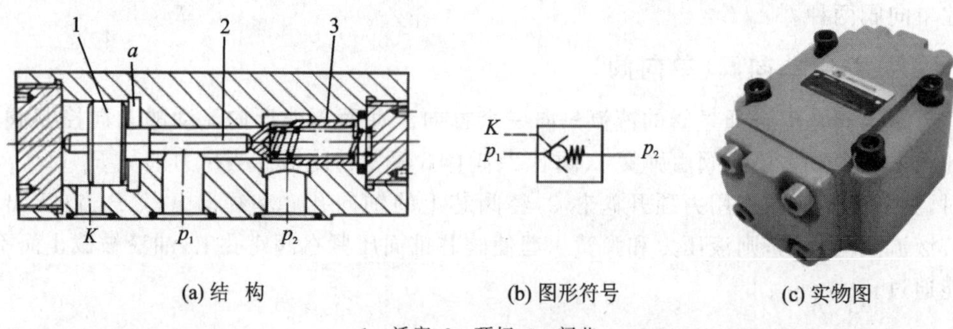

(a) 结 构　　(b) 图形符号　　(c) 实物图

1—活塞；2—顶杆；3—阀芯

图 5-2　液控单向阀

5.1.2　换向阀

1. 功　能

换向阀通过改变阀芯和阀体间的相对位置控制油液流动方向、接通或关闭油路，即改变液压系统的工作状态的方向。

2. 分　类

（1）按结构类型可分为滑阀式、转阀式和球阀式。

（2）按阀体连通的主油路数可分为二通、三通和四通等。

（3）按阀芯在阀体内的工作位置可分为二位、三位和四位等。

（4）按操作阀芯运动的方式可分为手动阀、机动阀、电磁动阀、液动阀和电液动阀等。

3. 结　构

常用的换向阀阀芯在阀体内做往复运动，称为滑阀。滑阀是一个有多段环形槽的圆柱体，其直径大的部分称为凸肩，凸肩与阀体内孔相配合。阀体内孔中有若干段环形槽，阀体上有若干个与外部相通的油口，并与相应的环形槽相通，如图 5-3 所示。

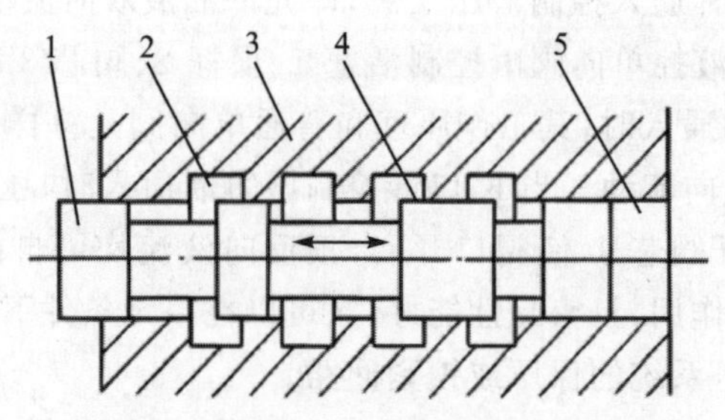

1—滑阀；2—环形槽；3—阀体；4—凸肩；5—阀孔

图 5-3　滑阀结构

4. 滑阀式换向阀的工作原理

图 5－4 所示为换向阀的换向工作原理图。当阀工作在中位时，P、A、B、O4 个油口互不相通，处于截止状态；当阀工作在右位时，油口 P 和 A 相通，B 和 O 相通；当阀工作在左位时，油口 P 和 B 相通，A 和 O 相通。

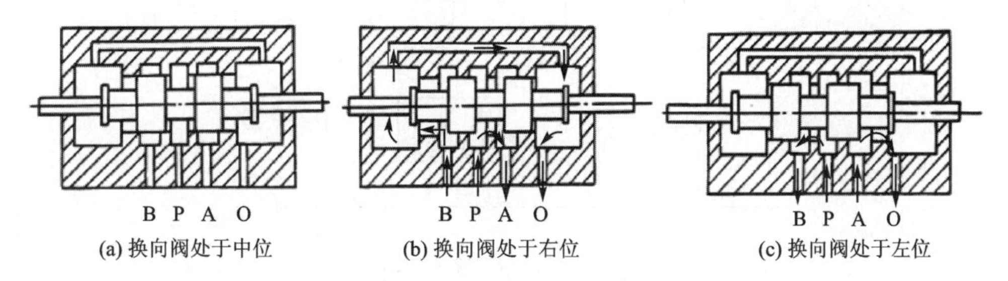

(a) 换向阀处于中位　(b) 换向阀处于右位　(c) 换向阀处于左位

图 5－4　滑阀式换向阀的工作原理图

5. 图形符号

换向阀的工作位置数称为“位”，与液压系统中油路相连通的油口数称为“通”。常用的换向阀种类有：二位二通、二位三通、二位四通、二位五通、三位三通、三位四通、三位五通和三位六通等。控制滑阀移动的方法常用的有人力、机械、电气、直接压力和先导控制等。常用换向阀的图形符号见表 5－1。

表 5－1　常用换向阀的图形符号

种　类	图形符号
二位二通	常闭
	常开
二位三通	
	带中间过渡位置

续表 5-1

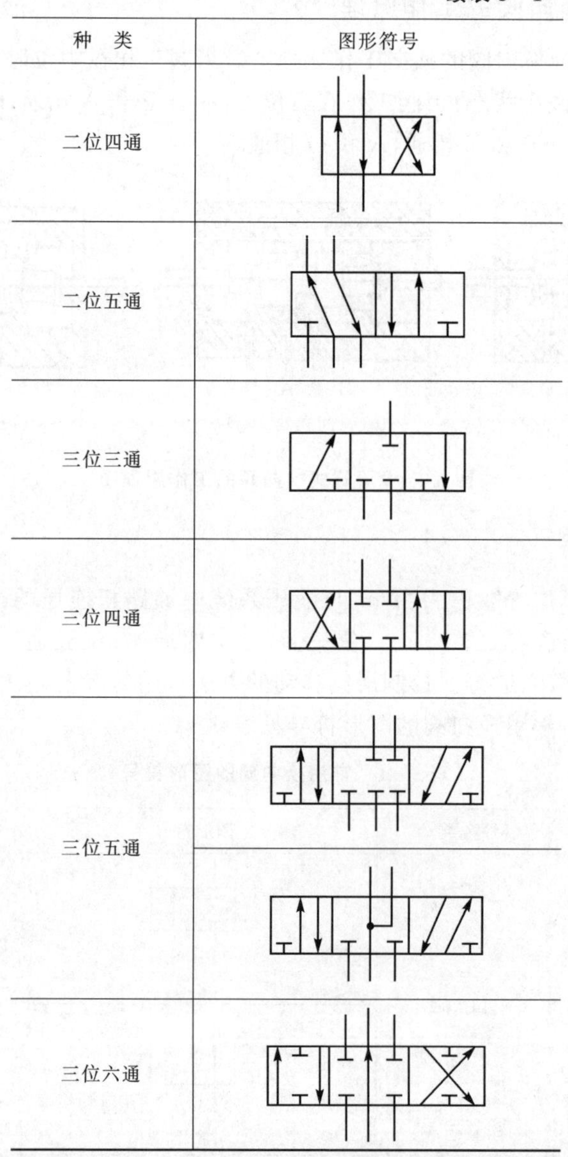

种　类	图形符号
二位四通	
二位五通	
三位三通	
三位四通	
三位五通	
三位六通	

一个换向阀的完整图形符号应具有表明工作位置数、油口数和在各工作位置上油口的连通关系、控制方法以及复位、定位方法的符号。

换向阀图形符号的规定和含义：

(1) 用方框表示阀的工作位置数，有几个方框就是几位阀。

(2) 在一个方框内，箭头“↑”、堵塞符号“⊤”或“⊥”与方框相交的点数就是通路数，有几个交点就是几通阀。箭头“↑”表示阀芯处在这一位置时两油口相通，但不一定是油液的实际流向；“⊤”或“⊥”表示此油口被阀芯封闭(堵塞)而不通流。

(3) 三位阀中间的方框、两位阀画有复位弹簧的那个方框为常态位置(即未施加控制号以前的原始位置)。在液压系统原理图中,换向阀的图形符号与油路的连接一般应画在常态位置上。工作位置应按“左位”画在常态位的左面,“右位”画在常态位右面的位置,同时在常态位上应标出油口的代号。

(4) 控制方式和复位弹簧的符号应画在方框的两侧。

6. 常用的换向阀

(1) 手动换向阀

手动换向阀是用人力控制的方法,即改变阀芯工作位置的换向阀,它主要有弹簧复位和钢球定位两种形式。图5-5是三位四通手动换向阀,图5-5(a)是弹簧自动复位式三位四通手动换向阀,手柄推动阀芯后,要想维持在极端位置,则必须用手扳住手柄不放;一旦松开手柄,阀芯就会在弹簧力的作用下自动弹回中位。这种换向阀适用于机床、液压机、船舶等须保持工作状态时间较长的液压系统中。图5-5(b)是弹簧钢球定位式三位四通手动换向阀,推动阀芯相对阀体移动后,可以通过钢球使阀芯稳定在不同的工作位置;此阀操作比较安全,常用于动作频繁、工作持续时间较短的工程机械液压系统中。

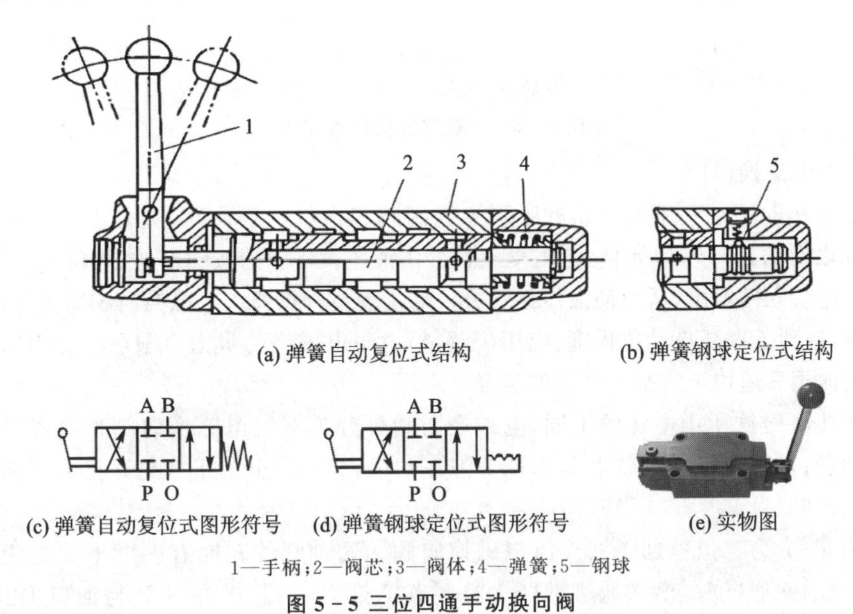

(a) 弹簧自动复位式结构　(b) 弹簧钢球定位式结构

(c) 弹簧自动复位式图形符号　(d) 弹簧钢球定位式图形符号　(e) 实物图

1—手柄;2—阀芯;3—阀体;4—弹簧;5—钢球

图5-5 三位四通手动换向阀

(2) 机动换向阀

机动换向阀又称为行程阀,它是利用安装在运动部件上的挡块或凸块,推动阀芯端部滚轮使阀芯移动,从而使油路换向。

图5-6为二位二通机动换向阀,在图5-6所示位置,阀芯3在弹簧4作用下处于下位,P和A不连通;当运动部件上挡块压住滚轮使阀芯移向上位时,油口P和A

连通。当行程挡块脱开滚轮时，阀芯在其底部弹簧的作用下又恢复初始位置。通过改变挡块斜面的角度 α，可改变阀芯移动速度，进而调节油液换向过程的快慢。

机动换向阀的优点：可逐渐关闭或打开，故换向平稳、可靠、位置精度高。常用于控制部件的行程或速度快、慢的转换。

缺点：必须将它安装在运动部件附近；一般油管较长。

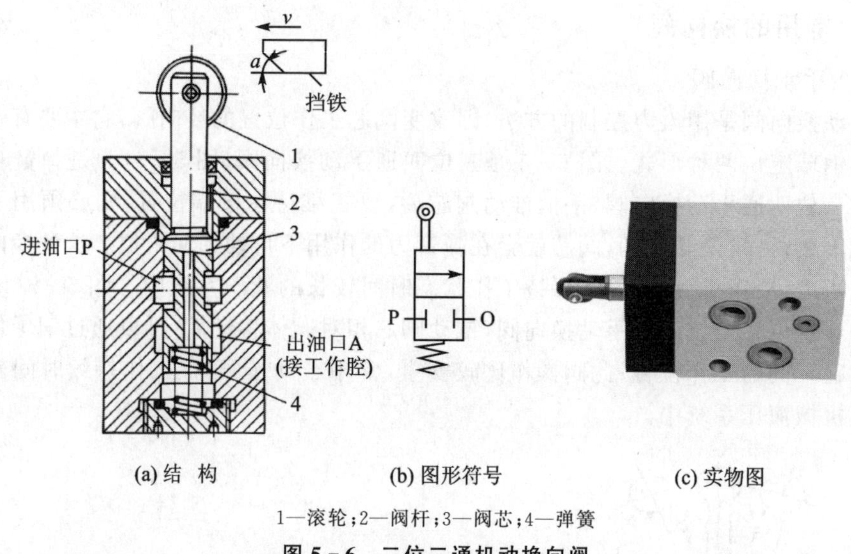

(a) 结　构　　(b) 图形符号　　(c) 实物图

1—滚轮；2—阀杆；3—阀芯；4—弹簧

图 5－6　二位二通机动换向阀

(3) 电磁换向阀

电磁换向阀是利用电磁铁的吸引力控制阀芯换位的换向阀，它是电气系统和液压系统之间的信号转换元件，它的电气信号由液压设备中的按钮开关、限位开关、行程开关等电气元件发出，从而使液压系统方便地实现各种操作。电磁换向阀操纵方便、布局灵活，有利于提高自动化程度，应用广泛，但由于电磁铁的吸力有限(＜120 N)，因此电磁换向阀只适用于流量不太大的场合。

按照电磁铁所用电源的不同，电磁换向阀可分为交流电磁换向阀和直流电磁换向阀两种；按照电磁铁的铁芯是否能够泡在油里，又可以分为干式电磁换向阀和湿式电磁换向阀。

图 5－7 为二位三通干式交流电磁换向阀。这种阀的左端有一个干式交流电磁铁，当电磁铁通电时，衔铁通过推杆 1 将阀芯 2 推向右端，进油口 P 与油口 B 接通，油口 A 被关闭。当电磁铁断电时，弹簧 3 将阀芯推向左端，油口 B 被关闭，进油口 P 与油口 A 接通。

图 5－8 为三位四通湿式直流电磁换向阀。这种阀的两端各有一个湿式直流电磁铁和一对中弹簧，当两边电磁铁都不通电时，阀芯 3 在两边对中弹簧 4 作用下处于中位，P、T、A、B 口互不相通；当右侧电磁铁通电时，右侧的推杆将阀芯 3 推向左端，P 和 A 相通，B 和 T 相通；当左侧电磁铁通电时，P 与 B 相通，A 与 T 相通。

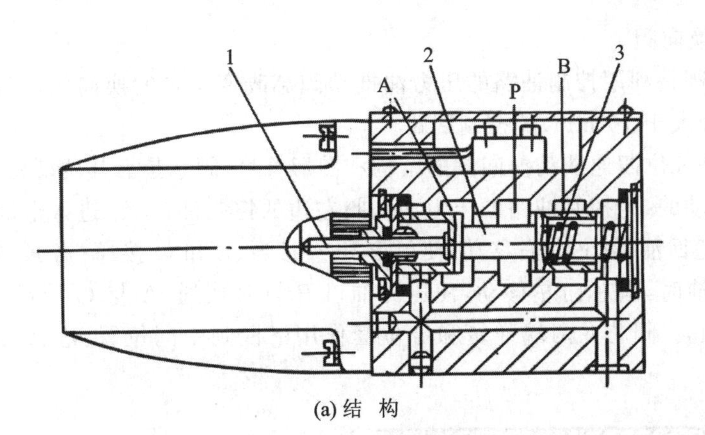

(a) 结 构

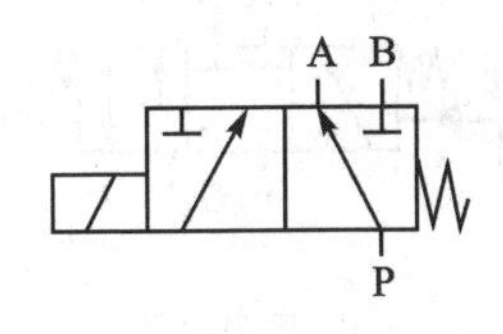

(b) 图形符号

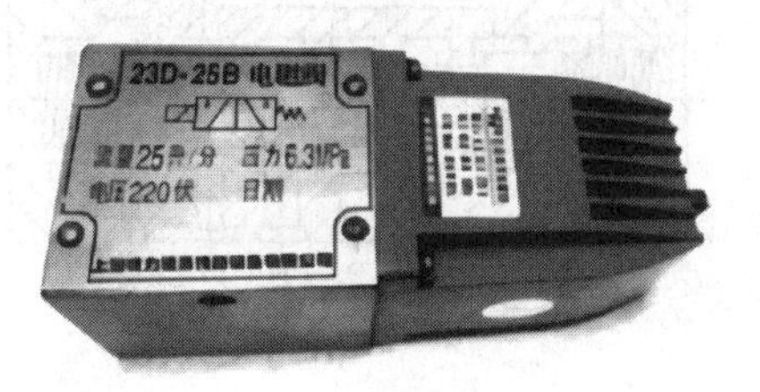

(c) 实物图

1—推杆;2—阀芯;3—弹簧

图 5-7 二位三通干式交流电磁换向阀

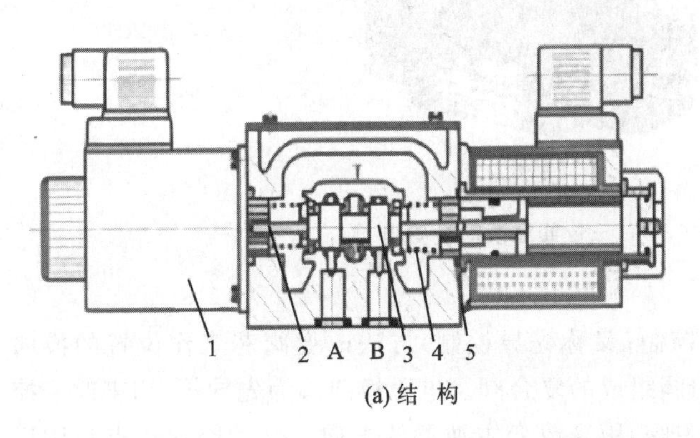

(a) 结 构

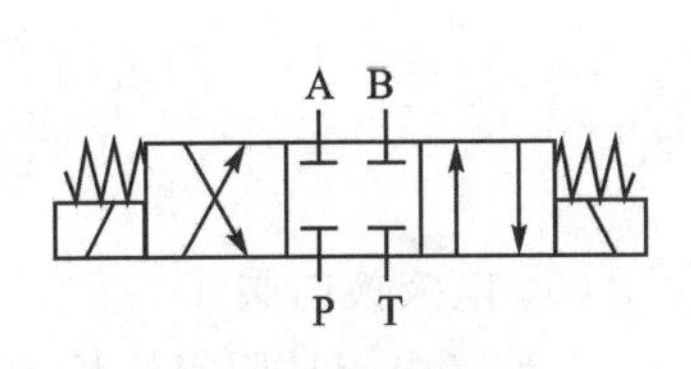

(b) 图形符号

(c) 实物图

1—电磁铁;2—推杆;3—阀芯;4—弹簧;5—挡圈

图 5-8 三位四通湿式直流电磁换向阀

(4) 液动换向阀

液动换向阀是利用控制油路的压力油推动阀芯改变位置的换向阀,广泛用于大流量(阀的通径大于 10 mm)的控制回路。

图 5-9 是三位四通液动换向阀的结构和图形符号,阀芯是靠其两端密封腔中油液的压力差移动的,当控制油路的压力油从阀左边的控制油口 K_1 进入滑阀左腔,滑阀右腔 K_2 接通回油,阀芯向右移动,使得 P 和 A 接通、B 和 O 接通;当 K_2 接通压力油、K_1 接通回油时,阀芯向左移动,使压力油口 P 与 B 接通、A 与 O 接通;当 K_1 和 K_2 都通压力油时,阀芯在两端弹簧和定位套作用下回到中间位置,P、A、B、O 均不相通。

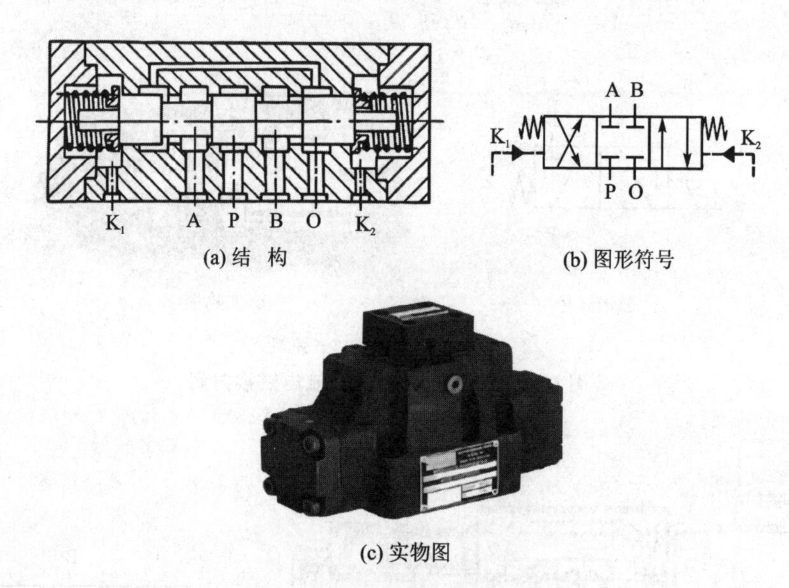

(a) 结 构

(b) 图形符号

(c) 实物图

图 5-9 三位四通液动换向阀

(5) 电液换向阀

电液换向阀是用间接压力控制(又称先导控制)方法改变阀芯工作位置的换向阀,是由电磁换向阀与液动换向阀组成的复合阀。电磁换向阀为先导阀,用来改变控制油路的方向。液动换向阀为主阀,用来改变主油路的方向。这种阀的优点是用反应灵敏的小规格电磁阀控制大流量的液动阀换向。

图 5-10 为三位四通电液换向阀的结构和图形符号。当电磁先导阀的两个电磁铁均不通电时,电磁换向阀阀芯 4 在其对中弹簧作用下处于中位,液动换向阀左右两端油室同时通入油箱,其阀芯在两端对中弹簧的作用下也处于中位,主阀的 P、A、B 和 T 口均不通;当电磁先导阀左边的电磁铁通电后,其阀芯向右移动,控制油液可经电磁先导阀进入液动换向阀左端油腔,并推动主阀阀芯向右移动,使液动换向阀 P 与 A、B 和 T 的油路相通;反之,电磁先导阀右边的电磁铁通电,可使 P 与 B、A 与 T 的油路相通。

在电液换向阀中，控制主油路的主阀阀芯不是靠电磁铁的吸力直接推动，而是靠电磁铁操纵控制油路上的压力油液推动的，因此推力可以很大。此外通过节流阀 2 和 6 可以分别控制主阀阀芯向左或向右的移动速度，使系统中的执行元件能够进行平稳无冲击的换向。

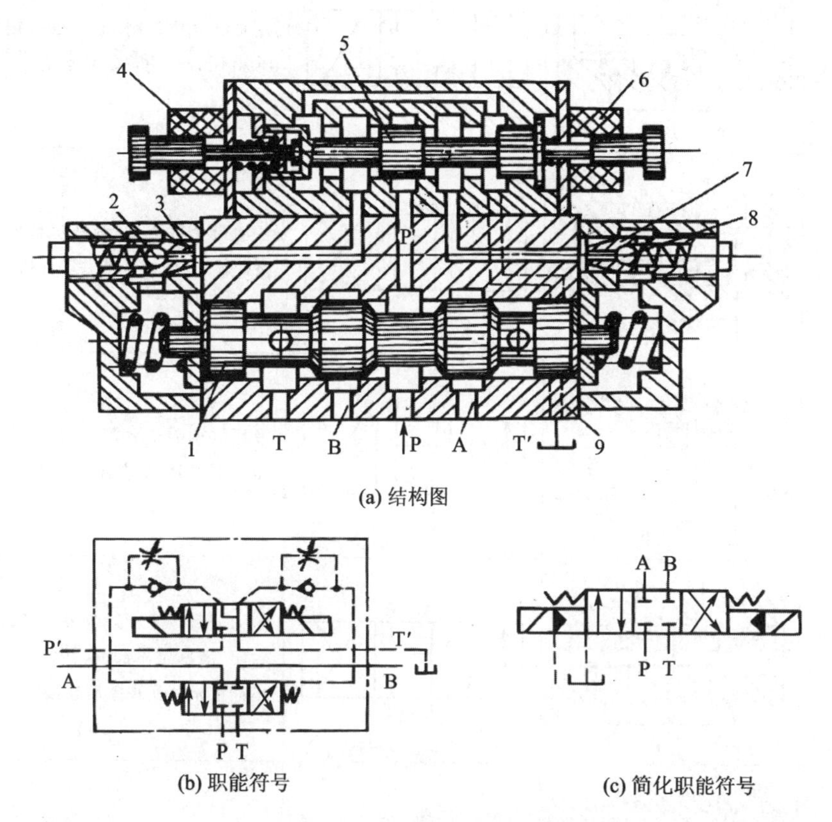

(a) 结构图

(b) 职能符号

(c) 简化职能符号

图 5－10　三位四通电液换向阀

在大型液压设备中，当通过阀的流量较大时，作用在滑阀上的摩擦力和液动力较大，此时电磁换向阀的电磁铁推力相对较小，需要用电液换向阀来替代电磁换向阀。

7. 三位换向阀的中位机能

三位阀在常态位(即中位)各油口的中连通方式称为中位机能。中位机能不同的三位阀处于中位时对系统的控制性能也不相同。对于三位四通阀，常用的中位机能形式和符号见表 5－2。

表 5-2　三位四通阀的中位机能

形　式	结构简图	图形符号	特点及应用
O	A B T P	A B P T	各油口全部封闭，液压缸被锁紧，液压泵不卸荷，并联缸可运动
H	A B T P	A B P T	各油口全部连通，液压缸浮动，液压泵卸荷，其他缸不能并联使用
Y	A B T P	A B P T	液压缸两腔通油箱，液压缸浮动，液压泵不卸荷，并联缸可运动
P	A B T P	A B P T	压力油口与液压缸两腔连通，回油口封闭，液压泵不卸荷，并联缸可运动，单杆活塞缸实现差动连接
M	A B T P	A B P T	液压缸两腔封闭，液压缸被锁紧，液压泵卸荷，其他缸不能并联使用

5.2　压力控制阀

压力控制阀是用于控制液压系统压力或利用压力作为信号控制其他元件动作的液压阀，简称压力阀。按功用不同，常用的压力控制阀有溢流阀、减压阀和顺序阀等。压力控制阀的共同特点是利用作用在阀芯上的液压作用力和弹簧力相平衡的原理进行工作。

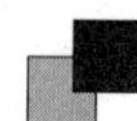

5.2.1　溢流阀

溢流阀按结构形式不同分为直动式和先导式，一般旁接在泵的出口，通过其阀口的溢流，使液压系统或回路的压力维持恒定或限制其最高压力，从而实现稳压、调压或限压作用；有时也旁接在执行元件的进口，对执行元件起安全保护作用。

1. 结构及工作原理

(1) 直动式溢流阀

直动式溢流阀是利用系统中的油液作用力直接作用在阀芯上与弹簧力相平衡的原理来控制阀芯的启、闭动作，以控制进油口处的油液压力。

图5-11为直动式溢流阀，压力油从进油口P进入阀中，经阻尼小孔a作用在阀芯的底面上。当进油口压力$p_A<F_s$簧时，阀芯在弹簧2预调力作用下处于最下端，P与O口隔断，阀处于关闭状态。当进油口P处压力升高，$p_A>F_s$时，阀芯下端产生的作用力超过弹簧力，阀芯向上移动，阀口被打开，多余的油液排回油箱，弹簧力随着开口量的增大而增大，直至与油压力相平衡，进油口的压力基本保持恒定值$p_A=F_s$。

阀芯上的阻尼孔a的作用用以增加液阻，以减小阀芯的振动，提高阀的工作平稳性。调节螺母1可以改变弹簧的压紧力，以调整溢流阀进油口处的油液压力。由阀芯间隙处泄漏到弹簧腔的油液，经阀体上的孔b通过回油口排入油箱。

一般，直动式溢流阀只能用于低压小流量系统；控制较高压力或大流量时需安装刚度较大的弹簧，因为阀口开度略有变化便会引起较大的压力波动，所以压力较高时宜采用先导式溢流阀。

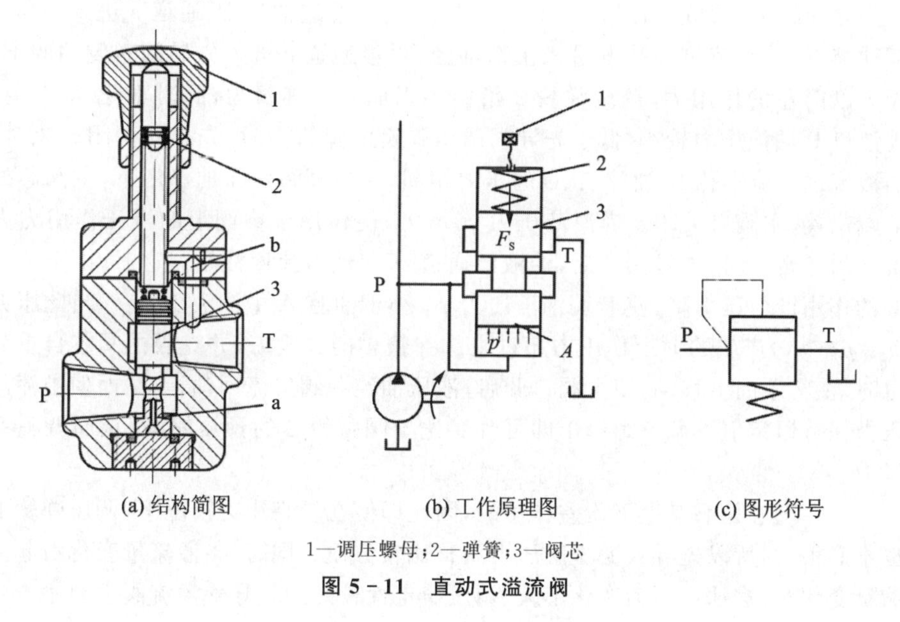

(a) 结构简图　(b) 工作原理图　(c) 图形符号

1—调压螺母；2—弹簧；3—阀芯

图5-11　直动式溢流阀

(2) 先导式溢流阀

图 5－12 为先导式溢流阀的结构，由先导阀和主阀两部分组成。先导阀是一个小流量的直动式溢流阀，阀芯是锥阀，用以控制压力；主阀阀芯是滑阀，用以控制溢流流量。这种阀的原理是利用主阀上下两端油液的压差使主阀芯移动。

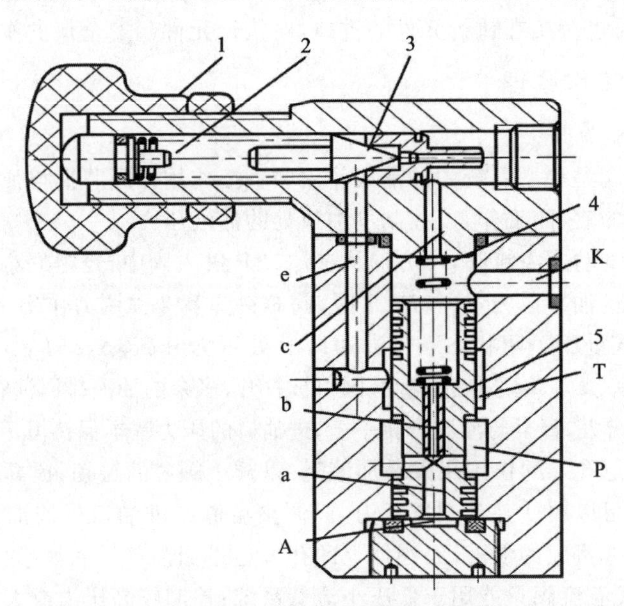

1—调节螺母；2—调压弹簧；3—先导阀阀芯；4—主阀弹簧；5—主阀芯

图 5－12　先导式溢流阀的结构

先导阀的工作原理如图 5－13 所示，压力油 p 经进油口 P、通道 a 进入主阀芯 5 底部油腔 A，并经节流小孔 b 进入上部油腔，再经通道 c 进入先导阀右侧油腔 B，给锥阀 3 以向左的作用力，调压弹簧 2 给锥阀以向右的弹簧力，此时 K 控口不接通。当进油口 P 油液压力较小，低于先导阀调压弹簧的弹簧力时，先导阀关闭。此时，没有油液流过节流小孔 b，油腔 A、B 的压力相同，在主阀弹簧 4 的作用下，主阀芯处在最下端位置，主阀口关闭。当油液压力 p 增大，使作用于锥阀上的液压作用力大于弹簧 2 的弹簧力时，先导阀开启，油液经通道 e、回油口流回油箱。这时，由于节流小孔 b 的作用产生压力降，使 B 腔油液压力 p_1 小于油腔 A 中油液压力 p，当此压力差 ($\Delta p = p - p_1$) 产生的向上作用力超过主阀弹簧 4 的弹簧力，并克服主阀芯自重和摩擦力时，主阀芯向上移动，使主阀口开启，液压油经主阀口流回油箱，从而使溢流阀进口压力保持恒定值。调节螺母 1 即可改变先导阀弹簧 2 的预压缩量，从而调整系统的压力。

由于主阀芯是靠其上下压差作用的，因此即使在较高压力情况下，调压弹簧的刚度也不必很大，所以先导式溢流阀压力调整比较方便。同时，当溢流量变化引起弹簧压缩量变化时，进油口压力变化不大，调压稳定性较好。先导式溢流阀主要用于中高压系统中。

将先导式溢流阀的远程控制口K用油管接到另一个远程调压阀(远程调压阀的结构和溢流阀的先导控制部分相同),调节远程调压阀的弹簧力,即可调节溢流阀主阀芯上端的液压力,从而对溢流阀的溢流能力实现远程调压。但是,远程调压阀所能调节的最高压力不能超过溢流阀本身先导阀的调整压力。当远程控制口K通过二位二通阀接通油箱时,主阀芯上端的压力接近于零,主阀上移到最高位置,阀口开到很大。由于主阀弹簧较软,这时溢流阀P口处压力很低,系统的油液在低压下通过溢流阀流回油箱,进而实现卸荷。

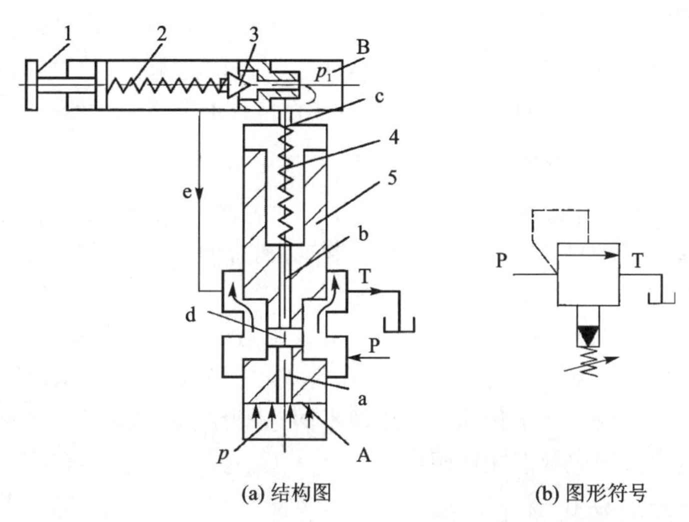

(a) 结构图　　　　(b) 图形符号

1—调节螺母;2—调压弹簧;3—锥阀;4—主阀弹簧;5—主阀芯

图5-13 先导式溢流阀的工作原理图

2. 溢流阀的应用

(1) 起溢流稳压作用,维持液压系统压力恒定。在定量泵进油或回油节流调速系统中,溢流阀和二通流量控制阀(调速阀)配合使用,液压缸所需流量由二通流量控制阀(调速阀)调节,液压泵输出的多余流量由溢流阀溢回油箱。在系统正常工作时,溢流阀阀口始终处于开启状态,维持泵的输出压力恒定不变。

(2) 起安全保护作用,防止液压系统过载。在变量泵液压系统中,系统正常工作时,其工作压力低于溢流阀的开启压力,阀口关闭不溢流。当系统工作压力超过溢流阀的开启压力时,溢流阀开启溢流,进而使系统工作压力不再升高(限压),以保证系统的安全。通常,这种情况溢流阀的开启压力应比液压系统的最大工作压力高10%~20%。

(3) 实现远程调压。装在控制台上的远程调压阀与先导式溢流阀的外控口连接,从而实现远程调压。实际应用时,主溢流阀安装在靠近液压泵的出口,而远程调压阀则安装在操作台上,远程调压阀的设定压力低于主溢流阀的调定压力。于是,远程调压阀起调压作用,先导式溢流阀起安全作用。

(4) 实现油泵卸荷。先导式溢流阀对液压泵起溢流稳压作用。当二位二通阀3的电磁铁通电后,溢流阀的外控口即接油箱。此时,主阀芯弹簧腔压力接近于零,主阀芯移动到最大开口位置,液压泵输出的油液经溢流阀流回油箱。由于主阀弹簧刚度很小,进口压力很低,此时液压泵接近于空载运转,功耗很小,即处于卸荷状态。

(5) 作为背压阀使用。将溢流阀连接在系统的回油路上,在回油路中形成一定的回油阻力(背压),以改善液压执行元件运动的平稳性。

5.2.2 减压阀

液压系统中常由一个液压泵向几个执行元件供油。当某一执行元件需要比泵的供油压力低的稳定压力时,可通过往该执行元件所在的油路上串联一个减压阀实现。

1. 减压阀的功用和分类

(1) 减压阀用来降低液压系统中某一分支油路的压力,使之低于液压泵的供油压力,以满足执行机构(如夹紧、定位油路,制动、离合油路,系统控制油路等)的需要,并保持基本恒定。

(2) 减压阀按其调节性能可分为保证出口压力为定值的定值减压阀、保证进出口压力差不变的定差减压阀、保证进出口压力成比例的定比减压阀,其中,定值减压阀应用最广。根据减压阀结构和工作原理不同,分为直动型减压阀和先导型减压阀两类。一般优先采用先导型减压阀。

2. 减压阀的结构及工作原理

先导减压阀的图形符号如图5-14(a)所示,其结构如图5-14(b)所示,它与先导型溢流阀的结构有相似之处,也是由先导阀和主阀两部分组成的,两阀的主要零件可互相通用。其主要区别是:

(1) 减压阀的进、出油口位置与溢流阀相反,减压阀的先导阀控制出口油液压力,而溢流阀的先导阀控制进口油液压力。

(2) 由于减压阀的进、出口油液均有压力,所以其先导阀的泄油不能像溢流阀一样流入回油口,而必须设有单独的泄油口。

(3) 减压阀主阀芯在结构中间多一个凸肩(即三节杆),在正常情况下,减压阀阀口开得很大(常开),而溢流阀阀口则关闭(常闭)。

先导型减压阀的工作原理如图5-14(c)所示,它主要利用油液通过缝隙时的液阻降压进行工作。说明如下:

液压系统主油路的高压油液从进油口P_1进入减压阀,经节流缝隙后的低压油液从出油口P_2输出,经分支油路送往执行机构。同时低压油液经通道a进入主阀芯5下端油腔,又经节流小孔b进入主阀芯上端油腔,且经通道c进入先导阀锥阀3右端油腔,给锥阀一个向左的液压力。该液压力与调压弹簧2的弹簧力平衡,从而控制低压油基本保持调定压力。

当出油口的低压油低于调定压力时，锥阀关闭，主阀芯上端油腔油液压力 $p_2=p_3$，主阀弹簧4的弹簧力克服摩擦阻力将主阀芯推向下端，节流口h增至最大，减压阀处于不工作状态，即常开状态。当分支油路负载增大时，p_2 升高，p_3 随之升高，在 p_3 超过调定压力时，锥阀打开，少量油液经锥阀口、通道e，由泄油口L流回油箱。这时有油液流过节流小孔b，使 $p_3<p_2$，产生压力降 $\Delta p=p_2-p_3$。

当压力差 Δp 所产生的向上的作用力大于主阀芯重力、摩擦力、主阀弹簧的弹簧力之和时，主阀芯向上移动，使节流口h减小，节流加剧，p_2 随之下降，直到作用在主阀芯上的各作用力平衡，主阀芯便处于新的平衡位置。

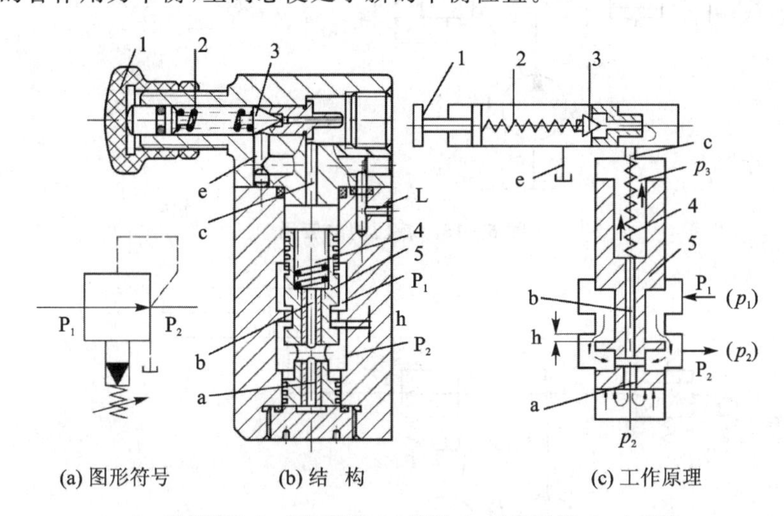

(a) 图形符号　(b) 结　构　(c) 工作原理

1—调节螺母；2—调压弹簧；3—锥阀；4—主阀弹簧；5—主阀芯

图5-14　先导式减压阀

3. 减压阀的应用

定压减压阀的功用是减压、稳压。图5-15为减压阀用于夹紧油路的原理图。液压泵输出的压力油由溢流阀2调定压力，以满足主油路系统的要求。在换向阀3处于图示位置时，液压泵1经减压阀4及单向阀5供给夹紧液压缸6压力油。夹紧工件所需夹紧力的大小由减压阀4调节。当工件夹紧后，换向阀换位，液压泵向主油路系统供油。单向阀的作用是当泵向主油路系统供油时，使夹紧缸的夹紧力不受液压系统中压力波动的影响。

[例5-1]　图5-16中溢流阀调定压力 $p_{s1}=4.5$ MPa，减压阀的调定压 $p_{s2}=3$ MPa，活塞前进时，负荷 $F=1\ 000$ N，活塞面积 $A=20\times10^{-4}\ \text{m}^2$，减压阀全开时的压力损失及管路损失忽略不计，求：

(1) 活塞在运动时和到达尽头时，A、B两点的压力。

(2) 当负载 $F=7\ 000$ N时，A、B两点的压力是多少？

解：(1) 活塞运动时，作用在活塞上的工作压力为：

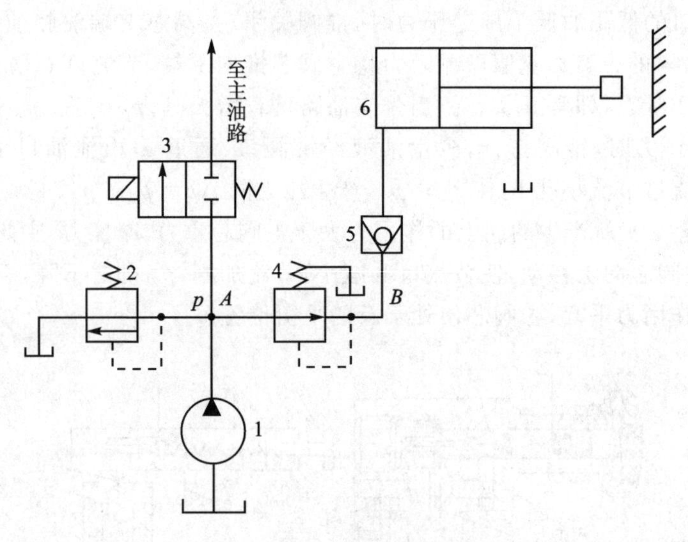

图 5－15　减压阀的应用

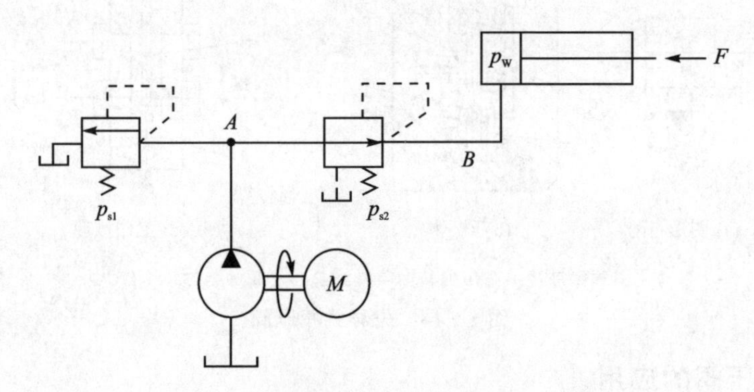

图 5－16　例 5－1 图

$$p_w = F/A = 1\,000/20\times10^{-4} = 0.5\ \text{MPa}$$

因为作用在活塞上的工作压力相当于减压阀的出口压力，且小于减压阀的调定压力，所以减压阀不起减压作用，阀口全开，故有：

$$p_A = p_B = p_w = 0.5\ \text{MPa}$$

当活塞到尽头时，作用在活塞上的压力 p_w 增加，且当此压力大于减压阀的调定压力时，减压阀起减压作用，所以有：

$$p_A = p_{s1} = 4.5\ \text{MPa}$$

$$p_B = p_{s2} = 3\ \text{MPa}$$

(2) 当负载 $F=7\,000$ N 时，有：

$$p_w = F/A = 7\,000/20\times10^{-4} = 3.5\ \text{MPa}$$

因为 $p_{s2} < p_w$，减压阀出口压力最大是 3 MPa，无法推动活塞，所以有：

$$p_A = p_{s1} = 4.5\ \text{MPa}$$

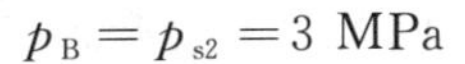

$$p_B = p_{s2} = 3\ \text{MPa}$$

5.2.3 顺序阀

顺序阀是以压力作为控制信号，自动接通或切断某一油路的压力阀。由于它经常被用来控制执行元件动作的先后顺序，故称顺序阀。根据结构和工作原理不同，顺序阀可以分为直动型顺序阀和先导型顺序阀两类，目前直动型应用较多。

1. 直动型顺序阀的工作原理

图 5－17 所示为直动型顺序阀的结构和图形符号。压力油液自进油口 P_1 进入阀体，经阀体中间小孔流入阀芯底部油腔，对阀芯产生向上的液压作用力。当油液的压力较低时，液压作用力小于阀芯上部的弹簧力，在弹簧力作用下，阀芯处于下端位置，P_1 和 P_2 两油口被隔开；当油液的压力升高到作用于阀芯底端的液压作用力大于调定的弹簧力时，在液压作用力的作用下，阀芯上移，使进油口 P_1 和出油口 P_2 相通，压力油液自 P_2 口流出，可控制另一执行元件动作。

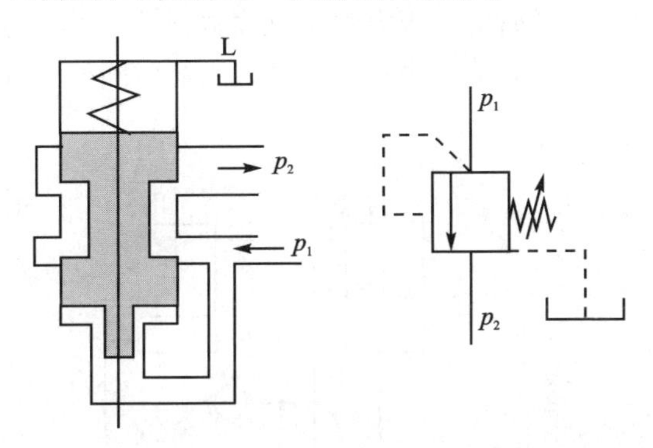

图 5－17 直动型顺序阀的结构和图形符号

2. 顺序阀的控制形式

按其控制方式不同，顺序阀可分为外控式和内控式两种。内控式是利用阀的进口压力控制阀芯的启闭，外控式是利用外来的压力油控制阀芯的启闭。通过改变上盖或底盖的装配位置可以实现顺序动作的内控外泄、内控内泄、外控外泄、外控内泄 4 种类型。

图 5－18 所示为顺序阀的 4 种控制方式，其中内控内泄式用在系统中用作平衡阀或背压阀，外控内泄式用作卸载阀，外控外泄式相当于一个液控二位二通阀。

内控外泄式顺序阀与溢流阀都是阀口常闭，由进口压力控制阀口的开启，区别是：

（1）溢流阀出口连通油箱，顺序阀的出油口通常是连接另一工作油路。

（2）溢流阀打开时，进油口的油液压力基本保持恒定，而顺序阀打开后，进油口的油液压力可以继续升高。

(3) 由于溢流阀出油口连通油箱，其内部泄油可通过出油口流回油箱，而顺序阀出油口油液为压力油，且通往另一工作油路，所以顺序阀的内部要有单独设置的泄油口。

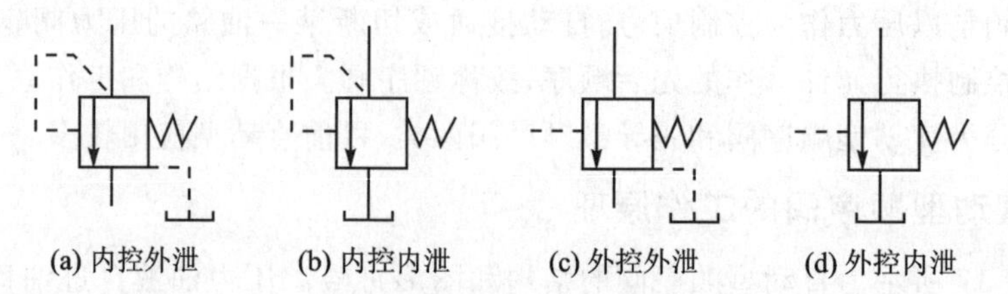

图 5-18　顺序阀的四种控制方式

3. 顺序阀的应用

图 5-19 为顺序阀用以实现多个执行元件的顺序动作原理图。当电磁换向阀 3 处于左位时，液压缸Ⅰ的活塞向上运动，到终点位置后停止运动；油路压力升高到顺序阀 4 的调定压力时，顺序阀打开，压力油经顺序阀进入液压缸Ⅰ的下腔，使活塞向上运动，从而实现液压缸Ⅰ、Ⅱ的顺序动作。当电磁换向阀处于右位时，液压缸Ⅰ、Ⅱ同时向下运动。

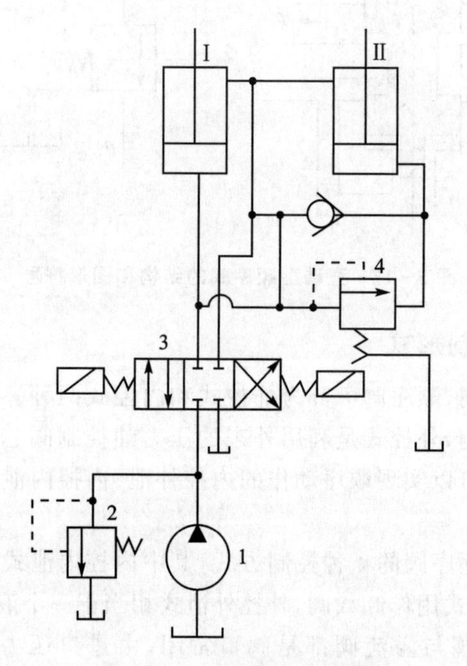

图 5-19　顺序阀的应用图

5.2.4　压力继电器

压力继电器是一种将液压系统的压力信号转换为电信号输出的元件。当液压系统压力升高到压力继电器的调整值时，通过压力继电器的微动开关动作接通或断开电气线路，从而实现执行元件的顺序控制或安全保护。

压力继电器按结构特点可分为柱塞式、弹簧管式和膜片式等。图 5-20 为单触点柱塞式压力继电器，压力油作用在柱塞的下端，当系统压力升高达到或超过调定的压力值时，柱塞上移压微动开关触头，接通或断开电气线路。当系统压力小于调节值时，在弹簧力作用下，微动开关触头复位。其压力设定值靠螺母调节。

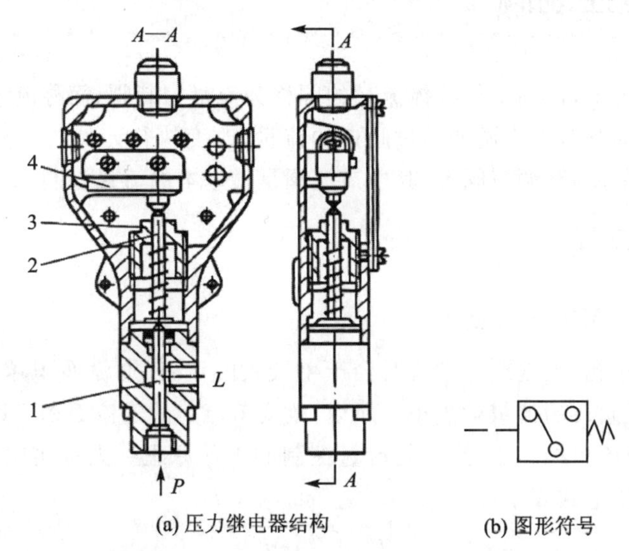

(a) 压力继电器结构　　(b) 图形符号

1—柱塞；2—顶杆；3—调节螺钉；4—微动开关

图 5-20　压力继电器

5.2.5　溢流阀、减压阀和顺序阀

溢流阀、减压阀和顺序阀之间有许多共同之处，见表 5-3。

表 5-3　溢流阀、减压阀和顺序阀比较

	溢流阀	减压阀	顺序阀
出油口情况	出油口与油箱相连	减压回路相连	与执行元件相连
泄漏形式	内泄式	外泄式	外泄式
状态	常闭	常开	常闭
在系统中的连接方式	并联	串联	实现顺序动作时串联，作泄荷阀时并联

续表 5-3

	溢流阀	减压阀	顺序阀
功用	限压、保压、稳压	减压、稳压	不控制回路的压力，只控制回路的通断
工作原理	利用控制压力与弹簧力平衡的原理，通过改变滑阀开口量大小控制系统的压力		
结构	结构基本相同，只是泄油路不同		

5.3 流量控制阀

在液压系统中，控制工作液体流量的阀称为流量控制阀，简称流量阀。流量阀通过改变节流口的开口大小调节通过阀口的流量，改变执行元件的运动速度。常用的流量控制阀有节流阀、调速阀等，其中节流阀是最基本的流量控制阀。

5.3.1 节流阀

1. 流量控制的工作原理

油液流经小孔、狭缝或毛细管时会产生较大的液阻，通流面积越小，油液受到的液阻越大，通过阀口的流量就越小。所以，改变节流口的通流面积可以使液阻发生变化，就可以调节流量的大小，这就是流量控制的工作原理。大量实验证明，节流口的流量特性可以用下式表示：

$$q = CA(\Delta p)^{\phi} \tag{5-1}$$

式中，q——通过节流口的流量，m^3/s；

A——节流口的通流截面积，m^2；

Δp——节流口前后的压力差，MPa；

C——流量系数，随节流口的形式和油液的粘度变化而变化；

ϕ——节流口形式参数，一般在0.5～1之间，节流路程短时取小值，节流路程长时取大值。

由式(5-1)可知：C、ΔP、ϕ一定时，改变通流截面积A，即改变液阻的大小，实现流量调节，这就是流量控制阀的控制原理。

2. 节流口的结构形式

常用的几种节流口的形式如图5-21所示。图5-21中(a)为针阀式节流口，针阀芯轴向移动时，改变环形通流截面积的大小，即可调节流量。图5-21中(b)为偏心式节流口，在阀芯上开有一个截面为三角形(或矩形)的偏心槽，当转动阀芯时，就可以调节通流截面积大小而调节流量。这两种形式的节流口结构简单，制造容易，但节流口容易堵塞，流量不稳定，适用于性能要求不高的场合。图 5－21 中(c)为轴向三角槽式节流口，在阀芯端部开有一个或两个斜的三角沟槽，轴向移动阀芯时，就可以改变三角槽通流截面积的大小，从而调节流量。图 5－21 中(d)为周向缝隙式节流口，阀芯上开有狭缝，油液可以通过狭缝流入阀芯内孔，然后由左侧孔流出，转动阀芯就可以改变缝隙的通流截面积。图 5－21 中(e)为轴向缝隙式节流口，在套筒上开有轴向缝隙，轴向移动阀芯即可改变缝隙的通流面积大小，进而调节流量。这 3 种节流口性能较好，尤其是轴向缝隙式节流口，其节流通道厚度可薄为 0.07～0.09 mm，以得到较小的稳定流量。

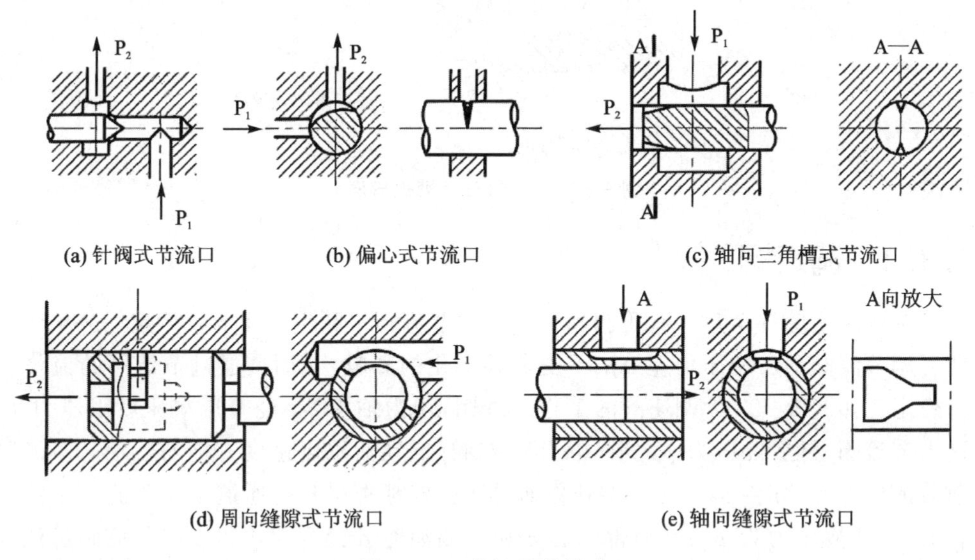

图 5－21　节流口的形式

3. 节流阀的结构

图 5－22 为轴向三角槽节流阀的结构和图形符号图，主要由阀芯 1、阀体、螺帽 3 和调节手轮等组成。阀体上开有进油口和出油口；阀芯上开有三角尖槽，油液从进油口 P_1 进入，经阀芯上的三角槽节流口后，由出油口 P_2 流出。调节手轮可使阀芯轴向移动，以改变节流口的通流面积。

节流阀结构简单，制造容易，体积小，使用方便，造价低，但负载和温度的变化对流量稳定性的影响较大，只适用于负荷和温度变化不大及速度稳定性不高的液压系统，主要与定量泵、溢流阀组成节流调速系统。调节节流阀的开口，便可以实现调速。

通过节流口的油液流量不仅与通流面积有关，还跟压力差有关。在实际应用中，由于负载的变化，使节流口前后的压力差发生变化，通过节流口的流量也随之变化，使执行元件的速度不稳定。因此在速度稳定性要求高的场合，宜采用调速阀。

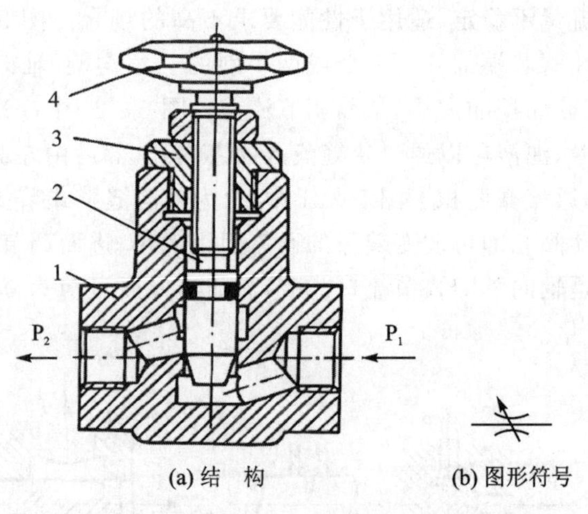

1—阀体；2—阀芯；3—螺帽；4—调节手轮

图 5-22　轴向三角槽式节流阀

5.3.2　调速阀

调速阀是由一个定差减压阀和一个可调节流阀串联组合而成。用定差减压阀保证可调节流阀前后的压力差 Δp 不受负载变化的影响，从而使通过节流阀的流量保持稳定。如图 5-23 为调速阀的工作原理图，压力油液 p_1 经节流减压后以压力 p_2 进入节流阀，然后以压力 p_3 进入液压缸左腔，推动活塞以速度 v 向右运动。节流阀前后的压力差 $\Delta p=p_2-p_3$。减压阀阀芯$_1$ 上端的油腔 b 经通道 a 与节流阀出油口相通，其油液压力为 p_3；其肩部油腔 c 和下端油腔 d 经通道 f 和 e 与节流阀进油口(即减压阀出油口)相通，其油液压力为 p_2，当作用于液压缸的负载 F 增大时，压力 p_3 也增大，作用于减压阀阀芯上端的液压力也随之增大，使阀芯下移，减压阀进油口处的开口加大，压力降减小，因而使减压阀出口(节流阀进口)处压力 p_2 增大，结果保持了节流阀前后的压力差基本保持不变。当负载 F 减小时，压力 p_3 减小，减压阀阀芯上端油腔压力减小，阀芯在油腔 c 和 d 中压力油(压力为 p_2)的作用下上移，使减压阀进油口处开口减小，压力降增大，因而使 p_2 随之减小，结果仍保持节流阀前后压力差基本不变。

因为减压阀阀芯上端油腔 b 的有效作用面积 A 与下端油腔 c 和 d 的有效作用面积相等，所以在稳定工作时，不计阀芯的自重及摩擦力的影响，减压阀阀芯上的力平衡方程为：

$$p_2 A = p_3 A + F_t \tag{5-2}$$

或：

$$p_2 - p_3 = F_t / A \tag{5-3}$$

式中，p_2——节流阀前(即减压阀后)的油液压力，Pa；

p_3——节流阀后的油液的压力，Pa；

F_t——减压阀弹簧的弹簧作用力，N；

A——减压阀阀芯大端有效作用面积，m^2。

由于减压阀弹簧较软(刚度较低)，当阀芯上下移动时其弹簧力 F_t 变化不大，故节流阀前后的压力差 $\Delta p = p_2 - p_3$ 基本不变。也就是说，只要节流阀通流面积 A 不变，无论负载如何变化，通过调速阀的油液流量基本就不变，执行元件运动速度便稳定。

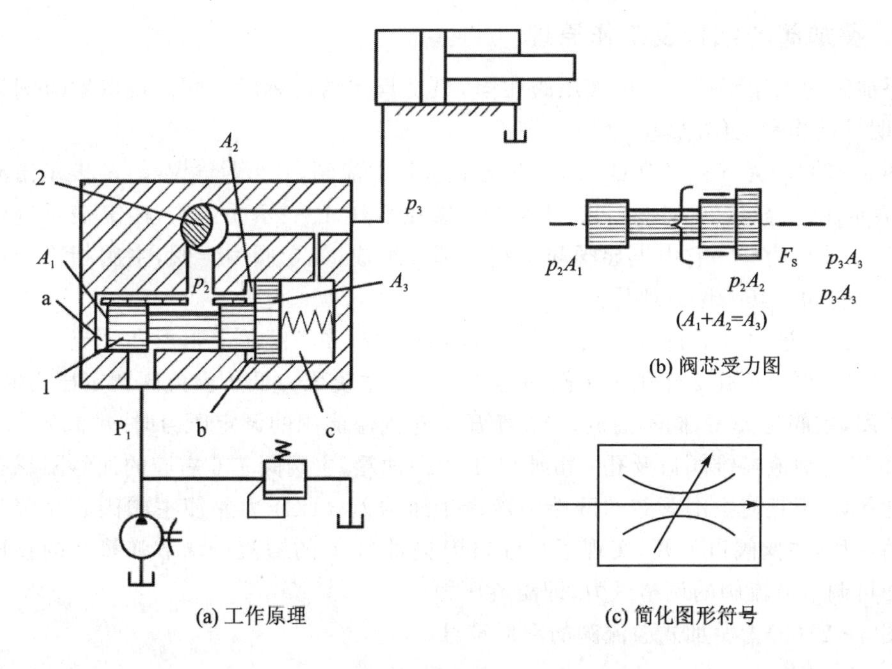

1—定差减压阀阀芯；2—节流阀阀芯；

A_1—a 腔活塞作用面积；A_2—b 腔活塞作用面积；A_3—c 腔活塞作用面积

图 5-23　调速阀的工作原理图

5.4　叠加阀和插装阀

5.4.1　叠加阀

叠加式液压阀简称叠加阀，是以板式阀为基础的一种新型控制元件。采用这种阀组成液压系统时，不需要另外的连接块，它是以自身的阀体作为连接件直接叠合而成所需的系统。

叠加阀的工作原理与一般液压阀基本相同，但其具体结构和连接尺寸不相同。每个叠加阀都有 4 个油口 P、A、B、T，且上下贯通，每个叠加阀的进出油口与公共通道并联或串联，它不仅可以起单个阀的功能，而且还能沟通阀与阀之间的流道。同一通径的叠加阀的上下安装面的油口相对位置与标准的板式液压阀的油口位置一样。用叠加阀组成回路时，换向阀应安装在最上方，所有对外连接的油口开在最下边的底板上，其他的阀通过螺栓连接在换向阀与底板之间。

叠加阀现有5个通径系列：$\phi6$、$\phi10$、$\phi16$、$\phi20$、$\phi32$，额定压力为20 MPa，额定流量为10～200 L/min。叠加阀按功用的不同分为压力控制阀、流量控制阀和方向控制阀3类，其中方向控制阀仅有单向阀类。

1. 叠加阀的结构及工作原理

叠加阀的工作原理与一般液压阀相同，只是具体结构有所不同。现以溢流阀为例，说明其结构和工作原理。

图5-24(a)为Y1-F10D-P/T先导式叠加溢流阀，其型号含义是：Y表示溢流阀，F表示压力等级(20 MPa)，10表示$\phi10$通径系列，D表示叠加阀，P/T表示进油口为P、回油口为T。它由先导阀和主阀两部分组成，先导阀为锥阀，主阀相当于锥阀式的单向阀。其工作原理是：

压力油由进油口P进入主阀阀芯6右端的e腔，并经阀芯上阻尼孔d流至阀芯6左端b腔，再经小孔a作用于锥阀阀芯3上。当系统压力低于溢流阀调定压力时，锥阀关闭，主阀也关闭，阀不溢流；当系统压力达到溢流阀的调定压力时，锥阀阀芯3打开，b腔的油液经锥阀口及孔c由油口T流回油箱，主阀阀芯6右腔的油经阻尼孔d向左流动，于是使主阀阀芯的两端油液产生压力差。此压力差使主阀阀芯克服弹簧5而左移，主阀阀口打开，实现了自油口P向油口T的溢流。调节弹簧2的预压缩量便可调节溢流阀的调整压力，即溢流压力。

图5-24(b)为叠加式溢流阀的图形符号。

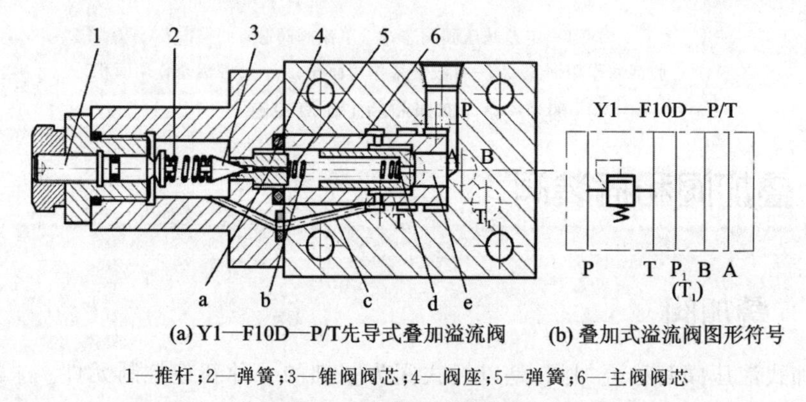

(a) Y1—F10D—P/T先导式叠加溢流阀　(b) 叠加式溢流阀图形符号

1—推杆；2—弹簧；3—锥阀阀芯；4—阀座；5—弹簧；6—主阀阀芯

图5-24　叠加式溢流阀

2. 叠加阀的组装

叠加阀自成体系，每一种通径系列的叠加阀，其主油路通道和螺钉孔的大小、位置、数量都与相应通径的板式换向阀相同，因此，将同一通径系列的叠加阀互相叠加，可直接连接而组成集成化液压系统。

图 5－25 为叠加式液压装置示意图。最下面的是底板，底板上有进油孔、回油孔和通向液压执行元件的油孔，底板上面第一个元件一般是压力表开关，然后依次向上叠加各压力控制阀和流量控制阀，最上层为换向阀，用螺栓将它们紧固成一个叠加阀组。一般一个叠加阀组控制一个执行元件。如果液压系统有几个需要集中控制的液压元件，则用多联底板，并排在上面组成相应的几个叠加阀组。

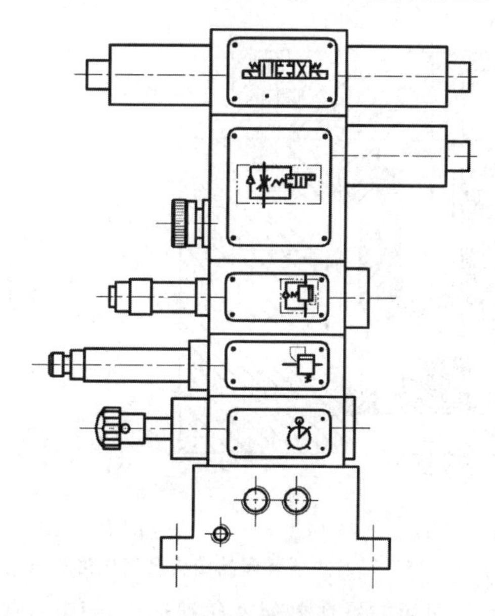

图 5－25　叠加式液压装置示意图

5.4.2　插装阀

插装式锥阀又称插装式二位二通阀，其在高压大流量的液压系统中应用很广，由于插装式元件已标准化，将几个插装式元件组合一下便可组成复合阀。按功能可分为插装压力控制阀、插装流量控制阀和插装方向控制阀；按控制方式可分为通断式和比例式插装阀；按安装方式可分为盖板插装阀和螺纹插装阀。

插装阀和普通液压阀相比较，具有下述优点：

(1) 通流能力大，特别适用于大流量的场合，它的最大通径可达 200～250 mm，通过的最大流量可达 10 000 L/min。

(2) 阀芯动作灵敏，抗堵塞能力强。

(3) 密封性好，泄漏量小，油液流经阀口压力损失小。

(4) 结构简单，易于实现标准化。

1. 二通式插装阀

图 5－26 为二通式插装阀的结构及其图形符号。它主要由阀芯 4、阀套 2 和弹簧 3 等组成，1 为控制盖板，由控制口 C 与锥阀单元的上腔相通。锥阀单元插在有两个通道 A、B(主油路)的阀体 5 中，控制盖板可对锥阀单元的启闭起控制作用。锥阀单元上配置不同的盖板就可以实现各种不同的工作机能。若干个不同工作机能的锥阀单元组装在一个阀体内，即可实现集成化，可组成所需的液压回路和系统。

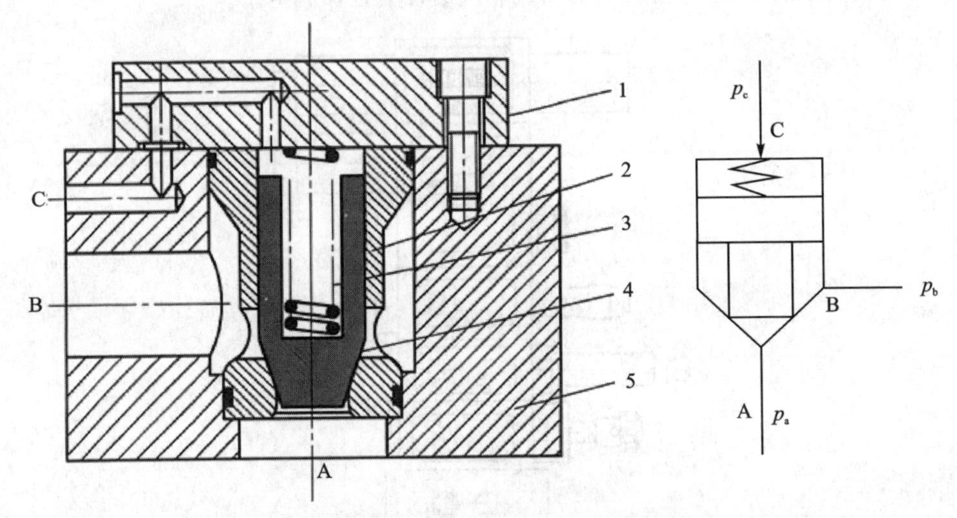

1—控制盖板；2—阀套；3—弹簧；4—阀芯；5—阀体

图 5－26　二通式插装阀的结构及其图形符号

二通式插装阀通过不同的盖板和各种先导阀组合，便可构成方向控制阀、压力控制阀和流量控制阀。

2. 螺纹插装阀

螺纹插装阀是二通式插装阀在连接方式上的变通，由于采用螺纹连接，使安装简洁方便，整个体积也相对较小。

图 5－27 为螺纹插装直动式溢流阀的典型结构。阀芯采用锥阀式，当阀芯运动时，弹簧腔油液通过阀芯上开的轴向孔和径向小孔与回油口 T 连通。螺纹插装阀与二通式插装阀一样，几乎可以实现所有压力、流量、方向类型的阀类功能。它与二通式插装阀相比，具有以下特点：

(1) 功能实现。螺纹插装阀多依靠自身提供完整的液压阀功能；二通式插装阀多通过先导阀实现完整的液压阀功能。

(2) 阀芯形式。螺纹插装阀既有锥阀，也有滑阀；二通式插装阀多为锥阀。

(3) 安装形式。螺纹插装阀组件依靠螺纹与块体连接；二通式插装阀的阀芯、阀套等插入块体，依靠盖板连接在块体上。

(4) 标准化与互换性。两种插孔都有相应标准，插件互换性好，便于维修。

(5) 适用范围。二通式插装阀适用于通径为16 mm及以上、高压大流量系统；螺纹插装阀适用于小流量系统。

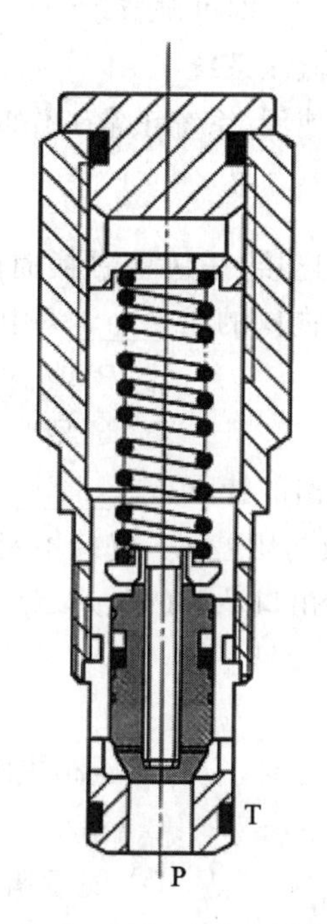

图5-27 螺纹插装溢流阀

思考题

一、填空题

1. 液压控制阀是液压系统的________元件，根据用途和工作特点不同，控制阀可分为3类：________控制阀，________控制阀，________控制阀。

2. 根据改变阀芯位置的操纵方式不同，换向阀可分为________、________、________、________和________等。

3. 压力控制阀的共同特点是：利用________和________平衡的原理进行工作。

4. 溢流阀安装在液压系统的泵出口处，其主要作用是________和________。

5. 在液压传动系统中，如要降低整个系统和工作压力，采用________阀；而降低局部系统的压力，宜采用________阀。

6. 流量阀利用改变它的通流________控制系统工作流量，进而控制执行元件，在使用定量泵的液压系统中，为使流量阀能起节流作用，必须与________阀联合使用。

二、判断题

1. 单向阀的作用是变换液流流动方向、接通或关闭油路。（　　）
2. 调节溢流阀中弹簧压力 F_n，即可调节系统压力的大小。（　　）
3. 先导式溢流阀只适用于低压系统。（　　）
4. 若把溢流阀当作安全阀使用，系统正常工作时，该阀处于常闭状态。（　　）

三、选择题

1. 为了实现液压缸的差动连接，采用电磁换向阀的中位滑阀必须是________；如要实现泵卸荷，可采用三位换向阀的________型中位滑阀机能。

A. O 型　　B. P 型

C. M 型　　D. Y 型

2. 调速阀工作原理上最突出的特点是________。

A. 调速阀进口和出口油液的压差 Δp 保持不变

B. 调速阀内节流阀进口和出口油液的压差 Δp 保持不变

C. 调速阀可稳定控制流量

D. 调节流量方便

3. 当控制压力高于预调压力时，应将减压阀主阀口的节流缝隙 δ ________。

A. 调大　　B. 调小

C. 保持常值　　D. 随意调整

4. 液压机床开动时，运动部件产生突然冲击通常表明________。

A. 现象正常，随后会自行消除　　B. 油液混入空气

C. 液压缸的缓冲装置出故障　　D. 系统其他部分有故障

四、简答题

1. 试比较普通单向阀和液控单向阀的区别。
2. 为什么说调速阀比节流阀的调速性能好，各用在什么场合较为合理？
3. 方向控制阀在液压系统中起什么作用，常见的类型有哪些？
4. 试举例说明先导式溢流阀的工作原理。溢流阀在液压系统中有何应用？

第 6 章

液压辅助元件

液压辅助元件是液压系统的组成部分，包括过滤器、蓄能器、管件、密封件、油箱和热交换器等，这些元件对液压系统的性能、效率、温升、噪声和寿命有很大的影响，如果处理不当，会严重影响整个液压系统的工作性能，甚至使系统无法正常工作。

6.1 蓄能器

蓄能器是在液压系统中储存和释放压力能的元件。还可以作为短时供油和吸收系统的振动、冲击的液压元件。

6.1.1 蓄能器的功用

蓄能器的功用主要有以下几个方面。

(1) 用作辅助动力源：在间歇工作或实现周期性动作循环的液压系统中，蓄能器可以把液压泵输出的多余压力油储存起来。当系统需要时，由蓄能器释放出来。这样可以减少液压泵的额定流量，从而减小电机功率消耗，降低液压系统温升。

(2) 用作紧急动力源：某些系统要求当泵发生故障或失去动力时，执行元件能继续完成必要的动作，需要设置适当容量的蓄能器作为应急动力源，避免事故发生。

(3) 吸收压力脉动，降低噪音：液压泵在工作时会产生流量和压力的脉动变化，引起振动和噪音。此时可在液压泵的出口安装蓄能器，吸收或减少这种流量脉动成分和其他因素造成的压力脉动变化，降低系统的噪声，减少因振动引起的仪表和管接头等元件的损坏。

(4) 补偿泄漏和保持恒压

对于执行元件长时间不动作，而要保持恒定压力的系统，如夹紧工件或顶举重物，为节省动力消耗，要求液压泵停机或卸荷，可在执行元件的进口处并联蓄能器，以

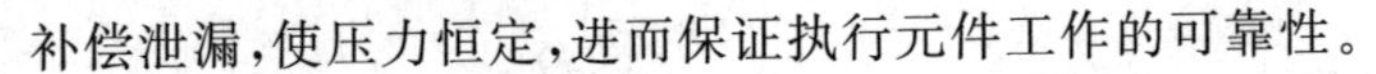

补偿泄漏，使压力恒定，进而保证执行元件工作的可靠性。

(5) 吸收液压冲击

在液压缸开停、换向阀换向以及液压泵停车等情况下，液流发生激烈变化均会产生液压冲击，此类液压冲击大多发生于瞬间，液压系统中的安全阀来不及动作，而引起执行机构的运动不均匀，严重时还会引起故障，也会造成液压系统中仪表、密封装置损坏或管道破裂。此时，蓄能器能够吸收或缓和回路中的冲击压力，起安全保护作用。

6.1.2 蓄能器的类型

蓄能器从结构原理上可以分为重锤式、弹簧式和充气式3种，目前最常用的是充气式蓄能器。

重锤式蓄能器的结构和图形符号如图6-1所示，它利用重锤的位置变化储存和释放能量。重锤通过柱塞作用于液压油面，使之产生一定的压力。其工作压力是由重锤的重量和柱塞面积的大小决定。

这种蓄能器结构简单，在工作过程中，不管油液进出多少和快慢，其压力均稳定。但这种蓄能器重量大，体积大，反应不灵敏，有摩擦损失，不易做得过大，通常只供蓄能用，常用作大型设备的第二能源，现在工业已很少使用。

弹簧式蓄能器如图6-2所示，它利用弹簧的压缩量储存和释放能量。弹簧的力通过活塞作用于液压油面，油液压力由弹簧的预压缩力和活塞面积决定。由于弹簧伸缩时作用力有变化，因此，蓄能器提供的压力也是变化的，为减少这一变化量，可选择刚度较低的弹簧，并限制活塞的行程。此蓄能器不适用于高压和高频动作的场合，一般用于小容量、低压系统，用以蓄能和缓冲。

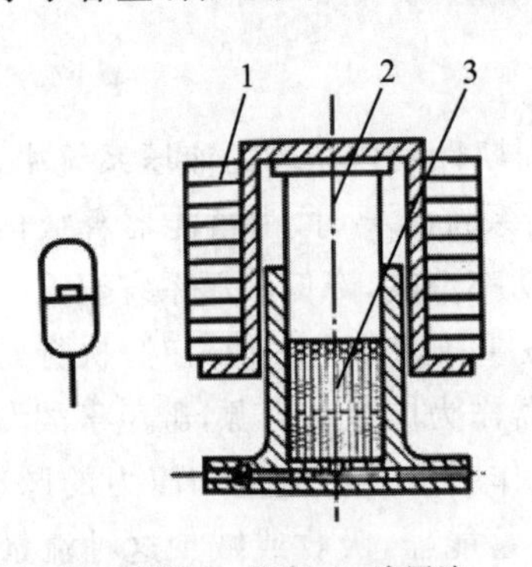

1—重锤；2—柱塞；3—液压油

图6-1　重锤式蓄能器

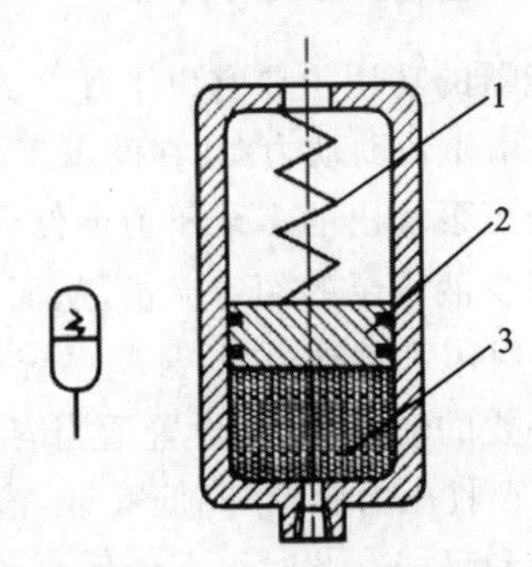

1—弹簧；2—活塞；3—液压油

图6-2　弹簧式蓄能器

充气时蓄能器利用压缩气体储存能量。为安全起见，其所充气体应采用惰性气体(一般为氮气)。按此蓄能器的结构主要有活塞式和气囊式两种：

(1) 活塞式蓄能器。如图6-3所示，活塞式蓄能器气体与油液隔离，以减少气体进入油液的可能性。这种蓄能器实际是一个大的气缸，因此对缸壁及活塞外圆有较高的加工要求，故其成本提高。另外，其活塞的摩擦力会影响蓄能器动作的灵敏性，且活塞不能完全防止气体浸入。

（2）气囊式蓄能器。气囊式蓄能器结构如图 6－4 所示。壳体两端为球形的圆柱体，壳体内有一个用耐油橡胶制成的气囊，气囊出口设有充气阀，充气阀只有为气囊充气时才打开，平时关闭。壳体下部装有一个受弹簧力作用的菌形阀，在工作状态下，压力油经菌形阀进出，当油液排空时，菌形阀可以防止气囊被挤出。这种蓄能器气体和液体完全隔开，而且器身重量轻、惯性小、反应灵敏，当前应用最广泛。

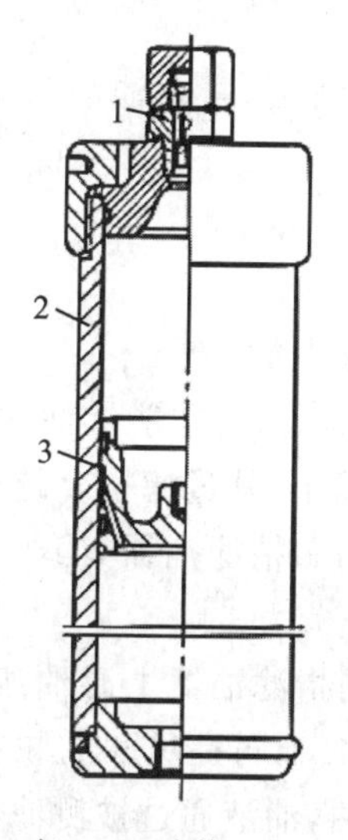

1—气口；2—壳体；3—活塞

图 6－3　活塞式蓄能器

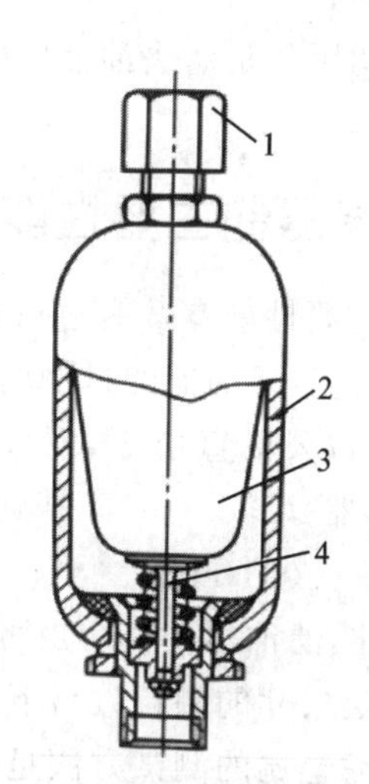

1—充气阀；2—壳体；3—气囊；4—菌形阀

图 6－4　气囊式蓄能器

6.1.3　蓄能器的安装及使用

蓄能器在安装和使用时需要注意以下几个方面：

（1）在安装蓄能器时，应将油口朝下垂直安装。

（2）装在管路上的蓄能器必须用支架固定。

（3）蓄能器是压力容器，搬运和装拆时应先排除内部的气体，工作时要注意安全。

（4）蓄能器与管路系统之间应安装截止阀，这便于在系统长期停止工作以及充气或检修时，将蓄能器与主油路切断。

（5）蓄能器与液压泵之间应设单向阀，以防止液压泵停转时蓄能器内的压力油倒流。

（6）用于吸收液压冲击和脉动压力的蓄能器，应尽可能装在振源附近，以便于检修。

6.2 过滤器

一般,液压系统中所使用的液压油会不可避免地混入杂质,例如有残留在液压系统中的机械杂质、运动件相互摩擦产生的金属粉末、油液氧化变质产生的胶质、沥青质、炭渣等。这些杂质混入液压油中以后,随着液压油的循环作用,会导致液压系统中相对运动零件表面磨损、划伤甚至卡死,还会堵塞液压控制阀的节流口和管路小口,使系统不能正常工作。因此,清除油液中的杂质,使油液保持清洁是确保液压系统能正常工作的必要条件。

过滤器的功用就是滤去油液中的杂质,维护油液的清洁,防止油液污染,保证液压系统正常工作。

6.2.1 过滤器的主要性能参数

过滤器的主要性能参数有过滤精度、过滤比、过滤能力等。

(1) 过滤精度:滤油器的过滤精度是介质流经滤油器时,滤芯能够滤除的最小杂质颗粒的大小,以公称直径 d 表示,单位为 mm。颗粒越小,其过滤精度越高,一般分为 4 级:粗滤油器 $d \geqslant 0.1$ mm,普通滤油器 $d \geqslant 0.01$ mm,精滤油器 $d \geqslant 0.005$ mm,特精滤油器 $d \geqslant 0.001$ mm。

(2) 过滤比:滤油器的作用也可用过滤比表示,它是指滤油器上游油液单位容积中大于某一给定尺寸的颗粒数与下游油液单位容积中大于同一尺寸的颗粒数之比。国际上推荐过滤笔比的测试方法是液压泵从油箱中吸油,油液通过被测滤油器,然后回油箱。同时在油箱中不断加入某种规格的污染物(试剂),测量滤油器入口与出口处污染物的数量,即得到过滤比。影响过滤比的因素很多,如污染物的颗粒度及尺寸分布、流量脉动及流量冲击等。过滤比越大,过滤器的过滤效果越好。

(3) 过滤能力:滤油器的过滤能力是指在一定压差下允许通过滤油器的最大流量,一般用滤油器的有效过滤面积(滤芯上能通过油液的总面积)表示。

6.2.2 过滤器的类型

过滤器按过滤材料的过滤原理分,有表面型、深度型和磁性过滤器 3 种。按滤芯的材质和过滤方式,过滤器可分为网式、线隙式、纸芯式、烧结式和磁性式等多种类型。

(1) 网式过滤器:如图 6-5 所示,网式过滤器用细铜丝网 1 作为过滤材料,包在周围开有很多窗孔的塑料或金属筒形骨架 2 上。一般滤去 $d > 0.08 \sim 0.18$ mm 的杂质颗粒,阻力小,其压力损失不超过 0.01 MPa,安装在液压泵吸油口处,保护泵不受大粒度机械杂质的损坏。此种过滤器结构简单,清洗方便。

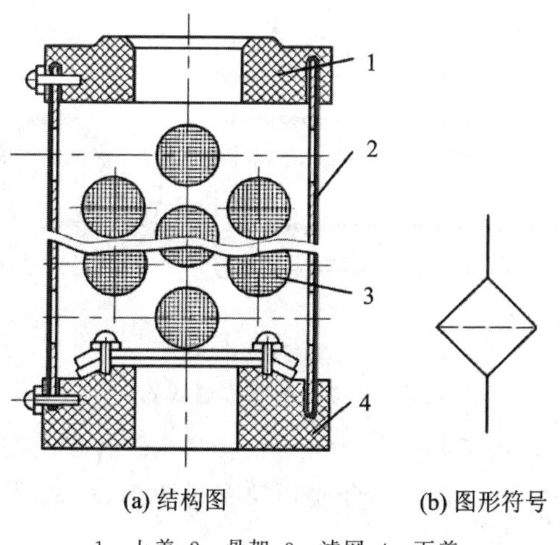

1—上盖；2—骨架；3—滤网；4—下盖

图 6－5　网式过滤器

（2）线隙式过滤器：图 6－6 是线隙式过滤器，图上 1 是壳体，滤芯是用铜或铝线 3 绕在筒形骨架 2 的外圆上，利用线间的缝隙进行过滤。一般滤去 $d \geqslant 0.03 \sim 0.1$ mm 的杂质颗粒，常用在回油低压管路或泵吸油口。此种过滤器结构简单，滤芯材料强度低，不易清洗。

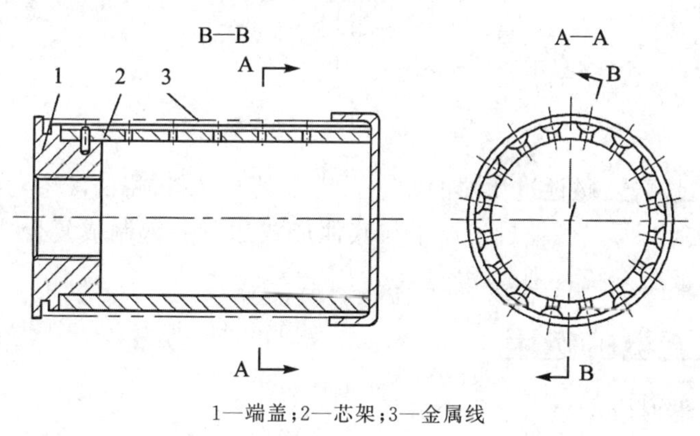

1—端盖；2—芯架；3—金属线

图 6－6　线隙式过滤器

（3）纸芯式过滤器：图 6－7 是纸芯式过滤器，它采用折叠型，微孔纸芯 1 包在由铁皮制成的骨架 2 上。为了增大过滤纸的过滤面积，纸芯 1 一般做成折叠式。在纸芯内部有带孔的镀锡铁皮做成的芯架 2，用来增加强度，以避免纸芯被压力油压破。油液从滤芯外面进入滤芯，然后从孔 a 流出。它可滤去 $d > 0.05 \sim 0.3$ mm 的杂质颗粒，常用于对油液要求较高的场合。纸芯式过滤器的过滤效果好，但其滤芯堵塞后无法清洗，要更换纸芯。

（4）烧结式过滤器：图 6－8 为烧结式过滤器，它的滤芯 3 是用颗粒状青铜粉烧结而成。油液从左侧油孔进入，经杯状滤芯过滤后，从下部油孔流出。它可滤去 $d >$

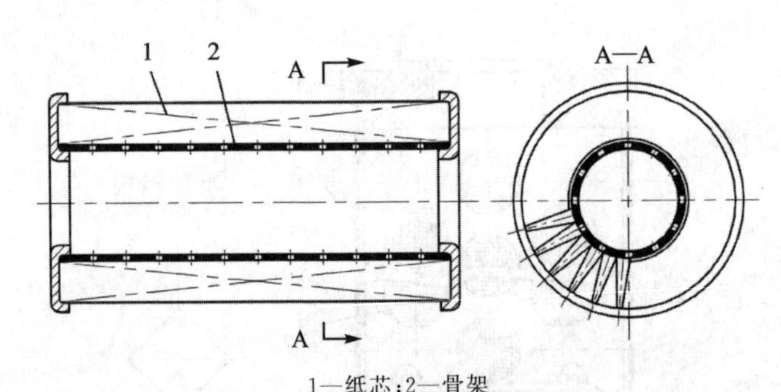

1—纸芯;2—骨架

图 6-7 纸芯式过滤器

0.01～0.1 mm 的颗粒,压力损失约为 0.03～0.2 MPa,多用在回油路上。烧结式过滤器制造简单,耐腐蚀,强度高。其金属颗粒有时脱落,堵塞后清洗困难。

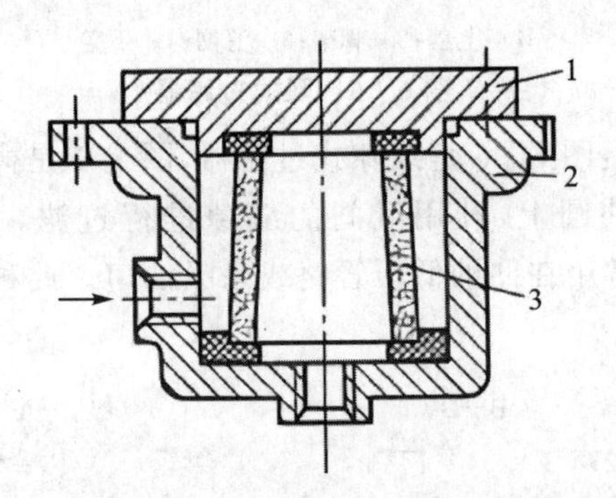

图 6-8 烧结式过滤器

(5) 磁性过滤器:磁性过滤器的滤芯采用永磁性材料,将油液中对磁性敏感的金属颗粒被吸附到上面。磁性过滤器常与其他形式滤芯一起制成复合式过滤器,对加工金属的机床液压系统特别适用。

6.2.3 过滤器的选用

选用过滤器时应考虑以下几个方面。

(1) 过滤精度应满足系统工作的要求:过滤精度以滤除杂质颗粒大小衡量,颗粒越小则过滤精度越高。不同液压系统对过滤器的过滤精度要求见表 6-1。

表 6-1 各种液压系统的过滤精度要求

系统类别	润滑系统	传动系统			伺服系统	特殊要求系统
压力/Mpa	0～2.5	≤7	>7	≤35	≤21	≤35
颗粒度/mm	≤0.1	≤0.05	≤0.025	≤0.005	≤0.005	≤0.001

(2) 要有足够的通流能力:通流能力是指在一定压力降下允许通过过滤器的最大流量,应结合过滤器在液压系统中的安装位置,根据过滤器样本选取。

(3) 要有一定的机械强度,不应因液压力而破坏。

(4) 考虑过滤器其他功能:对于不能停机的液压系统,必须选择切换式结构的过滤器,可以不停机更换滤芯:对于需要滤芯堵塞报警的场合,则可选择带发信装置的过滤器。

6.2.4　过滤器的安装

过滤器一般安装在液压泵的吸油口、压油口及重要元件的前面。通常液压泵吸油口安装粗过滤器,压油口和重要元件前安装精过滤器。

(1) 安装在泵的吸油口:在泵的吸油口安装网式或线隙式过滤器,防止大颗粒杂质进入泵内,同时有较大的通流能力,防止空穴现象,如图 6-9 中所示 1。

(2) 安装在泵的出口:如图 6-9 中所示 2,安装在泵的出口可保护除泵以外的元件,但需选择过滤精度高、能承受油路上工作压力和冲击压力的过滤器,压力损失一般小于 0.35 MPa。此种方式常用于过滤精度要求高的系统及伺服阀和调速阀前,以确保它们的正常工作。为保护过滤器本身,应选用带堵塞发信装置的过滤器。

(3) 安装在系统的回油路上:安装在回油路可滤去油液回油箱前侵入系统或系统生成的污物。由于回油压力低,可采用滤芯强度低的过滤器,其压力降对系统影响不大,为了防止过滤器阻塞,一般与过滤器并联安全阀或安装堵塞发信装置,如图 6-9 中所示 3。

(4) 安装在系统的旁路上:如图 6-9 中所示 4,与阀并联,使系统中的油液不断净化。

(5) 安装在独立的过滤系统中:在大型液压系统中,可专设液压泵和过滤器组成的独立过滤系统,专门滤去液压系统油箱中的污物,通过不断循环,提高油液清洁度。

使用过滤器时还应注意,过滤器只能单向使用,须按规定液流方向安装,以利于滤芯清洗。

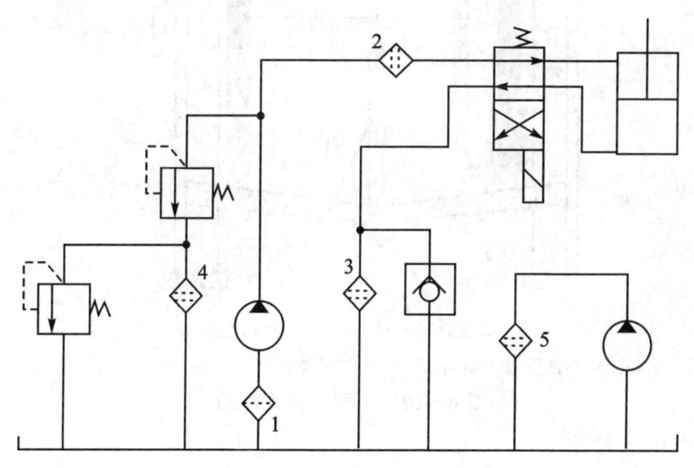

图 6-9　过滤器的安装位置

6.3 油 箱

6.3.1 油箱的功用与种类

油箱的主要功用是储存液压油液，此外还起对油液的散热、杂质沉淀和分离油液中气体等作用。

按油面是否与大气相通，可分为开式油箱和闭式油箱。开式油箱广泛用于一般的液压系统；闭式油箱则用于水下和对工作稳定性、噪声有严格要求的液压系统中。

液压系统中油箱有整体式和分离式两种，整体式油箱利用主机的内腔作为油箱，这种油箱结构紧凑，各处漏油易于回收，但散热性差，易使临近构件发生热变形，从而影响了机械设备精度，而且维修不方便。分离式油箱是单独设置，与主机分开，它布置灵活，维修保养方便，可减少油箱发热和液压振动对工作精度的影响，因此得到了普遍的应用。

6.3.2 油箱的基本结构

图 6-10 为小型分离式油箱。通常油箱用 2.5～5 mm 钢板焊接而成，油箱内部用隔板 7、9 将吸油管 1 与回油管 4 隔开。顶部、侧部和底部分别装有过滤网 2、液位计 6 和排放污油的放油阀 8。安装液压泵及其驱动电机的安装板 5 则固定在油箱顶面上。

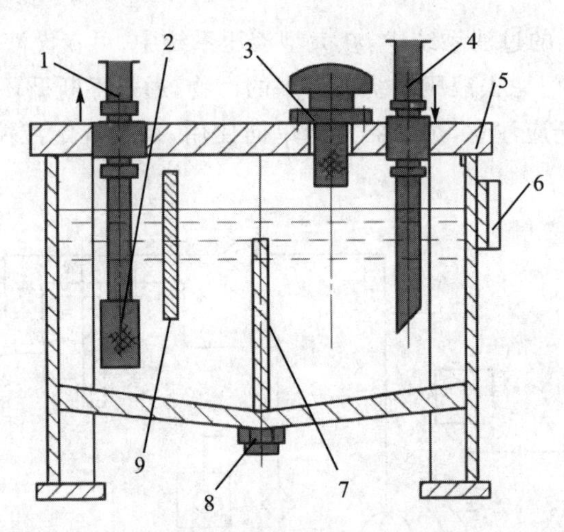

1—吸油管；2—过滤器；3—空气过滤器；
4—回油管；5—顶盖；6—油面指示器；7、9—隔板；8—放油塞

图 6-10 小型分离式油箱

6.3.3 油箱的容量及结构设计

油箱的容积必须保证在设备停止工作时，系统中的油液在自重作用下能全部返回油箱。油箱的有效容积一般要大于泵每分钟流量的3倍，通常低压系统中，油箱有效容积取为每分钟流量的2～4倍，中高压系统中为每分钟流量的5～7倍。

在初步设计时，油箱的有效容量可按下述经验公式确定：

$$V = mq_{P} \tag{6-11}$$

式中，V——油箱的有效容量；

q_{P}——液压泵的流量；

m——经验系数，低压系统：$m=2\sim4$，中高压系统 $m=5\sim7$。对功率较大，且连续工作的液压系统，必要时还要进行热平衡计算，以此确定油箱容量。

油箱结构设计要点如下：

(1) 泵的吸油管与系统回油管之间的距离应尽可能远些，管口都应位于最低液面以下，但离油箱底要大于管径的2～3倍，以免吸空和飞溅起泡。吸油管端部所安装的滤油器，离箱壁要有3倍管径的距离，以便四面进油。回油管口应截成45°斜角，以增大回流截面，并使斜面对着箱壁，以利散热和沉淀杂质。

(2) 在油箱中设置隔板，以便将吸、回油隔开，迫使油液循环流动，以利于散热和沉淀。

(3) 设置空气滤清器与液位计，空气滤清器的作用是使油箱与大气相通，保证泵的自吸能力，滤除空气中的灰尘杂物，有时兼做加油口，它一般布置在顶盖上靠近油箱边缘处。

(4) 设置放油口与清洗窗口，将油箱底面做成斜面，在最低处设放油口，平时用螺塞或放油阀堵住，换油时将其打开放走油污。为了便于换油时清洗油箱，大容量的油箱一般均在侧壁设清洗窗口。

(5) 最高油面只允许达到油箱高度的80%，油箱底脚高度应在150 mm以上，以便散热、搬移和放油，油箱四周要有吊耳，以便起吊装运。

6.4 密封装置

在液压系统中，为防止工作介质的泄漏及外界尘埃和异物的侵入，必须设置密封装置。系统如果密封不良，将会产生油液泄漏，影响系统容积效率，外泄漏还会污染环境；还可能使空气进入吸油腔，影响液压泵的工作性能和液压执行元件运动的平稳性(爬行)。若密封过度，虽然可以防止泄漏，但会造成密封部位的剧烈磨损，缩短密封装置的使用寿命，增大液压元件间的运动摩擦阻力，降低系统的机械效率。因此，合理选用和设计密封装置在液压系统整体的设计中十分重要。

密封圈密封是液压系统中应用广泛的一种密封方法，密封圈选用耐油橡胶、尼龙等材料制成，其截面有O形、Y形、V形等。

(1) O形密封圈

如图6-11所示，O形密封圈一般用耐油橡胶制成，其截面呈圆形，其结构简单，制造容易，运动摩擦阻力小，因此在液压系统中得到广泛的应用。

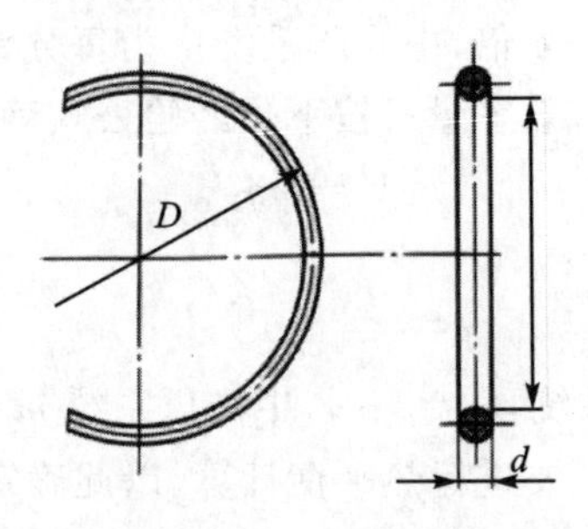

图6-11　O形密封圈

如图6-12所示，O形密封圈是依靠自身的弹性变形密封接触面，当工作介质的压力超过一定限度，O形圈将从密封槽的间隙中被挤出而受到破坏，导致密封效果降低或失去密封作用。当油液工作压力超过10 MPa时，要在其侧面加聚四氟乙烯挡圈，如图6-13所示。若密封圈单向受压，挡圈应加在非受压侧，如图6-13(a)所示；若密封圈双向受压，两侧应同时加挡圈，如图6-13(b)所示。

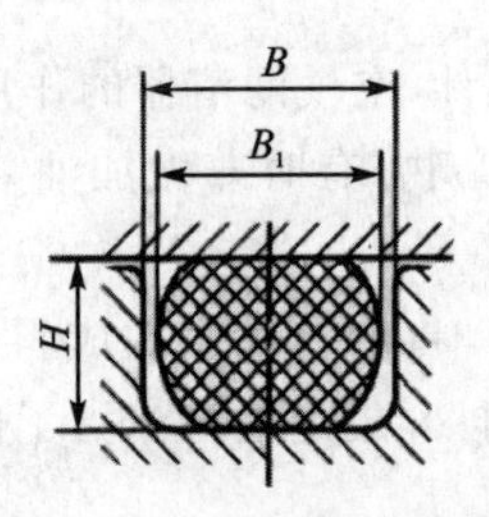

B—密封槽宽；B_1—O形圈直径；C—O形圈被挤压出的高度

图6-12　O形密封圈的工作原理

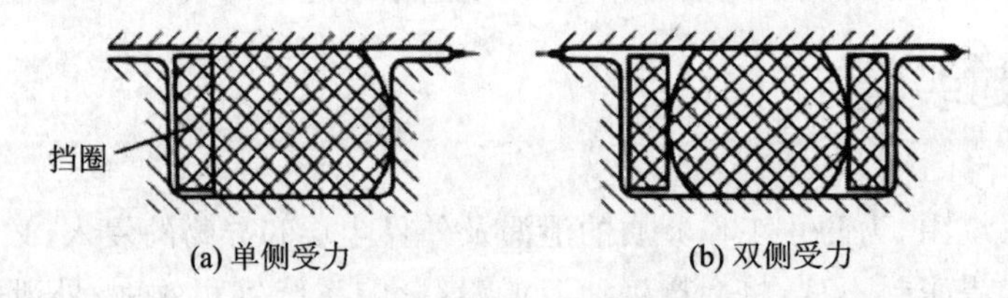

(a) 单侧受力　　(b) 双侧受力

图6-13　O形密封圈的挡圈

(2) 唇形密封圈

唇型密封圈是将密封圈的受压面制成某种唇型的密封件。这种密封件作用的特点是能随着工作压力的变化自动调整密封性能，压力越高则唇边被压得越紧，密封性越好；当压力降低时唇边压紧程度也随之降低，从而减少了摩擦阻力和功率消耗，除此之外，其还能自动补偿唇边的磨损，保持密封性能不降低。唇形密封圈按其截面形状可分为Y形、V形、U形、L形和J形等。

① Y形密封圈：Y形密封圈的工作原理如图6-14所示。当工作压力超过20 MPa时，为防止密封圈挤入密封面间隙，应施加挡圈；当工作压力有较大波动时，要加支撑环，如图6-15所示。

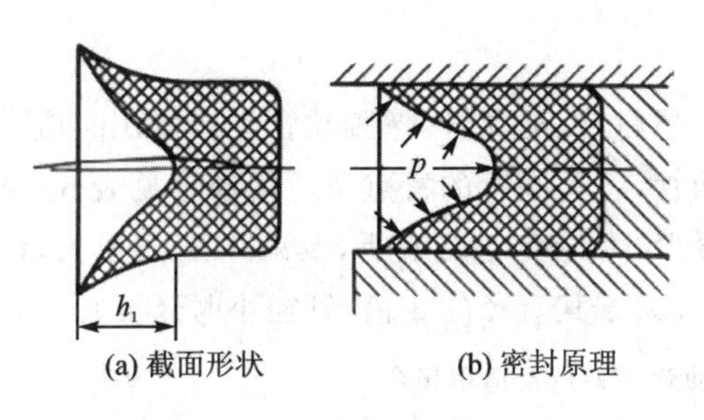

(a) 截面形状　　(b) 密封原理

图6-14　Y形密封圈的结构及密封原理

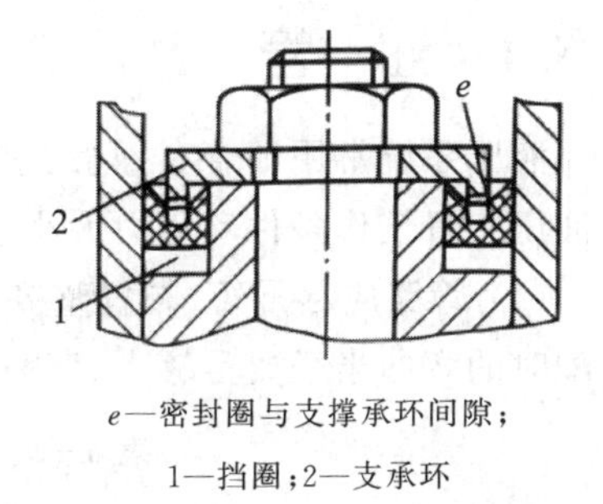

e—密封圈与支撑承环间隙；

1—挡圈；2—支承环

图6-15　加支承环和挡圈的Y形密封圈

② V形密封圈：V形密封圈是由压环、密封环和支撑环组成，如图6-16所示。安装时，开口应面向高压侧，当密封压力高于10 MPa时，可增加密封环的数量。此种密封能够耐高压，可靠性高，但密封处摩擦阻力较大，适用于相对运动速度不高的场合。

(3) 防尘圈

在液压缸中，防尘圈被设置于活塞杆或柱塞密封外侧，用以防止在活塞杆或柱塞运动期间，外界尘埃、砂粒等异物，侵入液压缸。

图6-17为普通型防尘圈。普通型防尘圈呈舌形结构，只有一个防尘唇边，其支撑部分的刚性较好，结构简单，装拆方便。制作材料一般为耐磨的丁氰橡胶或聚氨酯橡胶。防尘圈内唇受压时，具有密封作用，并在安装沟槽接触处形成静密封。

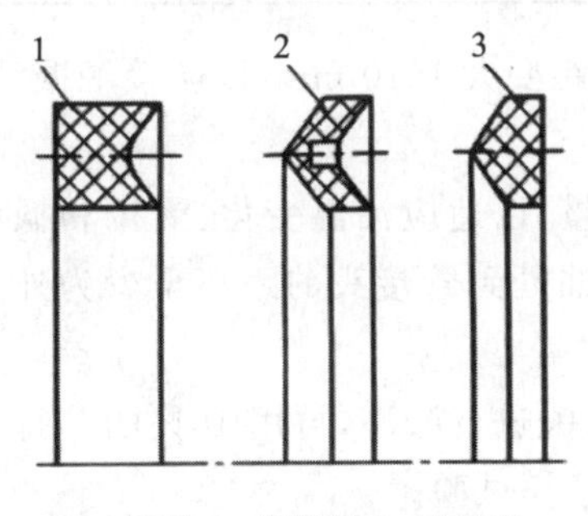

1—压环；2—密封环；3—支承环

图6-16　V形密封圈

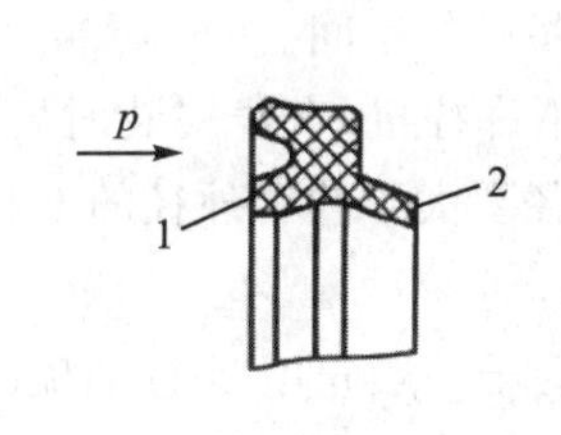

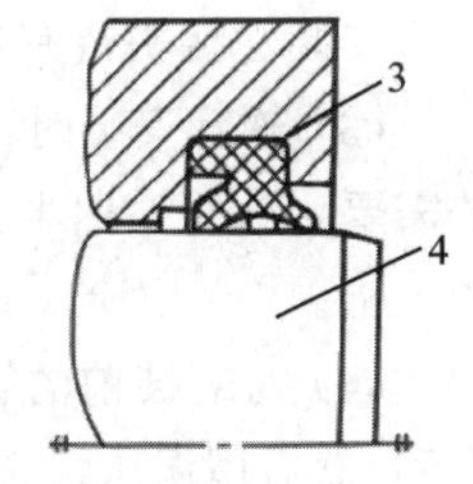

1—内唇；2—防尘唇；3—防尘圈；4—轴

图6-17　普通型防尘圈

6.5 油管与管接头

液压系统是用管接头把油管或油管与元件连接起来，通过油管传送工作介质，油管与管接头应具有足够的强度，良好的密封性，并且压力损失要小，装拆方便。

6.5.1 油 管

液压系统常用油管有钢管、紫铜管、塑料管、尼龙管、橡胶软管等。使用时应当根据液压装置工作条件和压力大小选择油管，各类油管的特点及适用场合见表 6-2。

(1) 管路应尽量短，布置整齐，转弯少，为避免管路皱折，及减少压力损失，硬管装配时的弯曲半径要足够大，弯曲半径应大于其直径的 3 倍，管径小时还要加大。

表 6-2 各种油管的特点及适用场合

种类		特点和适用场合
硬管	钢管	耐油，耐高温，强度高，工作可靠，但装配时不便弯曲，常在装拆方便处用作压力管道，中压以上用无缝钢管，低压用焊接钢管
	紫铜管	价格高，承压能力低(6.5～10 MPa)，抗冲击和震动能力差，易使油液老化，但易弯曲成各种形状，常用在仪表和液压系统装配不便处
软管	塑料管	耐油，价格低，装配方便，长期使用易老化，只适用于压力低于 0.5 MPa 的回油管或泄油管
	尼龙管	乳白色透明，可观察流动情况，价格低，加热后可随意弯曲，扩口冷却后定型，安装方便，承压能力因材料而异(2.5～8 MPa)，今后有扩大使用的可能
	橡胶软管	用于相对运动部件的连接，分高压和低压两种。高压软管由耐油橡胶夹有几层钢丝编织网(层数越多耐压越高)制成，价格高，用于压力管路。低压软管由耐油橡胶夹布制成，用于回油管路

(2) 管路应平行布置，尽量避免交叉，平行管间距要大于 10 mm，以防接触振动，并给安装管接头留有足够的空间。

(3) 软管安装时不许拧扭，直线安装时要有余量，以适应油温变化、受拉和振动的需要。软管弯曲半径要大于软管外径的 9 倍，弯曲处到管接头的距离至少为外径的 6 倍。

(4) 对安装前的管子一般先用 20%的硫酸或盐酸进行酸洗，再用 10%的苏打水中和，然后用温水清洗后进行干燥、涂油处理，并作预压试验。

6.5.2 管接头

管接头是油管与液压元件、油管与油管之间可拆卸的连接件。除外径大于

50 mm 的金属管采用法兰连接外，对于小直径的液压油管普遍采用管接头连接，如扩口管接头、焊接管接头、卡套管接头等。

（1）扩口式管接头：图 6－18 为扩口式管接头，这种管接头适用于铜管和薄壁钢管，也可以用来连接尼龙管和塑料管。连接情况如图 6－18(a)所示，装配前先把要连接的油管套装上导套 2 和螺母 3，然后将油管端部在专门工具上（图 6－18(b)）扩成喇叭口（扩口角约为 70°～90°，即可装在接头体 4 上。靠旋紧螺母时产生的轴向力把油管的扩口部分夹在导套 2 和接头体 4 相对应的锥面之间，从而实现连接和密封。

扩口式管接头结构简单，适用于铜管或薄壁钢管的连接，也可以用来连接尼龙管和塑料管。

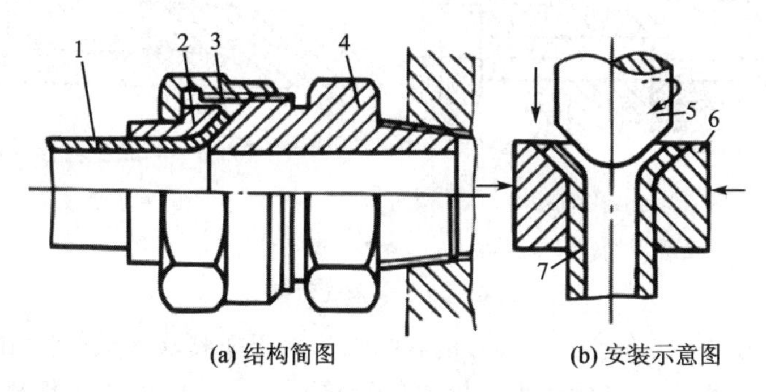

(a) 结构简图　　(b) 安装示意图

1—管接头；2—导套；3—螺母；4—接头体；
5—扩口用工具；6—扩口用模具；7—被扩管子

图 6－18　扩口式管接头

（2）焊接式管接头：如图 6－19 所示，焊接式管接头是将管子的一端与管接头上的接管 1 焊接起来后，再通过管接头上的螺母 2、接头体 3 等与其他管子式元件连接起来的一类管接头。管接头与接管 1 之间的密封可采用球面压紧的方法进行密封，如图 6－19(a)所示，除此之外还可采用 O 型密封圈密封，如图 6－19(b)所示，或加金属密封垫圈的方法加以密封，如图 6－19(c)所示。

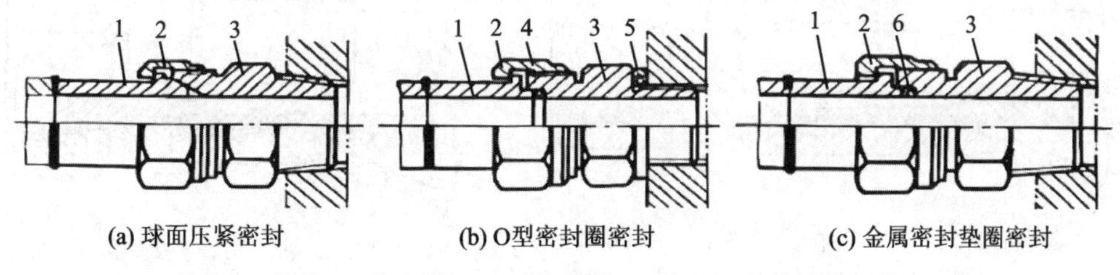

(a) 球面压紧密封　　(b) O型密封圈密封　　(c) 金属密封垫圈密封

1—接管；2—螺母；3—接头体；4—O 形密封圈；5—橡胶和金属组合密封圈；6—垫圈

图 6－19　焊接式管接头

焊接管接头具有制造工艺简单、拆装方便、耐高压和强烈振动、密封性能好等优点，因而广泛应用于高压系统中。

(3) 卡套式管接头:卡套式管接头的型式种类很多,但基本结构都是由接头体 1、螺母 3 和卡套 4 这 3 个基本零件组成,如图 6-20 所示。卡套是一个在内圆端部带有锋利刃口的金属环,当螺母和接头体拧紧时,内锥面使卡套两端受压紧力作用,卡套中间部分产生弹性变形而鼓起,并将刃口切入被连接的接管 2 的管壁,进而起到连接和密封的作用,如图 6-20(b)所示。卡套还能作锁紧弹簧用,以防止螺母 3 松动。

卡套式管接头不需要密封件,其工作可靠、装拆方便,但卡套的制作工艺要求高,对被连接油管的精度要求也较高。

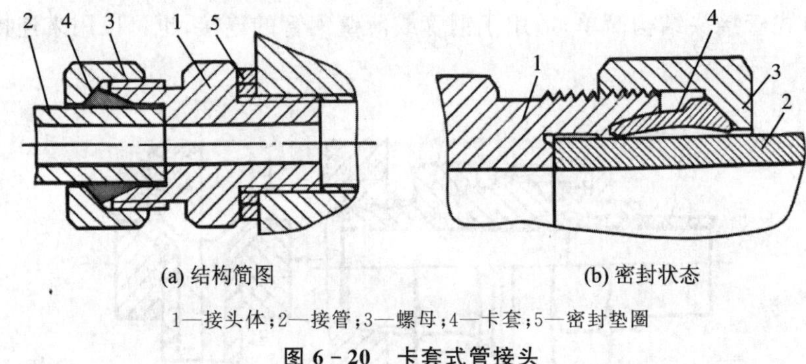

(a) 结构简图　　(b) 密封状态

1—接头体;2—接管;3—螺母;4—卡套;5—密封垫圈

图 6-20　卡套式管接头

(4) 软管接头:软管接头一般与钢丝编织的高压橡胶软管配合使用,它分可拆式和扣压式两种。图 6-21 所示为可拆式软管接头。它主要由接头螺母 1、接头体 2、外套 3 和胶管 4 组成。胶管夹在两者之间,拧紧后,连接部分胶管被压缩,从而达到连接和密封的作用。扣押式软管接头如图 6-22 所示。它由接头螺母 1、接头芯 2、接头套 3 和胶管 4 构成。装配前先剥去胶管上的一层外胶,然后把接头套套在剥去外胶的胶管上,再插入接头芯,然后将接头套套在压床上,用压模进行挤压收缩,使街头套内锥面上的环形齿嵌入钢丝层,牢固连接,也使接头芯外锥面与胶管内胶层压紧而达到密封的目的。

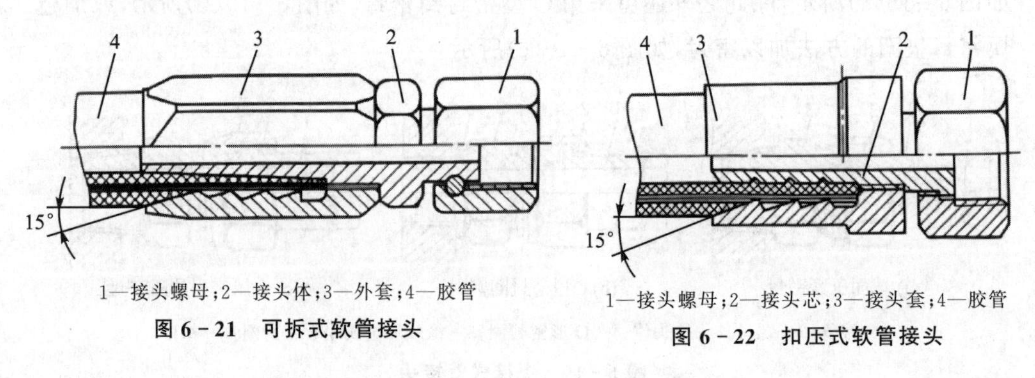

1—接头螺母;2—接头体;3—外套;4—胶管

图 6-21　可拆式软管接头

1—接头螺母;2—接头芯;3—接头套;4—胶管

图 6-22　扣压式软管接头

思考题

一、填空题

1. 常用的液压辅助元件有________、________、________、________、________等。
2. 油箱的作用是用来________、________、________、________。
3. 常用的滤油器有________、________、________、________和________，其中________属于粗滤油器。

二、判断题

1. 烧结式滤油器的通油能力差，不能安装在泵的吸油口处。（　　）
2. 为了防止外界灰层杂质侵入液压系统，油箱宜采用封闭式。（　　）
3. 液压系统中一般安装多个压力表，以测定多处压力值。（　　）

三、选择题

1. 以下________不是蓄能器的功用。

A. 保压　　B. 卸荷
C. 应急能源　　D. 过滤杂质

2. 过滤器不能安装的位置是________。

A. 回油路上　　B. 泵的吸油口处
C. 旁油路上　　D. 油缸进口处

3. 在中、低压液压系统中，通常采用________。

A. 钢管　　B. 紫铜管
C. 橡胶软管　　D. 尼龙管

四、简答题

1. 常用的过滤器有哪几种类型，各有什么特点，一般应安装在什么位置？
2. 蓄能器的功用是什么，安装及使用时应注意哪些问题？
3. 油管的类型有哪些，分别用于什么场合？
4. 油箱的作用是什么，设计油箱结构时应考虑哪些因素？
5. 选择过滤器应考虑哪些问题？

第 7 章

液压基本回路

所谓液压基本回路，就是指由一些液压元件组成，并能完成某些特定功能的典型回路。任何一个液压系统，无论其多么复杂，实际上都是由一些液压基本回路组成的。所以熟悉这些基本回路的组成、原理及特点，对于了解和分析完整的液压系统以及正确使用和维护液压系统是十分必要的。

常用的液压基本回路，按其功能可以分为方向控制回路、压力控制回路、速度控制回路和多缸工作控制回路 4 大类。

7.1 方向控制回路

方向控制回路是控制执行元件的启动、停止及换向的回路。这类回路包括换向回路和锁紧回路两种。

7.1.1 换向回路

换向回路的功能是可以改变执行元件的运动方向，一般可采用各种换向阀实现。其中电磁换向阀的换向回路应用最为广泛，尤其在自动化程度要求较高的组合机床液压系统中被普遍采用。对于流量较大和换向平稳性要求较高的场合，电磁换向阀的换向回路已不能适应上述要求，往往采用液动换向阀或电液动换向阀的换向回路。

图 7-1 为采用三位四通电磁换向阀的换向回路。当电磁铁 1YA 通电、2YA 断电时，换向阀处于左位工作，液压缸左腔进油，液压缸右腔的油流回油箱，活塞向右移动。当 1YA 断电、2YA 通电时，换向阀处于右位工作，液压缸右腔进油，液压缸左腔的油流向油箱，活塞向左移动；当 1YA、2YA 断电时，换向处于中位工作，活塞停止运动。

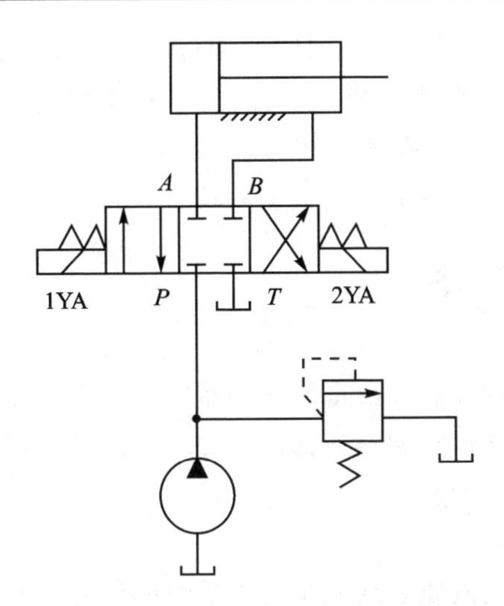

图 7-1　采用三位四通电磁换向阀的换向回路

7.1.2　锁紧回路

锁紧回路的功能是使执行元件停止在规定的位置上，且能防止因受外界影响而发生漂移或窜动。

通常采用 O 型或 M 型中位机能的三位换向阀构成锁紧回路，当接入回路时，执行元件的进、出油口都被封闭，可将执行元件锁紧不动。这种锁紧回路由于受到换向阀泄漏的影响，执行元件仍可能产生一定漂移或窜动，锁紧效果较差。

图 7-2 是采用液控单向阀的锁紧回路。在液压缸的进、回油路中都串接液控单向阀（又称液压锁），活塞可以在行程的任何位置锁紧。其锁紧精度只受液压缸内少量的内泄漏影响，因此，锁紧精度较高。

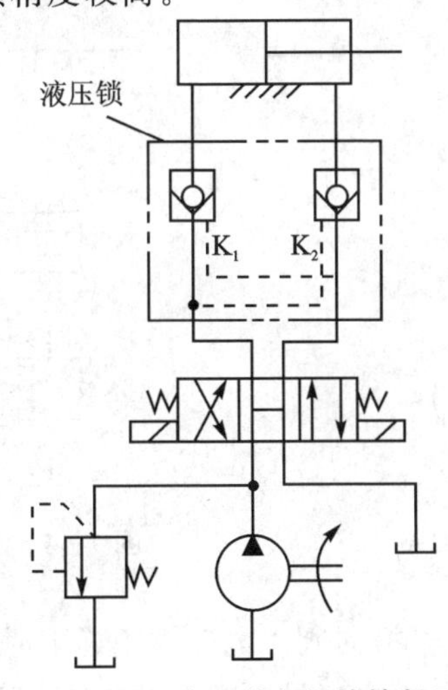

图 7-2　采用液压单向阀的锁紧回路

采用液控单向阀的锁紧回路，换向阀的中位机能应使液控单向阀的控制油液泄压(采用换向阀 H 型或 Y 型中位机能)，此时，液控单向阀便立即关闭，活塞停止运动。如果采用 O 型中位机能，在换向阀中位时，由于液控单向阀的控制腔压力油被闭死，而不能使其立即关闭，进而影响其锁紧精度。

7.2 压力控制回路

压力控制回路是通过控制液压系统或系统中某一部位的压力，以满足执行元件对力或转矩要求的回路。这类回路包括调压、减压、保压、卸荷和平衡等基本回路。

7.2.1 调压回路

调压回路的功能是使液压系统或系统中某一部分的压力保持恒定或不超过某一数值。在定量泵供油系统中，液压泵的供油压力可以通过溢流阀调节。在变量泵系统中，用安全阀限定系统的最高压力，防止系统过载。若系统在不同工作阶段需要两种以上的压力，则可采用多级调压回路。

图 7-3 所示为单级调压回路。在液压泵出口处设置并联溢流阀，当溢流阀的调定压力确定后，液压泵就在溢流阀的调定压力下工作，实现了对液压系统进行调压和稳压控制。

图 7-4 所示为二级调压回路，可实现两种不同的系统压力控制。由先导型溢流阀 1 和直动式溢流阀 3 各调一级，当换向阀 2 电磁铁断电，系统压力由溢流阀 1 调定；当阀 2 得电后处于右位时，系统压力由阀 3 调定。

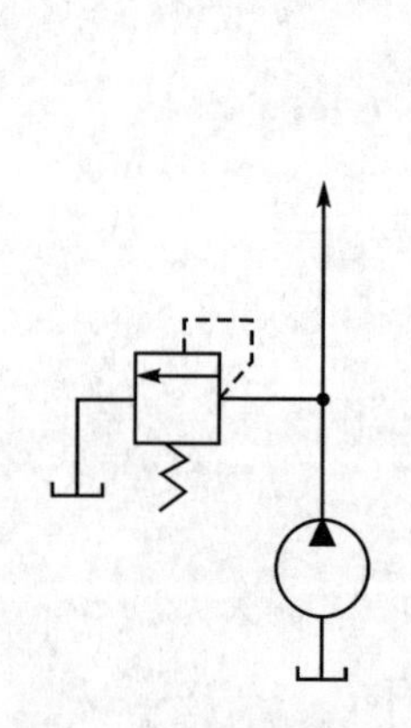

图 7-3　单级调压回路

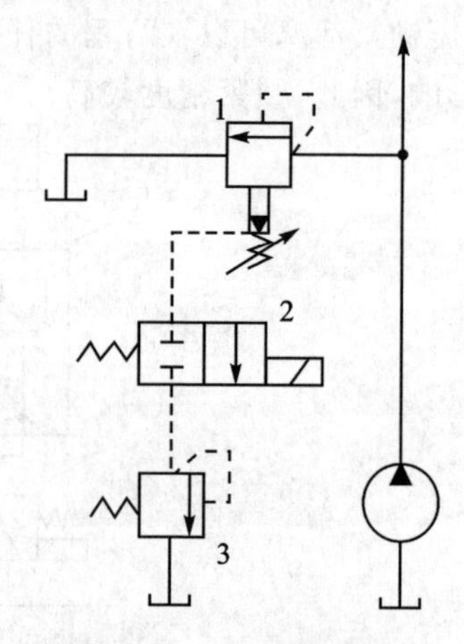

图 7-4　二级调压回路

图 7-5 为三级调压回路。换向阀 4 电磁铁不通电时，液压泵出口压力由先导式溢流阀 1 调定；当换向阀 4 左、右电磁铁分别通电时，液压泵的出口压力分别由远程

调压阀 2 和 3 调定。

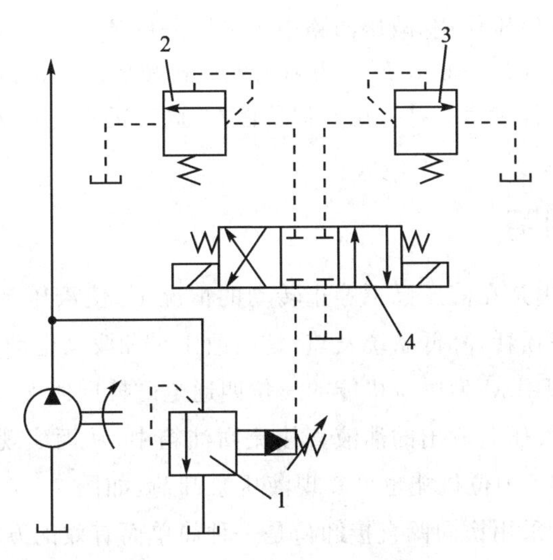

图 7-5　三级调压回路

在图 7-5 的回路中,阀 2 和阀 3 的调定压力必须小于阀 1 的调定压力值。阀 2 和阀 3 的调定压力没有特殊要求。

7.2.2　减压回路

减压回路的功用是使系统中的某一部分油路具有比系统压力低的稳定压力。如机床液压系统中的定位、夹紧、回路分度以及液压元件的控制油路等,往往要求比主油路的压力低些,可采用减压回路。

如图 7-6(a)所示,减压回路较为简单,最常见的减压回路是在所需低压的支路

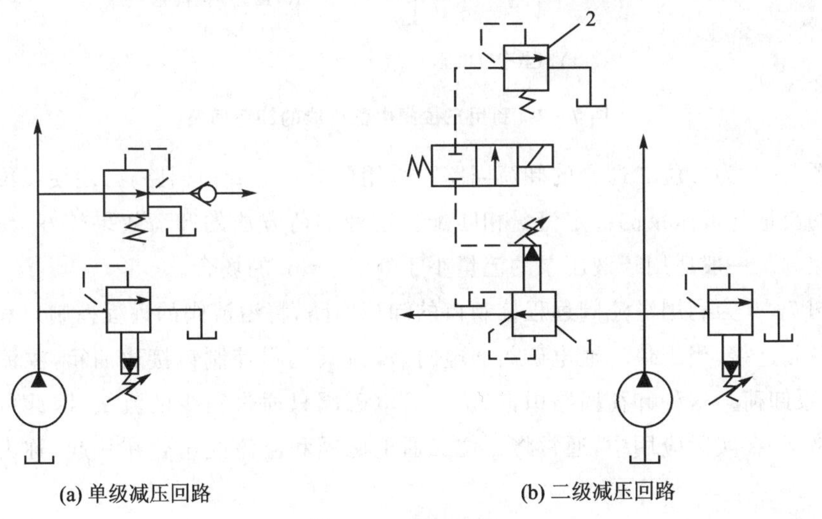

(a) 单级减压回路　　(b) 二级减压回路

图 7-6　减压回路

上串接定值减压阀。回路中的单向阀为主油路压力降低(低于减压阀调整压力)时防止油液倒流,起短时保压作用,减压回路中也可以采用类似两级或多级调压的方法获得两级或多级减压。图 7-6(b)所示为利用先导式减压阀 1 的远控口连接一远程溢流阀 2,由阀 1、阀 2 各调得一种低压。但要注意,阀 2 的调定压力值一定要低于阀 1 的调定减压值。

7.2.3 卸荷回路

卸荷回路的功用是在液压泵不停止转动的情况下,使液压泵在零压或很低压力下运转,以减小功率损耗,降低系统发热,延长液压泵和驱动电动机的使用寿命。

图 7-7(a)为利用 M 型中位机能的三位四通电磁换向阀实现卸荷的回路。换向阀在中位时可以使液压泵输出的油液直接流回油箱中,从而实现液压泵卸荷。此外 H 型中位机能和 K 型中位机能也可实现液压泵卸荷,如图 7-7(b)、(c)所示。对于低压小流量液压泵,采用换向阀直接卸荷是一种简单而有效的方法。

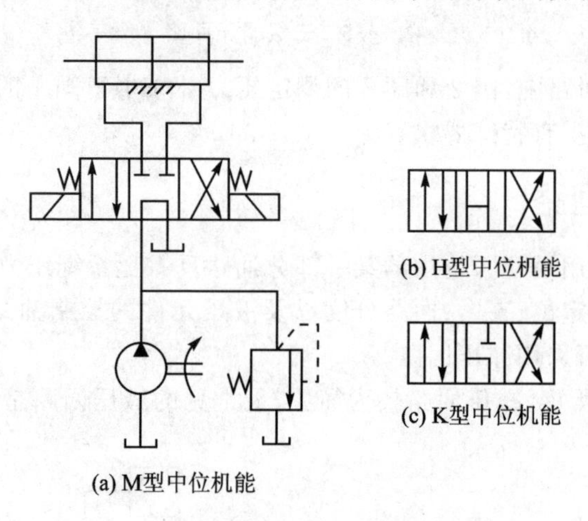

图 7-7 利用三位阀中位机能的卸荷回路

图 7-8 为二位二通阀的卸荷回路。采用此方法的卸荷回路,必须使二位二通换向阀的流量与液压泵的额定流量相匹配。这种卸荷方法的卸荷效果较好,易于实现自动控制。一般适用于液压泵的流量小于 63 L/min 的场合。

图 7-9 为利用溢流阀远程控制口的卸荷回路,将溢流阀的远程控制口和二位二通电磁阀连接,当二位二通电磁阀通电时,溢流阀远程控制口接通油箱,溢流阀主阀打开,泵卸荷。这种卸荷回路中,二位二通电磁阀只通过很少的流量,因此可用小流量规格阀,在实际应用中,通常将二位二通电磁阀和溢流阀组合在一起,称为电磁溢流阀。

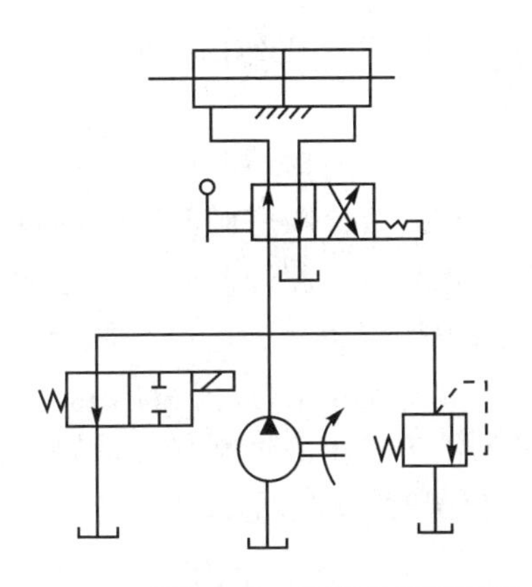

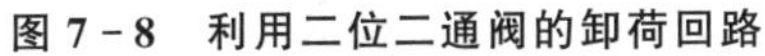

图 7-8 利用二位二通阀的卸荷回路

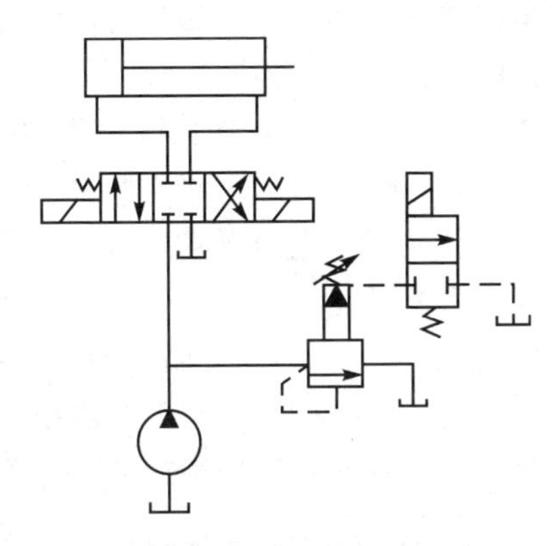

图 7-9 利用溢流阀远程控制口的卸荷回路

7.2.4 平衡回路

平衡回路的功用在于防止垂直或倾斜放置的液压缸和与之相连的工作部件因自重而自行下落。

图 7-10(a)为采用单向顺序阀的平衡回路，当 1YA 得电活塞下行时，回油路上就存在着一定的背压；只要将这个背压调得能支撑住活塞和与之相连的工作部件自重，活塞就可以平稳下落。当换向阀处于中位时，活塞就停止运动，不再继续下移。这种回路，当活塞向下快速运动时功率损失大，锁住时，活塞和与之相连的工作部件

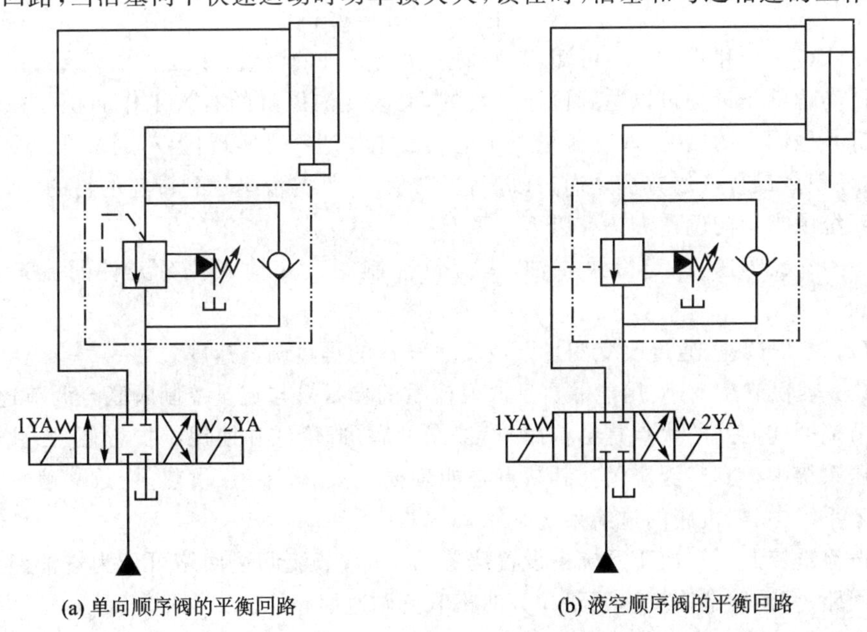

(a) 单向顺序阀的平衡回路

(b) 液空顺序阀的平衡回路

图 7-10 采用顺序阀的平衡回路

会因单向顺序阀和换向阀的泄露而缓慢下落,因此它只适用于工作部件重量不大,活塞锁住时定位要求不高的场合。

图7-10(b)为采用液控顺序阀的平衡回路。当活塞下行时,控制压力油打开液控顺序阀,背压消失,因而回路效率较高;当停止工作时,液控顺序阀关闭,以防止活塞和工作部件因自重而下降。这种平衡回路的优点是只有上腔进油时活塞才下行,比较安全可靠;缺点是活塞下行时平稳性较差。这是因为活塞下行时,液压缸上腔油压降低,将使液控顺序阀关闭。当顺序阀关闭时,因活塞停止下行,使液压缸上腔油压升高,又打开液控顺序阀,因此液控顺序阀始终工作于启闭的过渡状态,影响工作的平稳性。这种回路适用于运动部件重量不很大、停留时间较短的液压系统中。

7.3 速度控制回路

速度控制回路是对液压系统中执行元件的运动速度和速度切换实现控制的回路。这类回路包括调速、快速和换速等回路。

7.3.1 调速回路

调速回路的功用是调定执行元件的工作速度。在不考虑油液的可压缩性和泄漏的情况下,执行元件的速度表达式为:

液压马达 $$v=q/A \tag{7-1}$$

液压缸 $$n=q/V \tag{7-2}$$

从式(7-1)和式(7-2)可知,改变输入执行元件的流量、液压缸的有效工作面积或液压马达的排量均可以达到调速的目的,但改变液压缸的有效工作面积往往会受负载等其他因素的制约,改变排量对于电量液压马达容易实现,但对定量马达则不易实现,而使用最普遍的方法是通过改变输入执行元件的流量达到调速的目的。目前,液压系统中常用的调速方法有以下3种。

(1) 节流调速:用定量泵供油,由流量控制阀改变输入执行元件的流量调节速度。

(2) 容积调速:通过改变变量泵或变量马达的排量调节速度。

(3) 容积节流调速:用能够自动改变流量的变量泵与流量控制阀联合调节速度。

节流调速回路的优点是结构简单、工作可靠,造价低和使用维护方便,因此在机床液压系统中得到广泛应用。其缺点是能量损失大、效率低、发热多,故一般多用于小功率系统中,如机床的进给系统。

按流量控制阀在液压系统中设置位置的不同,节流调速回路可分为进油路节流调速回路、回油路节流调速回路和旁油路节流调速回路。

(1) 节流调速回路:如图7-11所示,进油路节流调速回路是将流量控制阀设置在执行元件的进油路上,由于节流阀串接在电磁换向阀前,所以活塞的往复运动均属于进油节流调速过程。也可采用单向节流阀串接在换向阀和液压缸进油枪的油路上,以实现单向进油节流调速。对于进油路节流调速回路,因节流阀和溢流阀是并联的,故通过调节节流阀阀口的大小,便能控制进入液压缸的流量(多余油液经溢流阀回油箱)而达到调速的目的。

这种调速回路既有节流损失,又有溢流损失,效率低,发热大;同时由于回油腔没有背压力,当负载突然变小、为零或负值时,活塞会产生突然前冲,运动平稳性差,因此节流阀进油节流调速回路适用于低速、轻载、负载变化不大和对速度稳定性要求不高的场合。

(2) 回油路节流调速回路:如图7-12所示,回油路节流调速回路是将流量控制阀设置在执行元件回油路上,由于节流阀串接在电磁换向阀与油箱之间的回油路上,所以活塞的往复运动都属于回油节流调速过程。通过节流阀调节液压缸的回油流量,控制进入液压缸的流量,因此同进油路节流调速回路一样可达到调速目的。

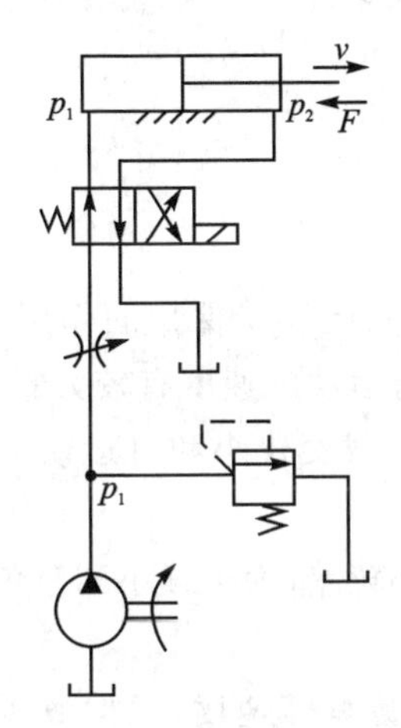

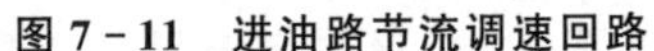
图7-11 进油路节流调速回路

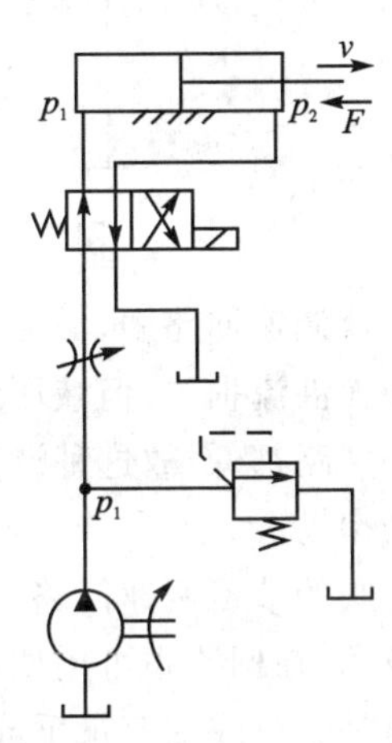

图7-12 回油路节流调速回路

回油路节流调速回路也具备前述进油路节流调速回路的特点,但这两种调速回路因液压缸的回油腔压力存在差异,如下所述:

① 在回油路节流调速回路中,由于液压缸的回油腔中存在背压,故其运动平稳性较好;而进油路节流调速回路,液压缸的回油腔中无背压,因此其运动平稳性较差,若增加背压阀,则运动平稳性也可以得到提高。

② 对于回油路节流调速回路,在停车后,液压缸回油箱中的油液会由于泄漏而形成空隙,再次启动时,液压泵输出的流量将不受流量控制阀的限制而全部进入液压缸,使活塞出现较大的起动,超速前冲;而对于进油路节流调速回路,因进入液压缸的流量总是受节流阀的限制,故起动冲击小。

③ 在回油路节流调速回路中,经过节流阀发热后的油液能够直接流回油箱,并得以冷却,对液压缸泄漏的影响较小;而进油路节流调速回路,通过节流阀发热后的

油液直接进入液压缸，会使泄漏量的增加。

(3) 旁油路节流调速回路：如图 7－13 所示，旁油路节流调速回路是将流量控制阀设置在执行元件并联的支路上，用节流阀调节流回油箱的油液流量，即间接控制进入液压缸的流量，达到调速目的。

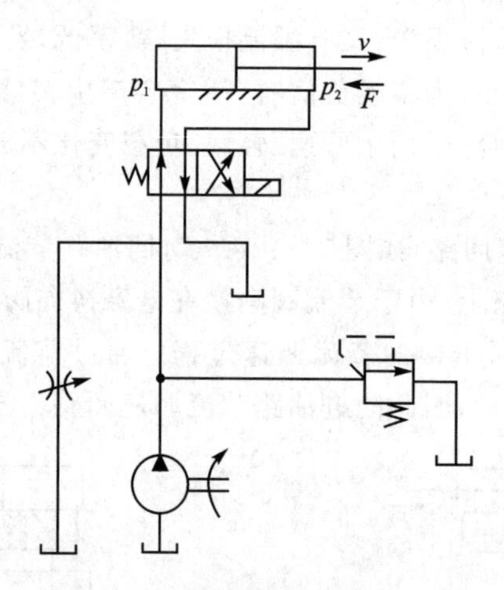

图 7－13　旁油路节流调速回路

旁油路节流调速回路中，溢流阀处于常闭状态，起安全保护的作用，因此回路只有节流损失而无溢流损失；但液压泵的泄漏对活塞运动的速度有较大影响，其速度稳定性比前两种回路都低，故这种调速回路适用于负载变化小和对运动平稳性要求不高的高速大功率场合。

使用节流阀的节流调速回路，其速度稳定性都较差，为了减小和避免运动速度随负载变化而波动，在回路中可用调速阀替代节流阀。

容积调速是通过改变变量泵或变量马达的排量调节速度，根据液压泵与执行元件的组合方式的不同，容积调速回路有三种组合形式：变量泵—定量马达（或缸）、定量泵—变量马达和变量泵—变量马达。

图 7－14 为变量泵—液压缸容积调速回路，它是利用改变变量泵的输出流量来调节速度的。回路中溢流阀作安全阀使用，换向阀用来改变活塞的运动方向，活塞运动速度是通过改变泵的输出流量来调节的，单向阀在变量泵停止工作时可以防止系统中的油液流空和空气侵入。

在容积调速回路中，液压泵输出的油液都直接进入执行元件，没有溢流和节流损失，因此效率高、发热小，适用于大功率系统中。但是这种调速回路需要采用结构较复杂的变量泵或变量马达，故造价较高，维修也较困难，同时由于受泵泄漏的影响，执行元件的运动速度会随负载的增加而下降，速度平稳性较差。

容积节流调速回路的基本工作原理是采用压力补偿式变量泵供油、用调速阀或节流阀调节进入液压缸的流量，并使泵的输出流量自动地与液压缸所需流量相适应。

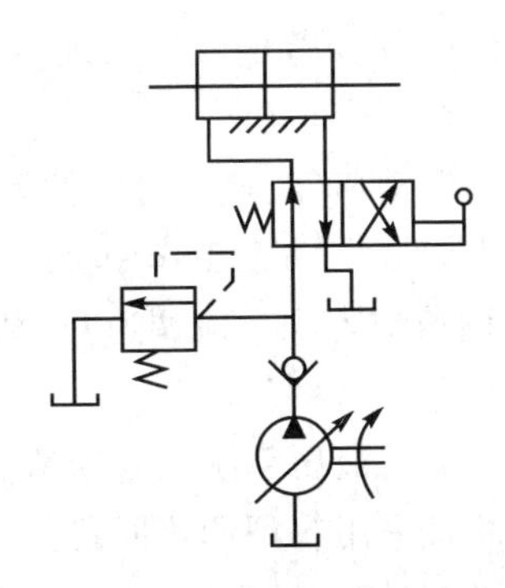

图 7-14 变量泵—液压缸容积调速回路

常用的容积节流调速回路有：限压式变量泵与调速阀等组成的容积节流调速回路、变压式变量泵与节流阀等组成的容积调速回路。

图 7-15 所示为限压式变量泵与调速阀组成的调速回路工作原理和调速特性。在图 7-15 所示位置，液压缸 4 的活塞快速向右运动，泵 1 按快速运动要求调节其输出流量，同时依据限压式变量泵的压力调节螺钉，使泵的限定压力大于快速运动所需压力。泵输出的压力油经调速阀 3 进入缸 4，其油经背压阀 5 回到油箱。调节调速阀 3 的流量 q_1 就可调节活塞的运动速度 v，由于 $q_1 < q_p$，压力油迫使泵的出口与调速阀进口之间的油压升高，即泵的供油压力升高，泵的流量便自动减小到 $q_p \approx q_1$ 为止。

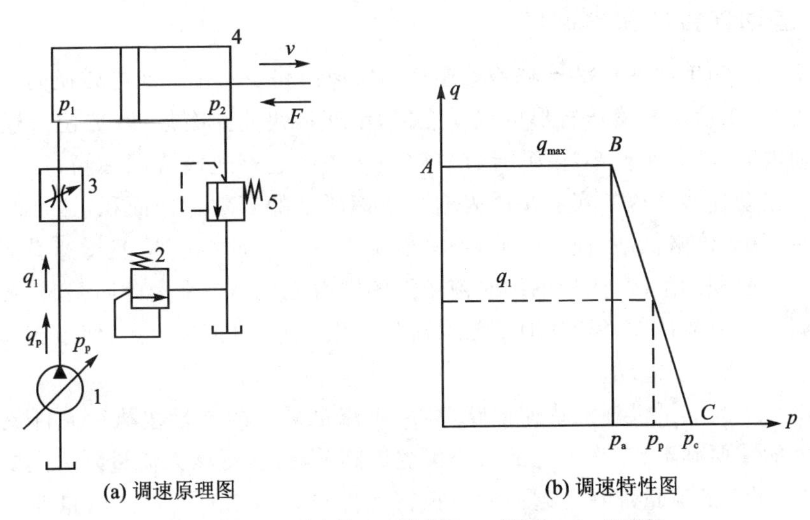

(a) 调速原理图 (b) 调速特性图

1—液压泵；2—溢流阀；3—调速阀；4—液压缸；5—溢流阀

图 7-15 限压式容积节流调速回路

这种回路无溢流损失，其效率比节流调速回路高。其采用流量阀调节进入液压缸的流量，克服了变量泵负载大、压力高时的漏油量大、运动速度不平稳的缺点，因此这种调速回路常用于空载时需快速、承载时需稳定的低速的各种中等功率机械设备的液压系统，例如组合机床、车床、铣床等的液压系统。

调速回路的选用应主要考虑以下问题：

(1) 执行机构的负载性质、运动速度、速度稳定性等要求：负载小，且工作中负载变化也小的系统可采用节流阀节流调速；在工作中负载变化较大，且要求低速稳定性好的系统，宜采用调速阀节流调速或容积节流调速；负载大、运动速度高、油的温升要求小的系统，宜采用容积调速回路。

一般来说，功率在 3 kW 以下的液压系统宜采用节流调速；3～5 kW 宜采用容积节流调速；功率在 5 kW 以上的宜采用容积调速回路。

(2) 工作环境要求：处于温度较高的环境下工作，且要求整个液压装置体积小、重量轻的情况，宜采用闭式回路的容积调速。

(3) 经济性要求：节流调速回路的成本低，功率损失大，效率也低；容积调速回路因变量泵、变量马达的结构较复杂，所以价格高，但其效率高、功率损失小；而容积节流调速则介于两者之间，所以需综合分析选用回路。

7.3.2 快速回路

快速回路的功能是使执行元件在空行程时获得尽可能大的运动速度，以提高生产率。根据公式 $v=q/A$ 可知，对于液压缸，增加进入液压缸的流量就能提高液压缸的运动速度。

1. 差动连接的快速回路

图 7-16 为单活塞杆液压缸差动连接的快速回路。二位三通电磁换向阀 3 处于图示位置时，单活塞杆液压缸形成差动连接，活塞将快速向右运动；二位三通电磁换向阀 3 通电时，则为非差动连接，且缸右腔油液需经过调速阀流回油箱，活塞慢速向右运动。差动连接增速的实质是因为缩小了液压缸的有效工作面积，这种回路的特点是结构简单，价格低廉，应用普遍，但只能实现一个方向的增速，且增速受液压缸两腔有效工作面积的限制，增速的同时液压缸的推力会减小。采用此回路时，要注意此回路的阀和管道应按差动连接时的较大流量选用，若压力损失过大，使溢流阀在快进时也开启，无法实现差动。

图 7-17 为双泵供油的快速回路，高压小流量泵 1 的流量按执行元件最大工作进给速度的需要确定，工作压力的大小由溢流阀 5 调定，低压大流量泵 2 主要起增速作用，它和泵 1 的流量加在一起应满足执行元件快速运动时所需的流量要求。液控顺序阀 3 的调定压力应比快速运动时最高工作压力高 0.5～0.8 MPa，快速运动时，由于负载较小，系统压力较低，则阀 3 处于关闭状态，此时泵 2 输出的油液经单向阀 4 与泵 1 汇合在一起进入执行元件，实现快速运动；若需要工作进给运动时，则系统压力升高，阀 3 打开，泵 2 卸荷，阀 4 关闭，此时仅有泵 1 向执行元件供油，实现工作进给运动。这种回路的特点是效率高、功率利用合理，能实现比最大进给速度大得多

的快速功能。

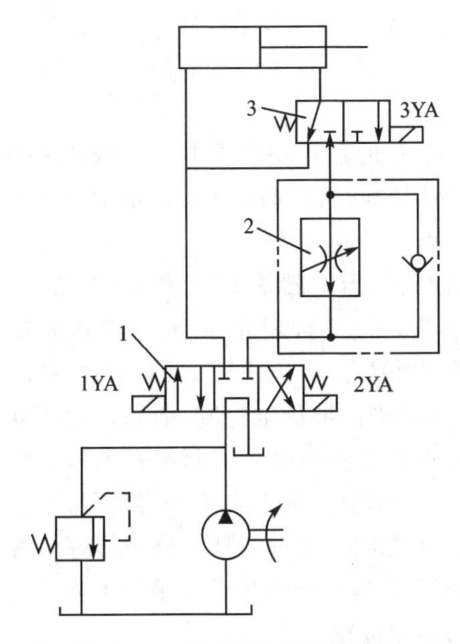

图7-16　差动连接的快速回路

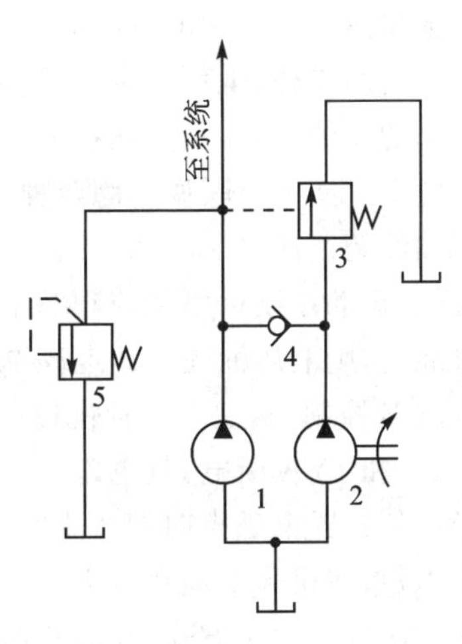

图7-17　双泵供油的快速回路

7.3.3　速度换接回路

换接回路中执行元件会在一个工作循环中,从一种运动速度切换到另一种速度。这个转换不仅包括快速到慢速的换接,而且也包括慢速之间的换接。

图7-18所示为一种采用行程阀的快速—慢速换接回路。当手动换向阀2右位和行程阀4下位接入回路(图7-18所示状态)时,液压缸活塞将快速向右运动,当活

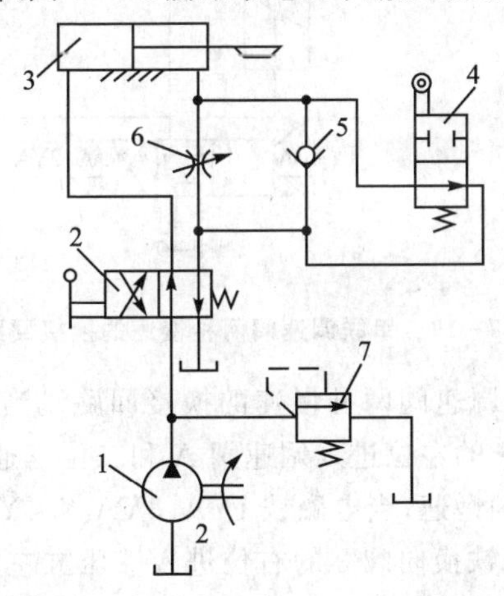

图7-18　行程阀的快速—慢速换接回路

塞移至使挡块压下行程阀 4 时，行程阀关闭，液压油的回油必须通过节流阀 6，活塞的运动切换成慢速状态；当换向阀 2 左位接入回路，液压油经单向阀 5 进入液压缸右腔，活塞快速向左运动。这种回路的特点是快速—慢速切换比较平稳，切换点准确，但不能任意布置行程阀的安装位置。

如将图 7－18 中的行程阀改为电磁换向阀，并通过挡块压下电气行程开关控制电磁换向阀工作，也可实现上述快速—慢速自动切换过程，而且可以灵活地布置电磁换向阀的安装位置，只是切换的平稳性和切换点的准确性要比用行程阀时差。

图 7－19 为串联调速阀两种慢速的换接回路。当电磁铁 1YA 和 4YA 通电时，液压油经调速阀 A 和二位二通电磁换向阀 2 进入液压缸左腔，此时调速阀 B 被短接，活塞运动速度可由调速阀 A 控制，实现第一种慢速；若电磁铁 1YA、4YA 和 3YA 同时通电，则液压油先经调速阀 A，再经调速阀 B 进入液压缸左腔，活塞运动速度由调速阀 B 控制，实现第二种慢速（调速阀 B 的通流面积必须小于调速阀 A）；当电磁铁 1YA 和 4YA 断电，且电磁阀 2YA 通电时，液压油进入液压缸右腔，液压缸左腔油液经二位二通电磁换向阀 3 流回油箱，实现快速退回。这种切换回路因慢速—慢速切换平稳，在机床上应用较多。例如，YT4543 型动力滑台液压系统采用了调速阀串联的二次进给调速方式，起动和速度换接时的前冲量较小。

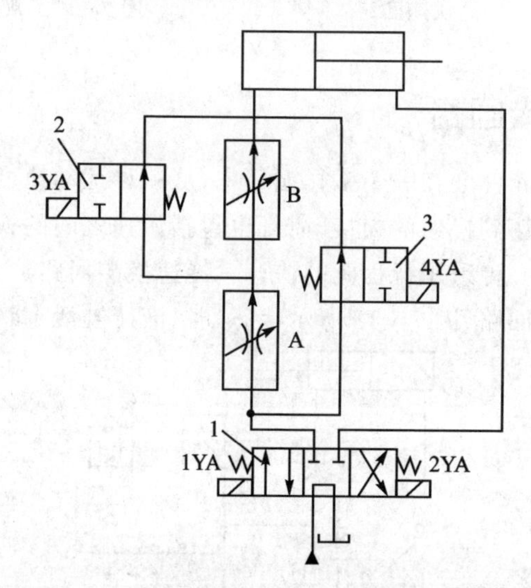

图 7－19　串联调速阀两种慢速的换接回路

图 7－20 所示为并联调速阀两种慢速的换接回路。当电磁铁 1YA、3YA，同时通电时，液压油经换向阀 1 的左位进入调速阀 A 和二位三通电磁换向阀 3 的左位进入液压缸左腔，实现第一种慢速；当电磁铁 1YA、3YA 和 4YA 同时通电时，液压油经调速阀 B 和二位三通电磁铁换向阀 3 的右位进入液压缸左腔，实现第二种慢速。这种切换回路，在调速阀 A 工作时，调速阀 B 的通路被切断，相应阀 B 前后两端的压力相等，则阀 B 中的定差减压阀口全开，在二位三通电磁换向阀切换瞬间，阀 B 前端压

力突然下降，在压力减为0，且阀口还没有关小前，阀B中节流阀前、后压力差的瞬时值较大，相应瞬时流量也很大，造成瞬时活塞快速前冲现象。同样，当阀A由断开接入工作状态时，也会出现上述现象。因此不宜用在工作过程中的速度换接，只可用在速度预选的场合。

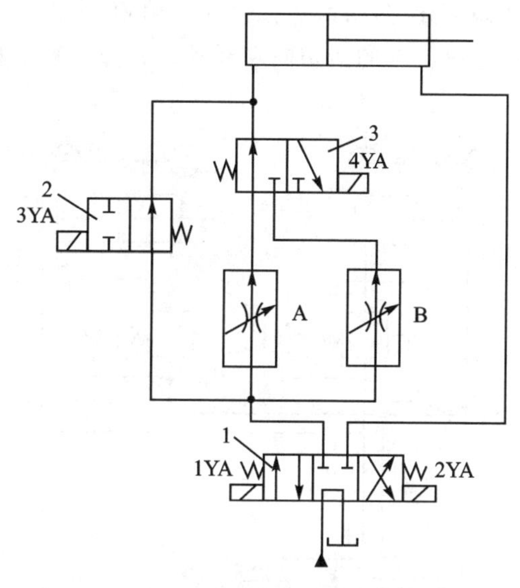

图7-20　并联调速阀两种慢速的换接回路

7.4　多缸工作控制回路

多缸工作空运回路是由一个液压泵驱动多个液压缸配合工作的回路。这类回路常包括顺序动作、同步和互不干扰等回路。

7.4.1　顺序动作回路

顺序动作回路的功能是使多个液压缸按照预定顺序依次动作。这种回路常用的控制方式有压力控制和行程控制两类。

压力控制的顺序动作回路是利用油路本身的油压变化控制多个液压缸顺序动作。常用压力继电器和顺序阀控制多个液压缸顺序动作。

图7-21为顺序阀控制顺序动作回路。单向顺序阀4用以控制两液压缸向右运动的先后次序，单向顺序阀3用来控制两个液压缸向左运动的先后次序。当电磁换向阀未通电时，液压油进入液压缸1的左腔和阀4的进油口，液压缸1右腔中的油液经阀3中的单向阀流回油箱，液压缸1的活塞向右运动，而此时进油路压力较低，单向顺序阀4处于关闭状态；当液压缸1的活塞向右运动到行程终点碰到死挡铁，进油路压力升高到单向顺序阀4的调定压力时，单向顺序阀4打开，液压油进入液压缸2

的左腔,液压缸 2 的活塞向右运动;当液压缸 2 的活塞向右运动到行程终点后,其挡铁压下相应的电气行程开关(图 7-21 中未画出)发出电信号时,电磁换向阀通电而换向,此时液压油进入液压缸 2 的右腔和单向顺序阀 3 的进油口,液压缸 2 左腔中的油液经单向顺序阀 4 中的单向阀流回油箱,液压缸 2 的活塞向左运动;当液压缸 2 的活塞向左到达行程终点碰到死挡铁后,进油路压力升高到单向顺序阀 3 的调定压力时,单向顺序阀 3 打开,液压缸 1 的活塞向左运动。若液压缸 1 和 2 的活塞向左运动无先后顺序要求,可省去单向顺序阀 3。

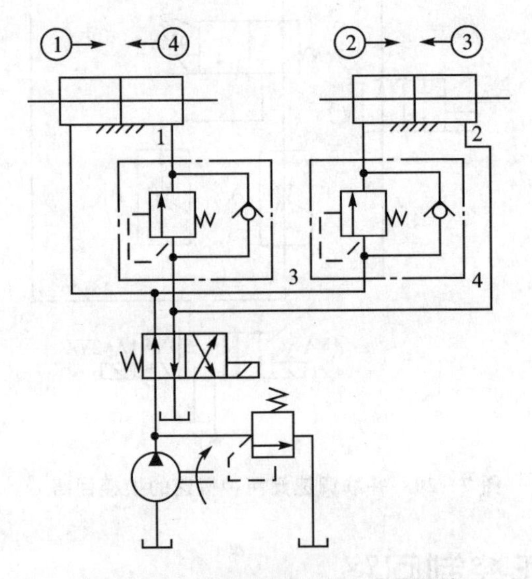

图 7-21　顺序阀控制顺序动作回路

图 7-22 为压力继电器控制顺序动作回路。压力继电器 1KP 用于控制两液压缸向右运动的先后顺序,压力继电器 2KP 用于控制两液压缸向左运动的先后顺序。当电磁铁 2YA,通电时,换向阀 3 右位接入回路,液压油进入液压缸 1 左腔,并推动活塞向右运动;当缸 1 的活塞向右运动到行程终点而碰到死挡铁石,进油路压力升高而使压力继电器 1KP 动作发出电信号,相应电磁铁 4YA 通电,换向阀 4 右位接入回路,液压缸 2 的活塞向右运动;当缸 2 的活塞向右运动到行程终点,其挡铁压下相应的电气行程开关发出电信号时,电磁铁 4YA 断电而 3YA 通电,阀 4 换向,缸 2 的活塞向左运动;当缸 2 的活塞向左运动到终点碰到死挡铁时,进油路压力升高而使压力继电器 2KP 动作发出电信号,相应 2YA 断电而 1YA 通电,阀 3 换向,缸 1 的活塞向左运动。为了防止压力继电器发出误动作,压力继电器的动作压力应比先动作的液压缸最高工作压力高 0.3～0.5 MPa,但应比溢流阀的调定压力低 0.3～0.5 MPa。

这种回路适用于液压缸数目不多、负载变化不大和可靠性要求不太高的场合。当运动部件卡住或压力脉动变化较大时,误动作不可避免。

行程控制顺序动作回路是利用运动部件到达一定位置时会发出信号控制液压缸顺序动作的回路。

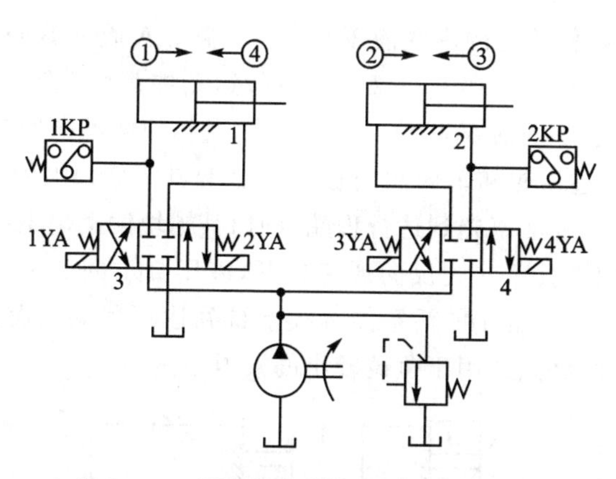

图7－22　压力继电器控制顺序动作回路

图7－23为用电气行程开关控制顺序动作的回路。当电磁铁1YA通电时，液压缸A的活塞向右运动；当缸A的挡块随活塞右行到行程终点，并触动电气行程开关1ST时，电磁铁2YA通电，液压缸B的活塞向右运动；当缸B的挡块随活塞右行至行程终点，并触动电气行程开关2ST时，电磁铁1YA断电，换向阀开始换向，缸A的活塞向左运动；当缸A的挡块触动电气行程开关3ST时，电磁铁2YA断电，换向阀换向，缸B的活塞向左运动。这种顺序动作回路的可靠性取决于电气行程开关和电磁换向阀的质量，变更液压缸的动作行程和顺序都比较方便，且可利用电气互锁保证动作顺序的可靠性。

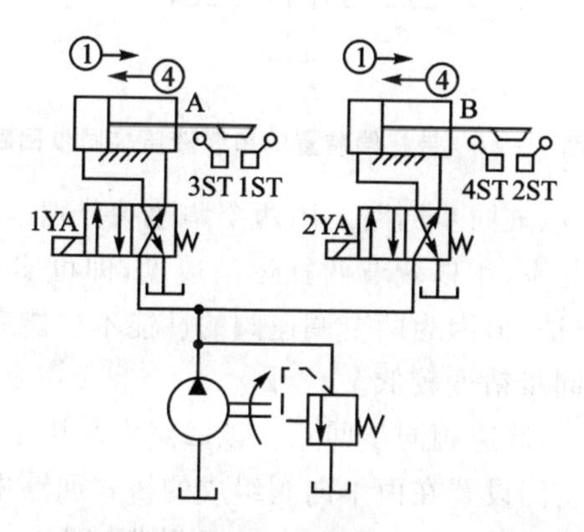

图7－23　行程开关控制顺序动作回路

7.4.2　同步回路

同步回路的功能是使多个液压缸在运动中保持相同的位置或速度。在一泵多缸的系统中，尽管液压缸的有效工作面积相等，但是由于运动中所受负载不均衡，摩擦阻力也不相等、泄漏量的不同以及制造上的误差等，使液压缸不能保持同步动作。同步回路可摆脱这些的影响，消除累积误差而保证同步运行。

图 7－24 为带补偿装置的串联液压缸同步回路。A 腔和 B 腔面积相等，进、出流量相等。而补偿措施使同步误差在每一次下行运动中都可消除。例如，阀 5 在右位工作时，缸下降，若缸 1 的活塞先到达行程端点，其挡块触动电器行程开关 1ST，使阀 4 通电，压力油便通过该阀和单向阀向缸 2 的 B 腔补入，推动活塞继续运动到底，误差即被消除。若缸 2 的活塞先到达行程端点时，其挡块触动电器行程开关 2ST，阀 3 通电，控制压力油使液控单向阀反向通道打开，液压缸 1 的 A 腔通过液控单向阀与油箱接通而回油，使液压缸 1 的活塞能继续下行到达行程端点而消除位置误差。这种串联液压缸同步回路只适用于负载较小的液压系统。

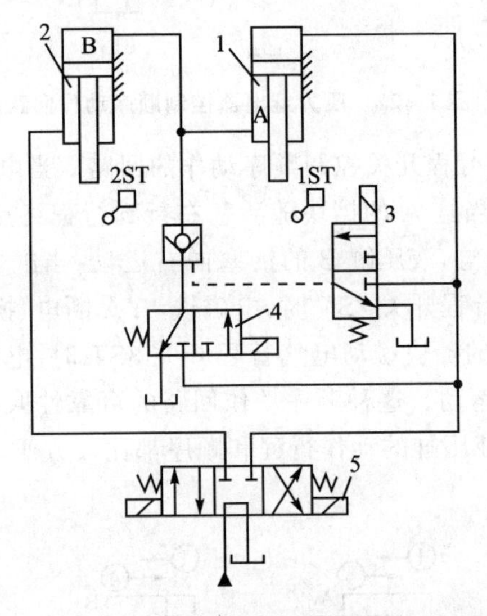

图 7－24　带补偿装置的串联液压缸同步回路

图 7－25 为并联液压缸同步回路。用两个调速阀分别串联在两个液压缸的回油路(进油路)上，再并联起来，用以调节两缸运动速度，即可实现同步。这也是一种常用的比较简单的同步方法，但因为两个调速阀的性能不可能完全一致，同时还受载荷的变化和泄漏的影响，同步精度较低。

图 7－26 为电液比例调速阀同步回路。该回路中采用了一个普通调速阀 C 和一个电业比例调速阀 D，它们设置在由单向阀组成的桥式回路中，并分别控制液压缸 A 和 B 的速度。当两个活塞出现位置误差时，检测装置(图 7－26 中未画出)就会发出信号，自动控制电液比例调速阀 D 流通面积的大小，进而使缸 B 的活塞随着缸 A 活塞的运动而实现同步运动。装置回路的同步精度高，位置误差可控制在 0.5 mm 以内，已能满足大多数工作部件同步精度的要求。电液比例阀在性能上虽比不上伺服阀，但其费用低，对环境适应性强，因此用它实现同步控制被认为是一个新的发展方向。

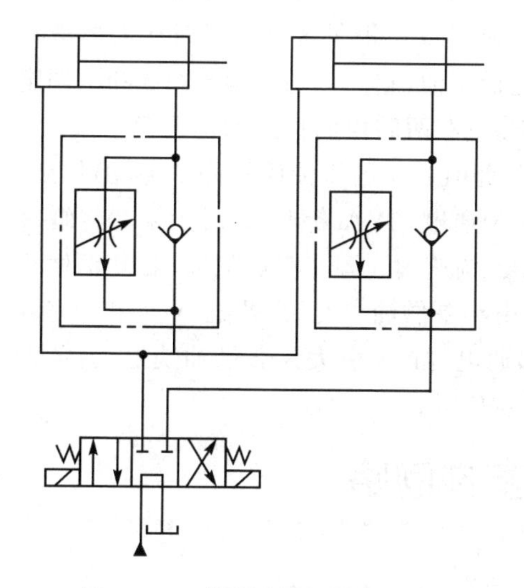

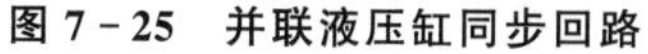

图7-25 并联液压缸同步回路

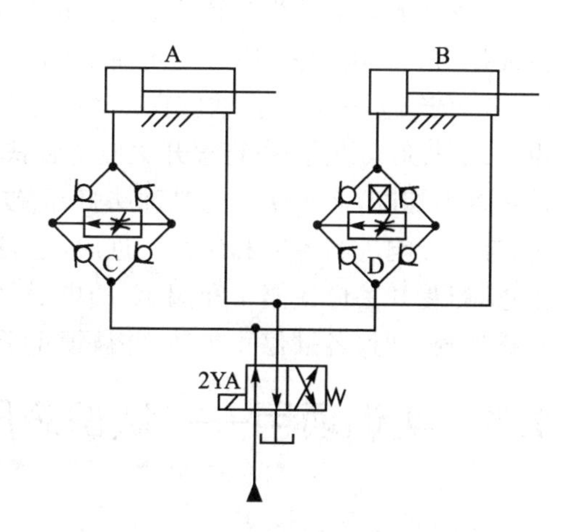

图7-26 电液比例调速阀同步回路

7.4.3 互不干扰回路

互不干扰回路的功能是使几个液压缸在完成各自的循环动作过程中彼此互不影响。在多缸液压系统中,往往由于其中一个液压缸快速运动,而造成系统压力下降,影响其他液压缸慢速运动的稳定性。因此,对于慢速要求比较稳定的多缸液压系统,需采用互不干扰回路,使各自液压缸的工作压力互不影响。

图7-27为多缸快慢速互不干扰回路,图中两个液压缸分别要完成快进、工进和

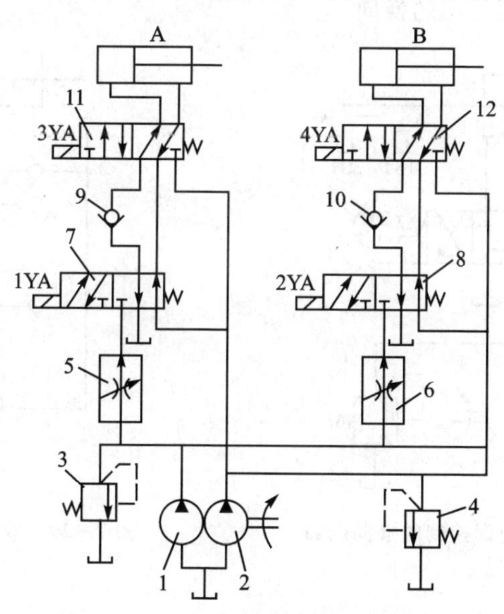

图7-27 多缸快慢速互不干扰回路

快退的自动循环。回路采用双泵供油，高压小流量泵 1 提供各缸工进时所需的液压油，低压大流量泵 2 为各缸快进或快退时输送低压油，它们分别由溢流阀 3 和 4 调定供油压力。当电磁铁 3YA 通电时，缸 A(或 B)左右两腔由两位五通电磁换向阀 7、1(或 8、2)连通，由泵 2 供油实现差动快进过程，此时泵 1 的供油路被阀 7(或 8)切断。设缸 A 先完成快进，由行程开关使电磁铁 1YA 通电，3YA 断电，此时大泵 2 将缸 A 的进油路切断，而小泵 1 的进油路打开，缸 A 由调速阀 5 调速实现工进，缸 B 仍做快进，互不影响。当各缸都转为工进后，它们全由小泵供油。此后，若缸 A 又率先完成工进，行程开关应使阀 7 和阀 11 的电磁铁都通电，缸 A 由大泵 2 供油快退，当各电磁铁皆通电时，各缸停止运动，并被锁止于所在位置。

7.5 实训项目——认识液压基本回路

7.5.1 项目 1 认识方向控制回路

1. 换向回路

(1) 换向阀组成的换向回路

工作过程：如图 7-28 所示，利用行程开关可控制三位四通电磁换向阀动作的换向回路。

(2) 由双向变量泵组成的换向回路

图 7-29 为由双向变量泵组成的换向回路。利用双向变量泵可直接改变输油方向，实现液压缸和液压马达的换向。

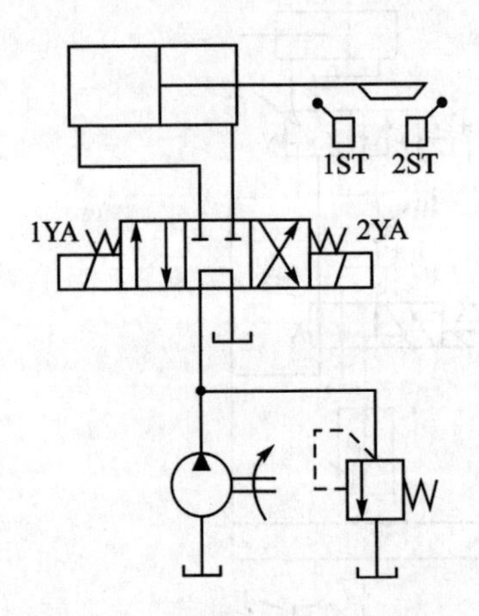

图 7-28 换向阀控制的换向回路

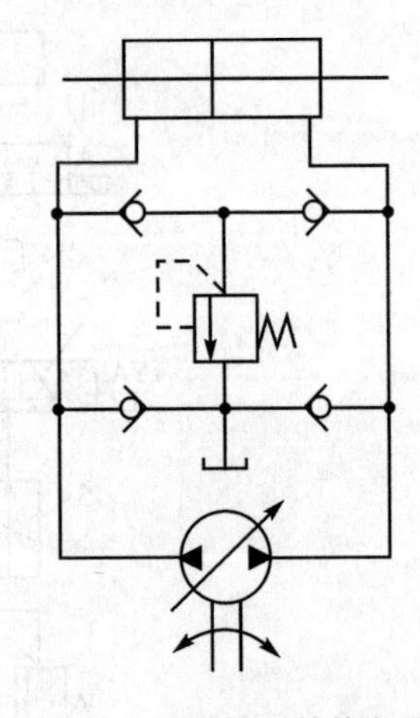

图 7-29 双泵控制的换向回路

2. 锁紧回路

(1) 利用三位换向阀的中位机能控制的锁紧回路

如图7-30所示，利用三位换向阀的中位机能(O形或M形)封闭液压缸左右两腔的进、出油口，使液压缸锁紧。

(2) 采用液控单向阀控制的锁紧回路

图7-31为采用液控单向阀的锁紧回路，当换向阀处于中位时，由于换向阀的中位机能是H形，因此，当液压泵卸荷，两个液控单向阀均关闭，液压缸双向锁紧。

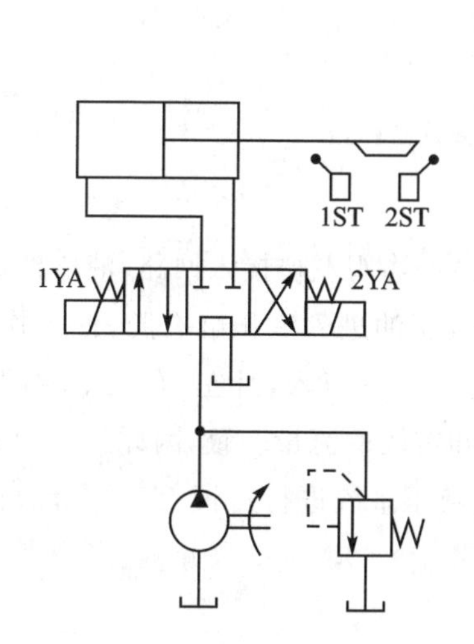

图7-30　利用三位换向阀的中位机能的锁紧回路

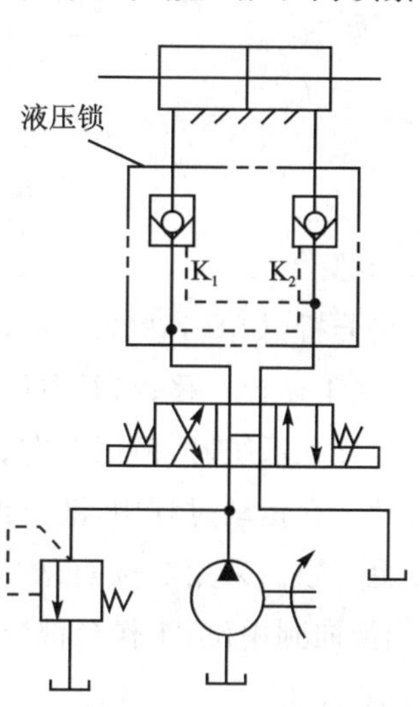

图7-31　液控单向阀的锁紧回路

项目实施

1. 训练场地及设备

(1) 场地：液压实训室、实训基地。

(2) 设备：各种液压实训台、实验室模拟设备等。

2. 训练步骤

(1) 平面磨床工作台液压控制回路安装

为了方便了解，将任务中平面磨床工作台的运动分为三种：一是工作台向左运动；二是工作台向右运动；三是工作台在任意位置停止。

1) 步骤1

依据任务要求和选定的液压元件，设计出平面磨床工作台液压控制回路，如图7-32所示。

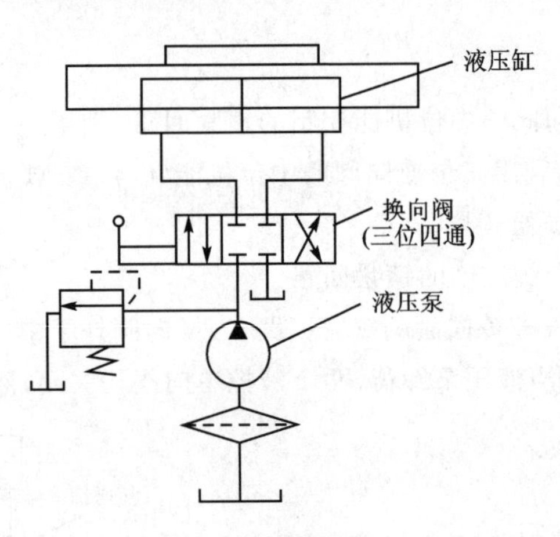

图 7-32　平面磨床工作台

2）步骤 2

回路分析：如图 7-32 所示，若活塞杆固定，当阀左位接入回路，液压油进入液压缸左腔，使工作台右移；当阀右位接入系统，液压油进入液压缸右腔，使工作台左移；当阀中位接入系统时，液压缸左、右腔均没有液压油流入，且左、右腔不相同，工作台停止运动。在运动过程中，液压油进入左腔和右腔的流量一致，因此工作台的往复运动速度也一致。采用二位四通 O 形阀，可对液压系统进行自锁，也就是说，在任意位置，若阀换向到中位，工作台都能锁定不动。

3）步骤 3

回路连接：在液压实验台上连接平面磨床工作台控制回路。

操作要求如下：

① 先看懂液压回路图，并能正确选用元器件。

② 安装元器件时要规范，各元器件在工作台上要合理布置。

③ 采用油管连接元器件的各油口，检查各油口连接情况后，启动液压泵，利用二位四通电磁换向阀控制执行元件运动。

(2) 液压吊车锁紧回路安装

1）步骤 1

根据液压吊车的工作要求，绘制液压吊车锁紧回路图，如图 7-33 所示。

工程上，液压吊车液压系统的执行机构的往复运动过程中停止位置要求严格，其本质就是对执行机构进行锁紧，这种起锁紧作用的回路称为锁紧回路。锁紧回路的功用是使液压缸在任意位置上停留，且停留后不会因为外力作用而移动。

2）步骤 2

回路分析：以液控单向阀（又称双向液压锁）的锁紧回路为参考对象，分析进油路和回油路的工作过程。

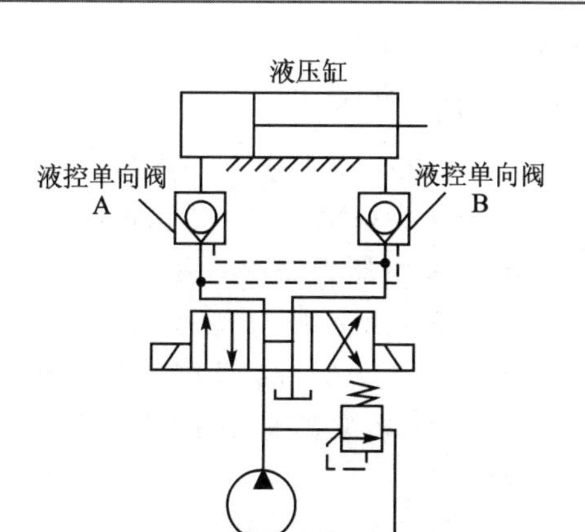

图 7-33 液压吊车锁紧回路

3）步骤 3

回路的安装与调试要求：

① 按照回路安装图的要求，选取所需的液压元件，并检查型号是否正确。

② 按照液压系统要求，安装液压回路。在连接液压元件时，将各元件安装到插件板的适当位置上，注意查看每个元件各油口的标号，在关闭液压泵及稳压电源下，按回路的要求连接各元件。

③ 选择相关连接导线，按照使用电池换向阀的电磁铁编号，把相应的电磁铁插头插到电磁阀插孔内，调试控制回路。

4）步骤 4

液压系统的调试与安全操作：

① 启动电源，再启动液压泵。

② 液压泵关闭或拆卸回路前，需确保液压元件中的压力已释放。注意，只能在压力为 0 及以下的情况下，才能拔掉液压接头或关闭液压泵电源。

③ 为了安全起见，系统压力控制在 6 MPa，设置在 5 MPa 换向阀的换向回路功能实现时，可采用手动、电磁、液动换向阀。

7.5.2 项目 2 认识压力基本回路

1. 调压回路

当液压泵一直工作在系统的调定压力时，就要通过溢流阀调节，并稳定液压泵的工作压力。在变量泵系统中或旁路节流调速系统中用溢流阀（当安全阀用）限制系统的最高安全压力。当系统在不同的工作时间内需要有不同的工作压力时，可采用二级或多级调压回路。

（1）如图 7-34 所示，单级调压回路是指系统压力只有一种，在液压泵的出口处并联溢流阀控制回路的最高压力。

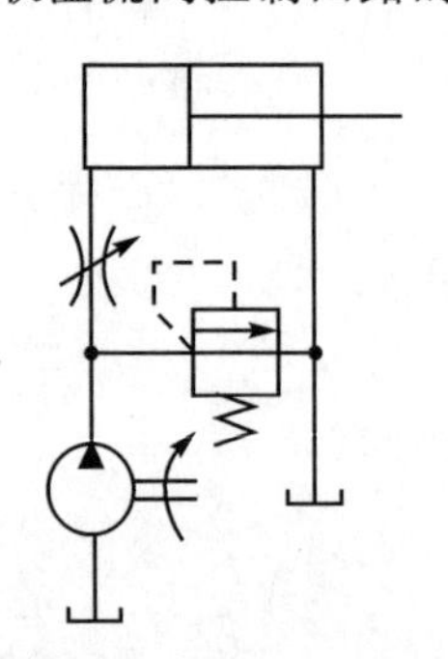

图 7-34　单级调压回路

特点如下：

① 由溢流阀和定量泵组合而成。

② 当系统压力小于溢流阀调整压力时，溢流阀关闭不溢流，系统压力保持不变。

③ 当系统压力大于溢流阀调整压力时，溢流阀开启溢流，系统压力保持溢流阀的调整压力不变。

(2) 多级调压回路是指系统压力有两种或两种以上的回路。

① 两级调压回路

如图 7-35 所示，在图示状态下，当二位二通电磁换向阀断电时，液压泵的工作压力由先导溢流阀 1 调定为最高压力；当二位二通电磁换向阀通电后，液压泵工作压力由远程调压阀 2(溢流阀)调定为较低压力，其中，远程调压阀 2 的调整压力必须小于溢流阀 1 的调整压力。

② 三级调压回路

如图 7-36 所示，在图示状态下，当电磁换向阀 4 断电中位工作时，液压泵的工作压力由先导溢流阀 1 调定为最高压力；当电磁换向阀 4 右边电磁铁通电右位时，液压泵工作压力由远程调压阀 2(溢流阀)调定为较低压力。

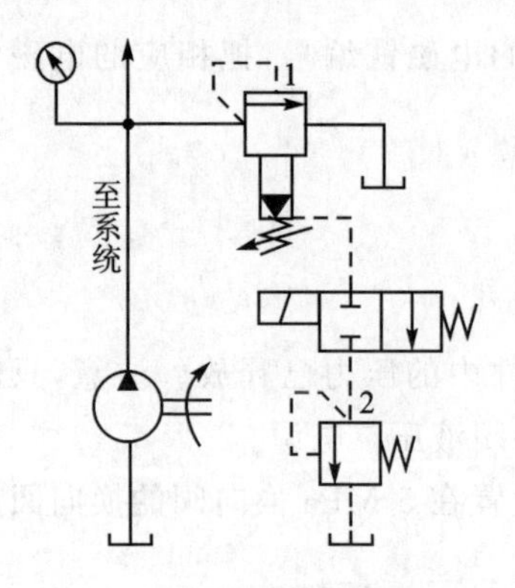

图 7-35　两级调压回路图

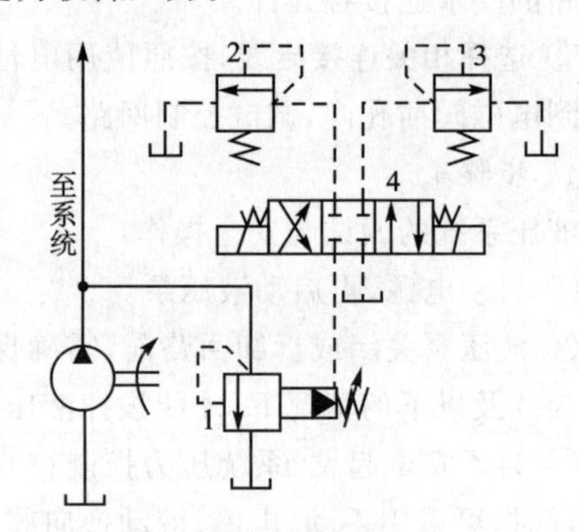

图 7-36　三级调压回路

2. 减压回路

(1) 单向减压回路

用于夹紧系统的单向减压回路如图 7-37 所示，图中单向减压阀 5 安装在液压缸 6 与电磁换向阀 4 之间。

当 1YA 通电时，电磁换向阀 4 左位工作，液压泵输出的压力油通过单向阀 3、换向阀 4、单向减压阀 5 减压后输进液压缸 6 的左腔，推动活塞向右运动，夹紧工件，液压缸 6 的右腔的油液经换向阀 4 流回油箱。液压缸 6 的工作压力由单向减压阀 5 调定。注意，单向减压阀5的调整压力应低于溢流阀2的调整压力。

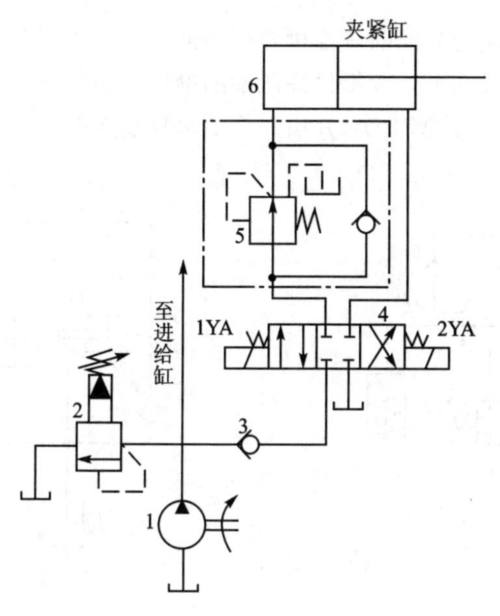

图7-37　单向减压回路

(2) 二级减压回路

由减压阀和远程调压阀组成的二级减压回路如图7-38所示。在图7-38所示状态下，当先导减压阀1上外控口连接的二位二通电磁换向阀断电时，夹紧压力由先导减压阀1调定；当先导减压阀1上外控口连接的二位二通电磁换向阀通电时，夹紧压力由远程调压阀2调定。远程调压阀2的调整压力必须低于先导溢流阀1的调整压力。

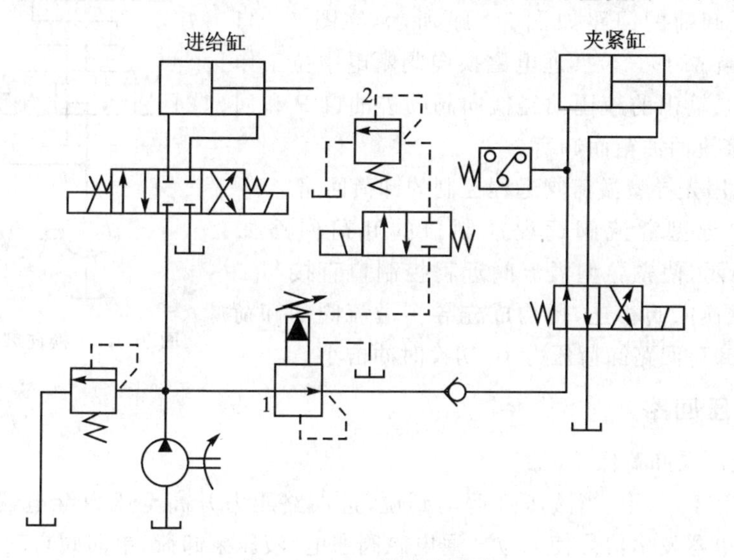

图7-38　二级减压回路

3. 增压回路

单作用增压器组成的只能断续提供高压油的单向增压回路如图 7－39 所示。

双作用增压器组成的可连续提供高压油的增压回路如图 7－40 所示。双作用增压缸中有大活塞 1 个，小活塞 2 个，并由一根活塞杆连接在一起。

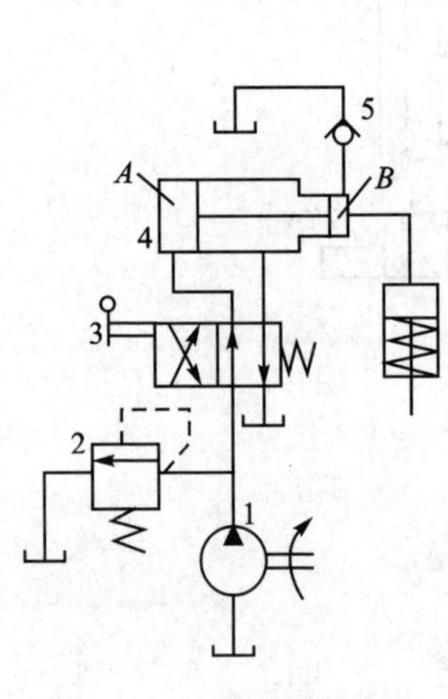

图 7－39　单向增压回路

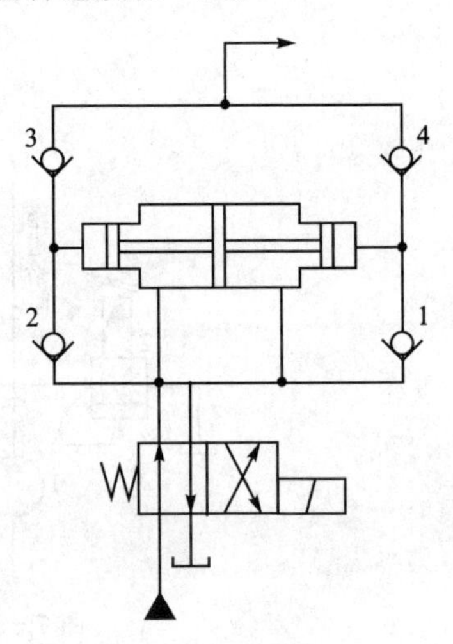

图 7－40　双向增压回路

4. 卸荷回路

(1) 利用换向卸荷回路

利用诸如 M 形、H 形、K 形的三位四通换向阀，处于中位时泵卸荷的回路如图 7－41 所示，在图 7－41 所示状态，当 M 形三位四通电磁换向阀断电中位工作时，使液压泵输出的液压油经换向阀的进油口 P 和回油口 T 直接流回油箱而卸荷。

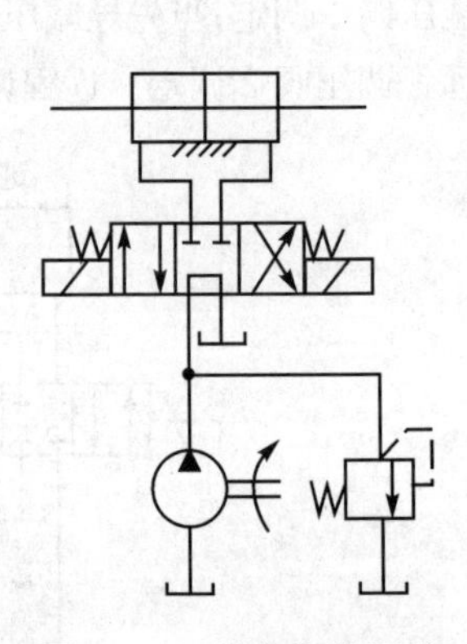
图 7－41　换向卸荷回路

(2) 利用先导型溢流阀远程控制的卸荷回路

利用先导型溢流阀远程控制口的卸荷回路如图 7－42 所示，使先导型溢流阀远程控制口直接与二位二通电磁换向阀相连，便构成先导型溢流阀的卸荷回路，这种卸荷回路卸荷压力小，切换时冲击小。

5. 保压回路

(1) 液压泵卸荷保压回路

如图 7－43 所示，当液压缸运动到位，进油路压力升高至压力继电器的调定值时，压力继电器发出信号使二位二通电磁阀通电，液压泵卸荷，单向阀自动关闭，液压缸由蓄能器保压。缸压不足时，压力继电器复位，使泵重新工作。

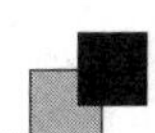

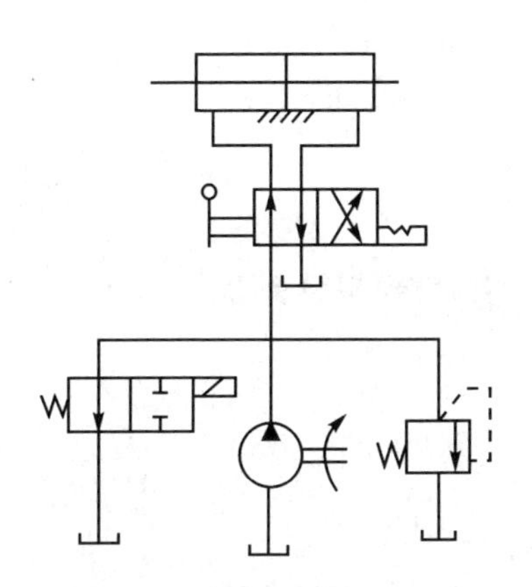

图 7－42　先导型溢流阀远程控制的卸荷回路

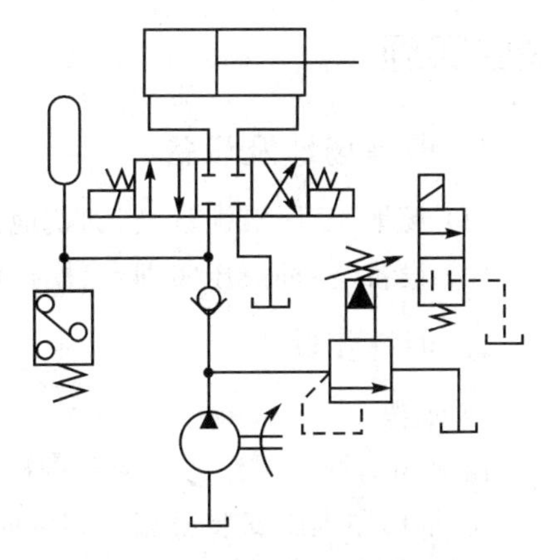

图 7－43　液压泵卸荷的保压回路

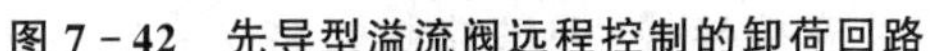

（2）液压泵保压回路

如图 7－44 所示，液压泵 1 的压力油一部分进入进给缸，另一部分经单向阀 3 进入夹紧缸，同时驱动进给缸和夹紧缸工作。

6. 平衡回路

平衡回路的功能是防止垂直或倾斜放置的液压缸和与之相连的工作部件，在上位停止时因自重而自行下落或在下行运动中超速而使运动不平稳。

图 7－45 所示为采用单向顺序阀的平衡回路，回路中的单向顺序阀（也称平衡阀）设置在液压缸下腔和换向阀之间。

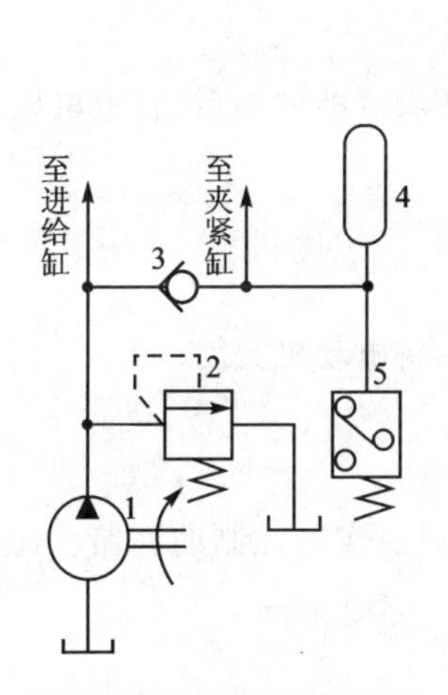

图 7－44　液压泵保压回路

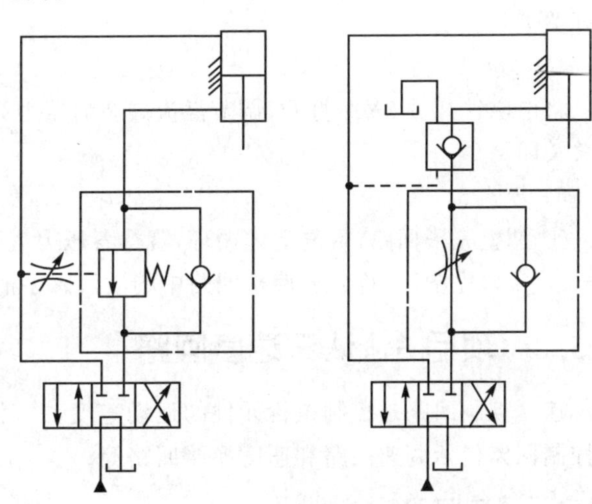

图 7－45　单向顺序阀的平衡回路

项目实施

1. 训练场地及设备

(1) 场地:液压实训室、实训基地。

(2) 设备:各种液压实训台、模拟仿真软件、实验室模拟设备等。

2. 训练步骤

1) 步骤1

溢流阀的调压回路的安装与调试。

① 根据原理图安装溢流阀调压回路,并调试。

② 按照电磁换向阀的控制要求,选择相关连接导线,调试控制回路。液压系统调试。

2) 步骤2

① 溢流阀多级调压回路的安装与调试。

② 用亚龙YL381C型搭建三级溢流阀调压回路:

a. 按照回路图的要求,选取所需的液压元件,搭接液压回路。

b. 按照电磁换向阀的控制要求,选择相关连接导线,调试控制回路。

3) 步骤3

① 放松溢流阀1、阀2、阀3,启动液压泵,调节溢流阀1的压力为4MPa。

② 将电磁铁开关1YA打开,调节溢流阀2的压力为3MPa,调整完毕后,将电磁铁开关关闭。

4) 步骤4

将电磁铁开关2YA打开,调节溢流阀3的压力为2MPa,调整完毕后,将电磁铁开关关闭。

5) 步骤5

① 调整完毕回路,重复上述循环,观察各压力表数值。

② 实验完毕后,首先要旋松回路中的溢流阀手柄,然后将电动机关闭。

7.5.3 项目3 认识速度回路

速度控制回路是控制执行元件的运动速度,并对速度切换实行控制的回路。速度控制回路包括调速回路和速度换接回路等。

1. 调速回路

(1) 节流调速回路

① 进油节流调速回路。节流阀装在执行元件的进油路原理如图7-46所示,如果此回路的定量泵输出的流量为定值,供油压力由溢流阀调定,调节节流阀的开口面

积就可以调节进入液压缸的流量，进而调节执行元件的运动速度，使多余的油液经溢流阀流回油箱。

② 回油节流调速回路。回油节流调速回路是将节流阀装在执行元件的回油路上，调速原理如图 7-47 所示。此处的节流阀用以控制液压缸回油腔的流量 q_2，进而控制进油腔的流量 q_{V1}，以改变执行元件的运动速度。这里的供油压力由溢流阀调定。

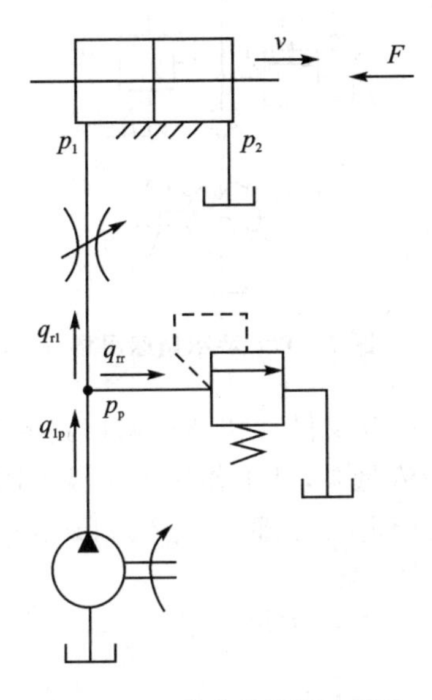

图 7-46　进油节流调速回路

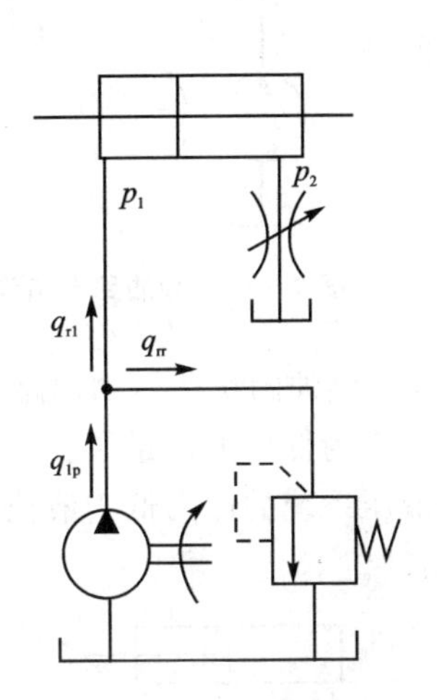

图 7-47　回油节流调速回路

③ 旁油路节流调速回路。在和执行元件并联的旁油路上安放一个流量阀，即构成旁油路节流调速回路。调速原理如图 7-48 所示。

(2) 容积调速回路

此回路通过改变回路中液压泵或液压马达的排量实现调速。主要优点是功率损失小，且其工作压力大小会随负载变化，效率高、油温低，适用于高速、大功率系统。

容积调速回路类型有开式和闭式，图 7-49 所示为变量泵与液压缸组成的开式容积调速回路。

2. 速度换接回路

(1) 快速运动回路

① 液压缸差动连接快速运动回路。图 7-50 所示为液压缸差动连接快速运动回路的工作原理图：当阀 1 和阀 3 在左位工作时，液压缸差动连接，实现快速运动；当阀 3 通电右位工作时，差动连接即被切除，液压缸回油经过调速阀 2，实现工进；当阀 1 在右位工作时，液压缸快退。

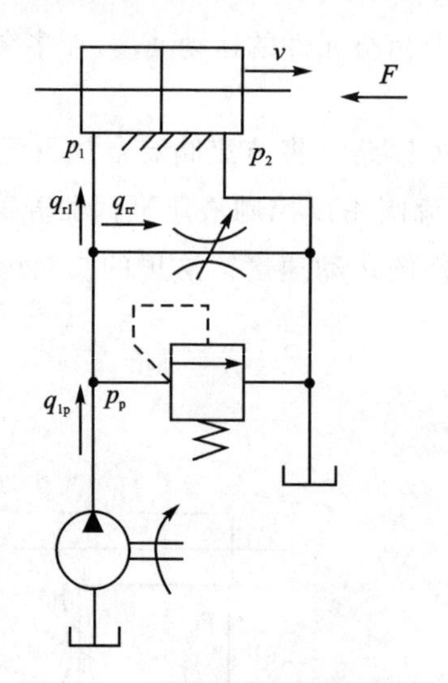

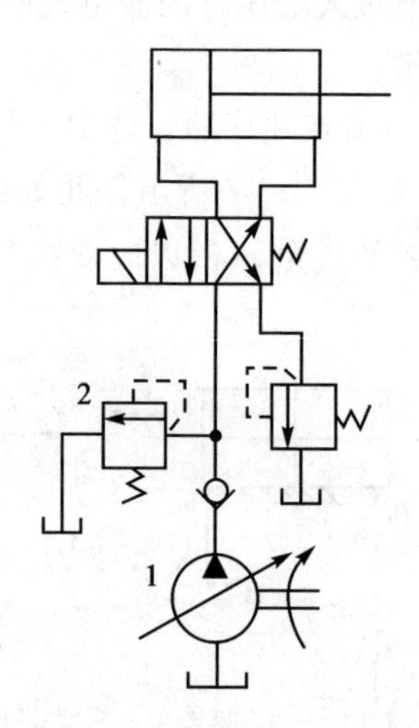

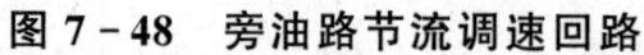

图 7－48　旁油路节流调速回路　　　图 7－49　容积调速回路

② 双泵供油的快速运动回路。图 7－51 为双泵供油快速运动回路的工作原理图:液压泵 1 为低压大流量泵。泵 2 为高压小流量泵,其工作压力由溢流阀 5 调定。空载时,液压系统的压力低于液控卸荷阀 3 的调定压力,阀 3 关闭,双泵合流,从而实现快速运动。

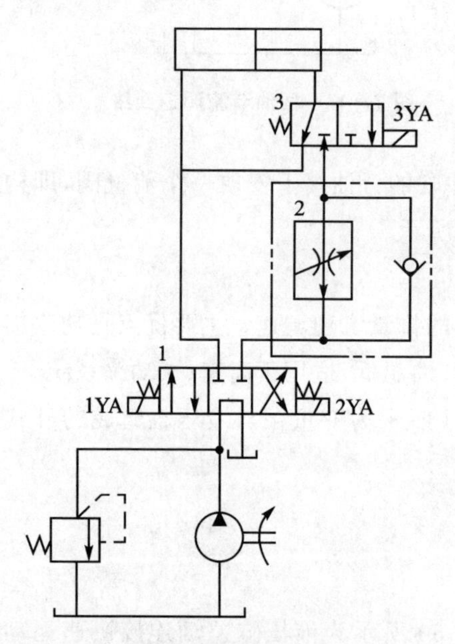

图 7－50　液压缸差动连接快速运动回路

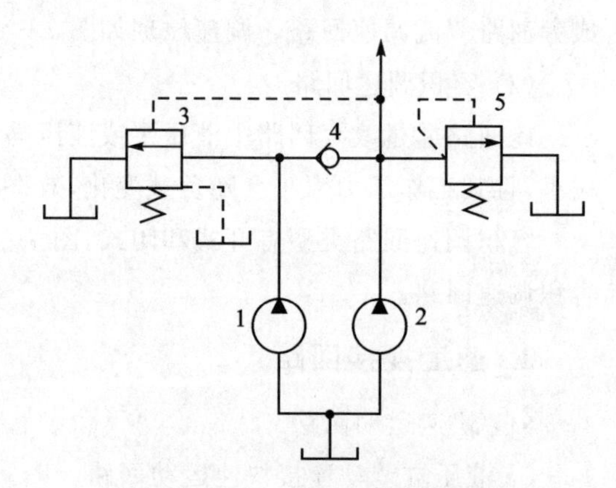

图 7－51　双泵供油快速运动回路

(2) 速度换接回路

速度换接回路是指执行元件实现运动速度的切换。根据换速回路切换前后速度

相对快慢的不同，可分为快速—慢速和慢速—慢速切换两大类分别如图 7－52、图 7－53 所示。

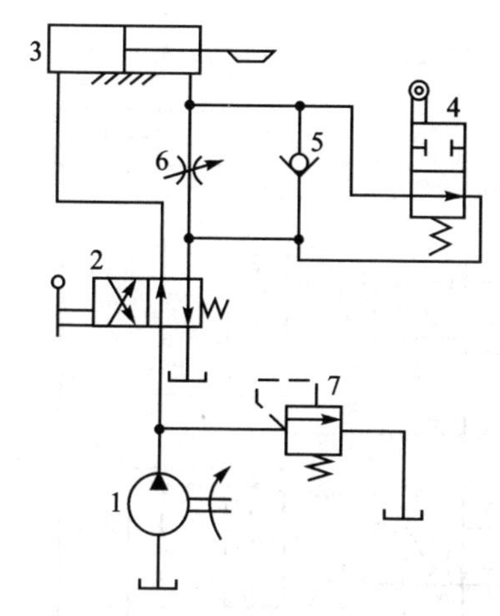

1—液压泵；2—两位四通换向阀；3—液压缸；
4—两位两通换向阀；5—单向阀；6—节流阀；7—溢流阀

图 7－52　快速—慢速切换回路

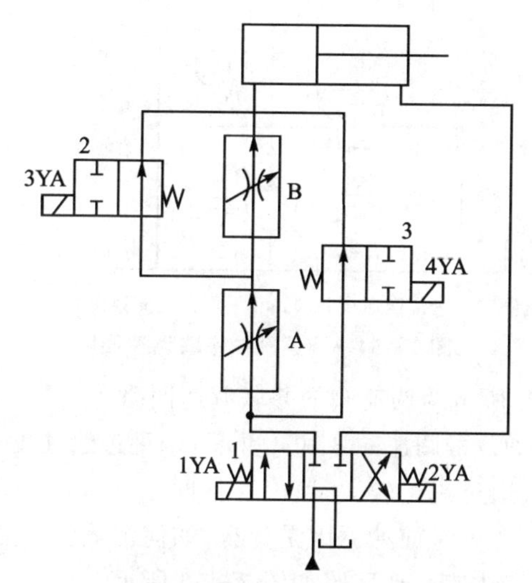

1—三位四通换向阀；2、3—两位两通换向阀

图 7－53　慢速—慢速切换回路

项目实施

1. 训练场地及设备

(1) 场地：液压实训室、实训基地。

(2) 设备：液压实训台、各种类型的液压阀，每个种类 3～4 台，总数不少于

15台。

2. 训练步骤

(1) 搭建图7－54所示的调速阀的串联调速回路。

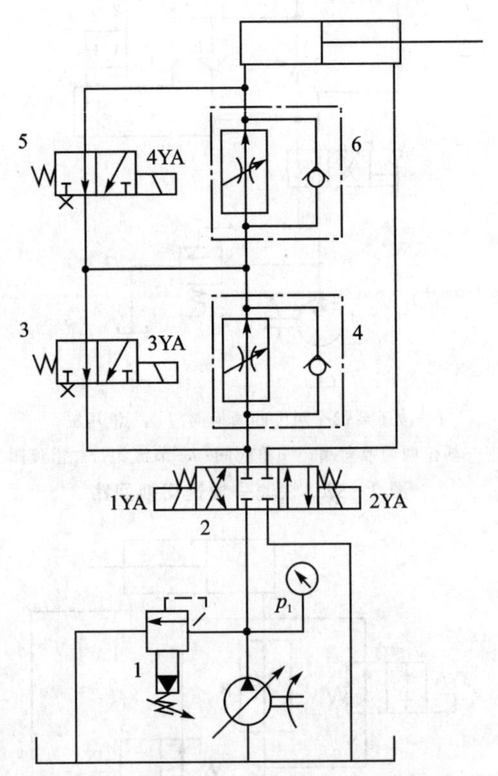

1—溢流阀；2—三位四通换向阀；3、5—两位三通换向阀；4、6—调速阀

图7－54 调速阀的串联调速回路

(2) 搭建图7－55所示的调速阀的并联调速回路。

分析：如图7－56所示，调速阀3和4并联，两种进给速度不会相互影响，但是采用这种回路，在调速阀通过流量较大，速度换接时会造成缸运动前冲，大家在实训时观察是否存在此现象，并思考前冲原因是什么，如何消除？

搭建后的差动连接快速运动回路如图7－56所示。

如图7－56所示，当2YA、3YA均得电，缸右行，差动连接；3YA失电、2YA得电，缸右行，不差动连接。

请大家分析为什么差动时缸右行速度较快？

在测试中，由于管道阻力的影响，差动时速度不一定会快，因此可在泵排油管路上加一个节流阀，以减小管道流量，使差动效果明显。

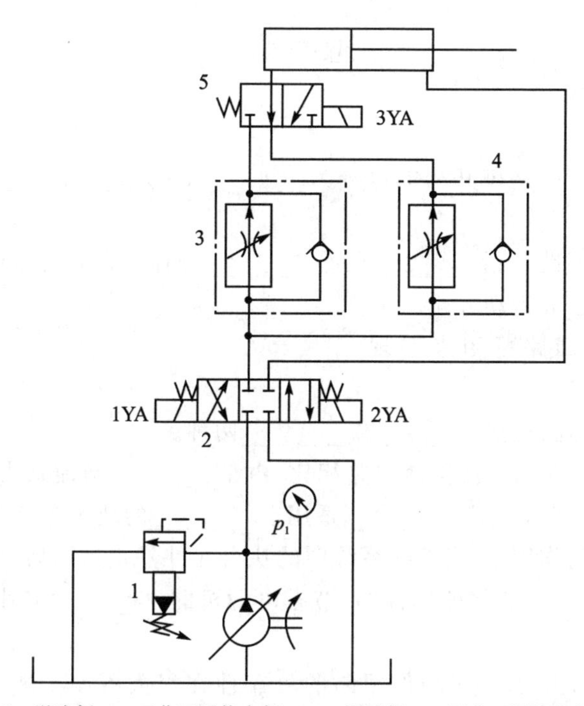

1—溢流阀;2—三位四通换向阀;3、4—调速阀;5—两位三通换向阀

图7-55 调速阀的并联调速回路

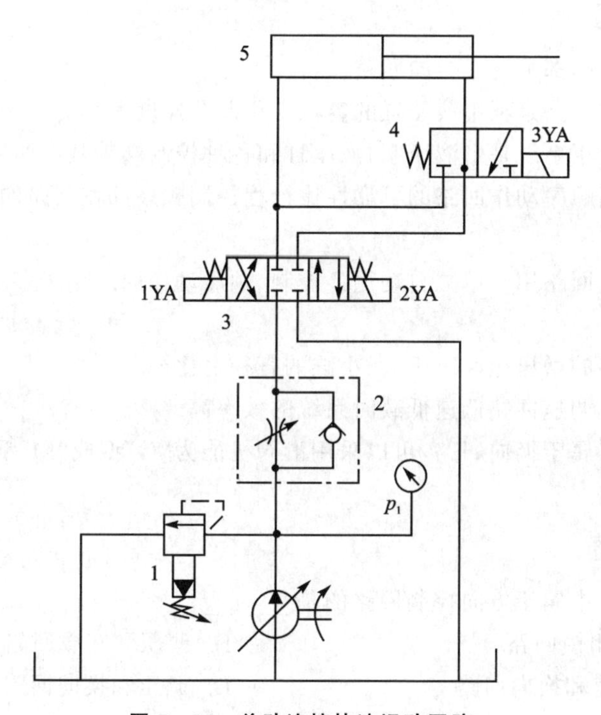

图7-56 差动连接快速运动回路

思考题

一、填空题

1. 常用的基本回路按其功能可分为________、________、________和________等几大类。

2. 方向控制回路包括________回路、________回路，它们的作用是控制液流的________、________和流动方向。

3. 压力控制回路可用来实现________、________、________、________等的控制。

4. 速度控制回路包括________和________两种。

5. 容积调速回路与节流调速回路相比，由于________节流损失和溢流损失，故效率________，回路发热量________，适用于________的液压系统中。

6. 卸载回路的作用是：当液压系统中的执行元件停止运动后，使液压泵输出的油液以最小的________直接流回油箱，节省电动机的________，减小系统________，延长泵的________。

7. 用顺序阀控制的顺序动作回路的可靠性在很大程度上取决于________和________；用电气行程开关控制的顺序动作回路的可靠性取决于________。

二、判断题

1. 所有方向阀都可构成换向回路。（　）

2. 容积调速回路是利用液压缸的容积变化调节速度大小的。（　）

3. 复杂的液压系统是由液压泵，液压缸和各种控制阀等基本回路组成。（　）

4. 压力控制顺序动作回路的可靠性比行程控制顺序动作回路的可靠性差。（　）

5. 速度换接回路用于单缸自动循环控制，顺序动作回路用于多缸自动循环。（　）

6. 增压回路的增压比取决于大、小缸的直径之比。（　）

7. 进油节流调速回路低速低载时系统的效率高。（　）

8. 闭锁回路属于换向回路，可以采用滑阀机能为“O”型或“M”型换向阀实现。（　）

三、选择题

1. 下列回路中属于方向控制回路的是________。

A. 换向和闭锁回路　　B. 调压和卸载回路

C. 节流调速和换向回路　　D. 调压和换向回路

2. 闭锁回路所采用的主要液压元件为________。

A. 换向阀和液控单向阀　　B. 溢流阀和换向阀

C. 顺序阀和液控单向阀　　D. 溢流阀和顺序阀

3. 卸载回路属于________回路。

A. 方向控制　　B. 压力控制

C. 速度控制　　D. 顺序动作

4. 若系统溢流调定压力为 35×10^5 Pa，则减压阀调定压力在________Pa之间。

A. $0\sim35\times10^5$　　B. $5\times10^5\sim35\times10^5$

C. $5\times10^5\sim30\times10^5$　　D. $0\sim30\times10^5$

5. 有关回油节流调速回路说法中正确的是________。

A. 调速特性与进油节流调速回路不相同

B. 经节流阀而发热的油液不容易散热

C. 广泛用于功率不大，负载变化较大或运动平稳性要求较高的液压系统

D. 串接背压阀可提高运动的平稳性

6. 容积节流调速回路的说法中正确的是________。

A. 主要由定量泵和调速阀组成

B. 工作稳定，效率较高

C. 在较低的速度下工作时，运动稳定性不好

D. 比进、回油节流调速两种调速回路的平稳性差、效率低

四、简答题

1. 图7－57所示为采用标准液压元件的行程换向阀A、B及带定位机构的液动换向阀C组成的自动换向回路，试说明其自动换向过程。

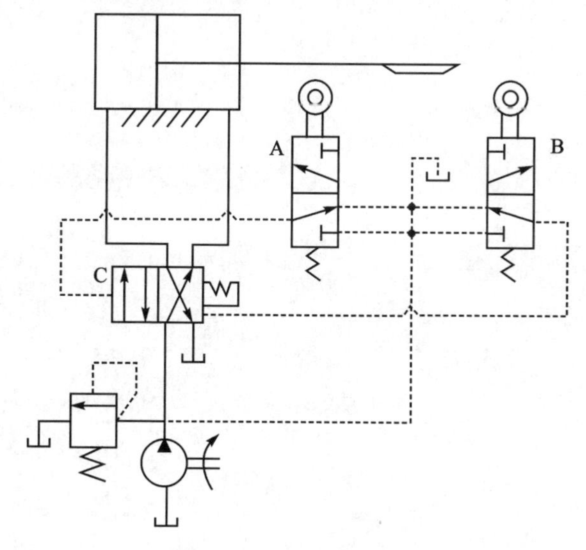

图7－57　简答题1图

2. 图 7－58 所示回路最多能实现几级调压，阀 1、2、3 的调整压力之间应是怎样的关系？

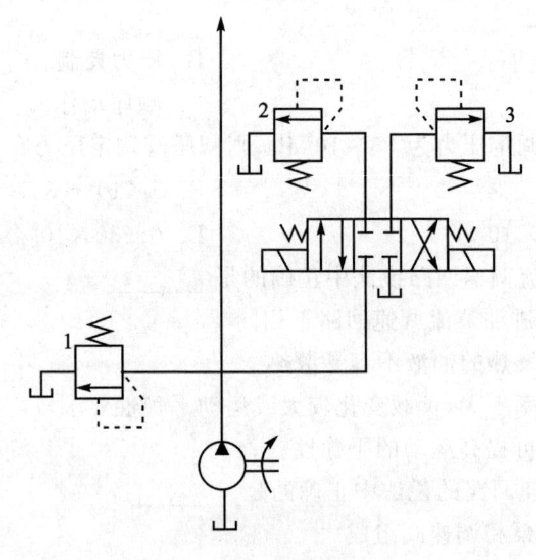

图 7－58　简答题 2 图

第8章

典型液压系统

液压技术在机床、工程机械、冶金、石油化工、航空、船舶等行业均有广泛的应用。本章介绍几种典型的液压系统，通过学习和分析，加深理解液压元件的功用和基本回路的合理组合，熟悉阅读液压传动系统图的基本方法，为分析和设计液压传动系统奠定基础。

分析一个复杂的液压系统，大致可以按以下几个步骤进行。

(1) 了解液压系统要完成的工作任务、要达到的工作要求以及要实现的动作循环。

(2) 根据设备对液压系统执行元件动作循环的具体要求，从液压泵到执行元件和从执行元件到液压泵双向同时进行，按油路的走向初步阅读液压系统原理图，寻找它们的连接关系，以执行元件为中心将系统分解成若干子系统，读图时要按照先读控制油路后读主油路的读图顺序进行。

(3) 分析子系统，了解系统中基本回路的组成结构和各个元件的功用以及各元件之间的相互关系。参照电磁铁动作顺序表，搞清楚各个行程的动作过程和油路的流动路线。

(4) 确定子系统的连接关系，根据液压设备中各执行元件间的互锁、同步、顺序动作和防干扰等要求，分析各个子系统之间的联系以及如何实现这些要求，再把各个子系统合并起来进行分析，全面读懂液压系统原理图。

(5) 根据系统所使用的基本回路的性能，对系统做出综合分析，归纳总结出系统的特点，以加深对系统的了解，为液压系统的调整、使用和维护打下基础。

8.1 YT4543 型动力滑台液压系统

8.1.1 YT4543 型动力滑台液压系统简介

组合机床是一种由通用部件和部分专用部件组合而成的高效、工序集中的专用机床，具有加工能力强、自动化程度高、经济性能好等优点。动力滑台是组合机床上实现进给运动的一种通用部件，配上动力头和主轴箱可以完成钻、扩、铰、镗、攻丝等工序，能加工孔和面。组合机床广泛应用于大批量生产的流水线，图 8-1 为组合机床液压动力滑台的外形和组成。

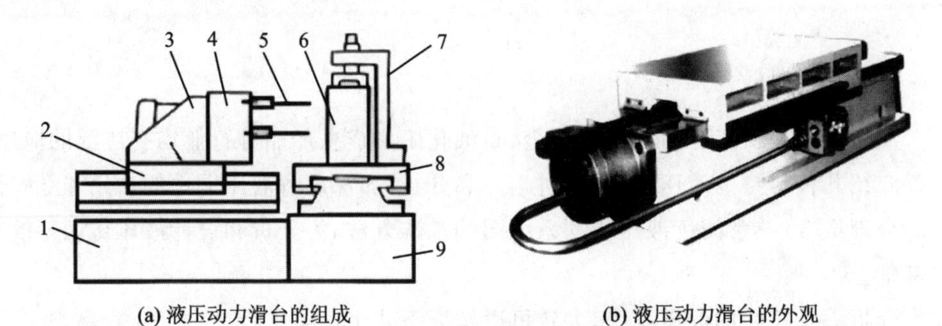

(a) 液压动力滑台的组成　　(b) 液压动力滑台的外观

1—床身；2—动力滑台；3—动力头；4—主轴箱；5—刀具；6—工件；7—夹具；8—工作台；9—底座

图 8-1　组合机床液压动力滑台

图 8-2 所示为 YT4543 型液压动力滑台的液压系统图。YT4543 型动力滑台要求进给速度范围为 6.6～660 mm/min，最大移动速度为 7.3 m/min，最大进给力为 4.5×10^4 N。

该液压系统的动力元件和执行元件为限压式变量泵和单杆活塞式液压泵，系统中有换向回路、调速回路、快速运动回路、速度换接回路、卸荷回路等。回路的换向由电液换向阀完成，同时其中位机能具有卸荷功能，快速进给由液压缸的差动连接实现，用限压式变量泵和串联调速阀实现二次进给速度的调节，用行程阀和电磁阀实现速度的换接，为了保证进给的尺寸精度，采用了止位钉停留限位。

该系统能够实现的自动工作循环为：快进→第一次工进→第二次工进→止位钉停留→快退→原位停止，该系统中电磁铁和行程阀的动作顺序见表 8-1。

表 8-1　YT4543 型液压动力滑台液压系统电磁铁和行程阀的动作顺序表

	1YA	2YA	3YA	行程阀
快进	+	—	—	—
一工进	+	—	—	+

续表 8－1

	1YA	2YA	3YA	行程阀
二工进	+	−	+	+
止挡块停留	+	−	+	+
快退	−	+	−	+−
原位停止	−	−	−	−

注：表中"+"表示电磁铁得电或行程阀被压下，"−"表示电磁铁失电或行程阀抬起

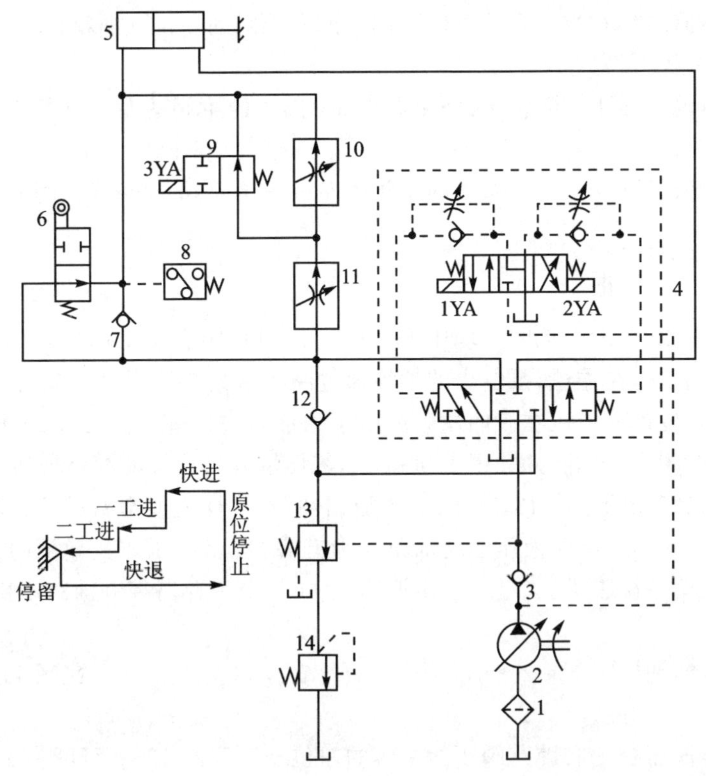

1—滤油器；2—变量叶片泵；3、7、12—单向阀；4—电液换向阀；5—液压缸；6—行程换向阀；8—压力继电器；9—二位二通电磁换向阀；10、11—调速阀；13—液控顺序阀；14—背压阀

图 8－2　YT4543 型液压动力滑台的液压系统

8.1.2　YT4543 型动力滑台液压系统的工作原理

YT4543 型动力滑台液压系统的工作原理说明以图 8－2 为参考。

1. 快　进

按下启动按钮，电液换向阀 4 的电磁铁 1YA 通电，使电液换向阀 4 的先导阀左位工作，控制油液先经先导阀左位，再经单向阀进入主液动换向阀的左端，使其左位

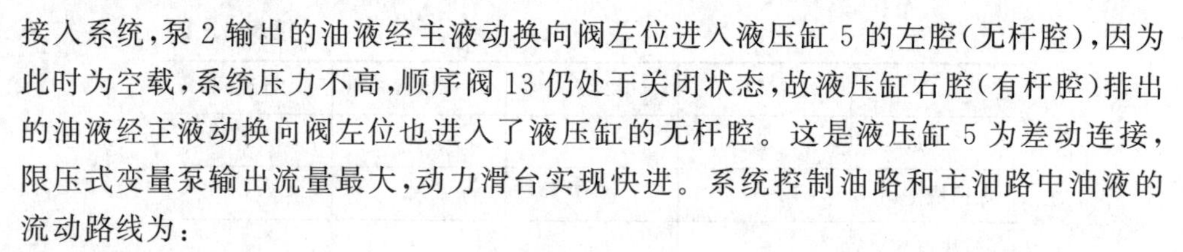

接入系统，泵 2 输出的油液经主液动换向阀左位进入液压缸 5 的左腔(无杆腔)，因为此时为空载，系统压力不高，顺序阀 13 仍处于关闭状态，故液压缸右腔(有杆腔)排出的油液经主液动换向阀左位也进入了液压缸的无杆腔。这是液压缸 5 为差动连接，限压式变量泵输出流量最大，动力滑台实现快进。系统控制油路和主油路中油液的流动路线为：

(1) 控制油路

进油路：滤油器 1→泵 2→阀 4 的先导阀的左位→左单向阀→阀 4 的主阀的左端。

回油路：阀 4 的右端→右节流阀→阀 4 的先导阀的左位→油箱。

(2) 主油路

进油路：滤油器 1→变量泵 2→单向阀 3→阀 4 的主阀的左位→行程阀 6 下位→液压缸 5 左腔。

回油路：液压缸 5 右腔→阀 4 的主阀的左位→单向阀 12→行程阀 6 下位→液压缸 5 左腔。

2. 第一次工进

当快进完成时，滑台上的挡块压下行程阀 6，行程阀上位工作，阀口关闭，这时液动换向阀 4 仍工作在左位，泵输出的油液通过阀 4 后只能经调速阀 11 和二位二通电磁换向阀 9 右位进入液压缸 5 的左腔。由于油液经过调速阀而使系统压力升高，于是将外控顺序阀 13 打开，并关闭单向阀 12，液压缸差动连接的油路被切断，液压缸 5 右腔的油液只能经顺序阀 13、背压阀 14 流回油箱，这样就使滑台由快进转换为第一次工进。由于工作进给时液压系统油路压力升高，所以限压式变量泵的流量自动减小，滑台实现第一次工进，工进速度由调速阀 11 调节。此时控制油路不变，其主油路路线如下：

进油路：滤油器 1→泵 2→单向阀 3→阀 4 的主阀的左位→调速阀 11→换向阀 9 右位→液压缸 5 左腔。

回油路：液压缸 5 右腔→阀 4 的主阀的左位→顺序阀 13→背压阀 14→油箱。

3. 第二次工进

第二次工进时的控制油路和主油路的回油路和第一次工进时的基本相同，不同之处是当第一次工进结束时，滑台上的挡块压下行程开关，发出电信号使电磁换向阀 9 的电磁铁 3YA 通电，阀 9 左位接入系统，切断了该阀所在的油路，经调速阀 11 的油液必须通过调速阀 10 进入液压缸 5 的左腔。此时顺序阀 13 仍开启。由于调速阀 10 的阀口开口量小于调速阀 11，系统压力进一步升高，限压式变量泵的流量进一步减小，使得进给速度降低，滑台实现第二次工进。工进速度可由调速阀 10 调节。其主油路路线如下：

进油路：滤油器 1→变量泵 2→单向阀 3→阀 4 的主阀的左位→调速阀 11→调速

阀 10→液压缸 5 左腔。

回油路:液压缸 5 右腔→阀 4 的主阀的左位→顺序阀 13→背压阀 14→油箱。

4. 止位钉停留

当滑台完成第二次工进时,动力滑台与止位钉相碰撞,液压缸停止不动。这时液压系统压力进一步升高,当达到压力继电器 8 的调定压力后,压力继电器动作,发出电信号传给时间继电器,由时间继电器延时控制滑台停留时间。在时间继电器延时结束之前,动力滑台将停留在止位钉限定的位置上,且停留期间液压系统的工作状态不变。设置止位钉的作用是可以提高动力滑台行程的位置精度。这时的油路同第二次工进的油路,但实际上液压系统内的油液已停止流动,液压泵的流量已减至很小,仅用于补充泄漏油。

5. 快　退

动力滑台停留时间结束后,时间继电器发出电信号,使电磁铁 2YA 通电,1YA、3YA 断电。这时阀 4 的先导阀右位接入系统,电液换向阀 4 的主阀也换为右位工作,主油路换向。因滑台返回时为空载,液压系统压力低,变量泵的流量又自动恢复到最大值,故滑台快速退回,其油路路线如下:

(1) 控制油路

进油路:滤油器 1→变量泵 2→阀 4 的先导阀的右位→右单向阀→阀 4 的主阀的右端。

回油路:阀 4 的主阀的左端→左节流阀→阀 4 的先导阀的右位→油箱。

(2) 主油路

进油路:滤油器 1→变量泵 2→单向阀 3→电液换向阀 4 的主阀的右位→液压缸 5 右腔。

回油路:液压缸 5 左腔→单向阀 7→电液换向阀 4 的主阀的右位→油箱。

6. 原位停止

当动力滑台快退到原始位置时,挡块压下行程开关,使电磁铁 2YA 断电,这时电磁铁 1YA、2YA、3YA 都失电,电液换向阀 4 的先导阀及主阀都处于中位,液压缸 5 的两腔被封闭,动力滑台停止运动,滑台锁紧在起始位置上。变量泵 2 通过换向阀 4 的中位卸荷,其油路如下。

(1) 控制油路

回油路:阀 4 的主阀的左端→左节流阀→阀 4 的先导阀的中位→油箱;

阀 4 的主阀的右端→右节流阀→阀 4 的先导阀的中位→油箱。

(2) 主油路

进油路:滤油器 1→变量泵 2→单向阀 3→阀 4 的先导阀的中位→油箱。

回油路:液压缸 5 左腔→阀 7→阀 4 的先导阀的中位(堵塞);

液压缸 5 右腔→阀 4 的先导阀的中位(堵塞)。

8.1.3 YT4543 型动力滑台液压系统的特点

通过对 YT4543 型动力滑台液压系统的分析,可知该系统具有如下特点。

(1) 该系统采用了由限压式变量泵和调速阀组成的进油路容积节流调速回路,这种回路能够使动力滑台得到稳定的低速运动和较好的速度负载特性,而且由于系统无溢流损失,系统效率较高。另外,回路中设置了背压阀,可以改善动力滑台运动的平稳性,并能使滑台承受一定的反向负载。

(2) 该系统采用了限压式变量泵和液压缸的差动连接回路实现快速运动,使能量的利用比较经济合理。动力滑台停止运动时,换向阀使液压泵在低压下卸荷,减少了能量损失。

(3) 系统采用行程阀和液控顺序阀实现快进与工进的速度换接,动作可靠,速度换接平稳。同时,调速阀可起加载的作用,可在刀具与工件接触之前就能可靠地转入工作进给,因此不会引起刀具和工件的突然碰撞。

(4) 在行程终点采用了止位钉停留,不仅提高了进给时的位置精度,还扩大了动力滑台的工艺范围,更适合于镗削阶梯孔、刮端面等加工工序。

(5) 由于采用了调速阀串联的二次进给调速方式,可使其起动和速度换接时的前冲量较小,便于利用压力继电器发出信号进行控制。

8.2 数控车床液压系统

8.2.1 MJ－50 型数控车床液压系统简介

装有程序控制系统的车床简称为数控车床。在数控车床上进行车削加工时,其自动化程度高,能获得较高的加工质量。目前,在数控车床上,大多都应用了液压传动技术。下面介绍 MJ－50 型数控车床的液压系统,图 8－3 为该系统的原理图。

机床中有液压系统实现的动作有:液压系统中各电磁阀的电磁铁动作是由数控系统的 PC 控制实现,各电磁铁动作见表 8－2。

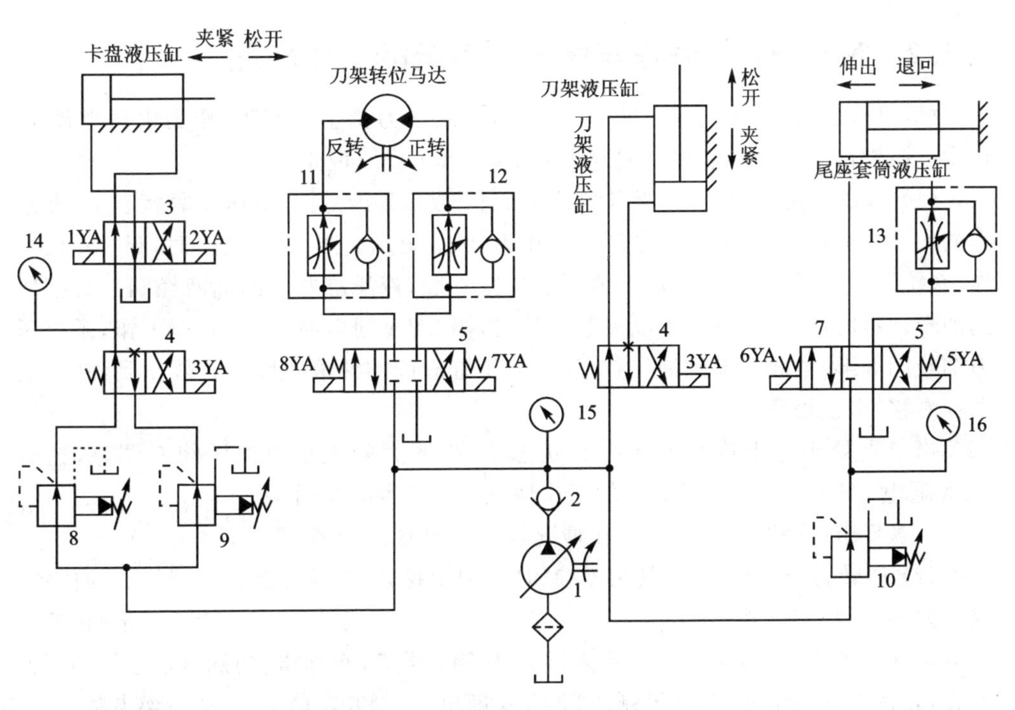

图 8－3　MJ－50 型数控车床的液压系统

表 8－2　电磁铁动作表

			1YA	2YA	3YA	4YA	5YA	6YA	7YA	8YA
卡盘正卡	高压	夹紧	+	−	−					
		松开	−	+	−					
	低压	夹紧	+	−	+					
		松开	−	+	+					
卡盘反卡	高压	夹紧	−	+	−					
		松开	+	−	−					
	低压	夹紧	−	+	+					
		松开	+	−	+					
刀架	正转								−	+
	反转								+	−
	夹紧					+				
	松开					−				
尾座	套筒伸出						−	+		
	套筒退出						+	−		

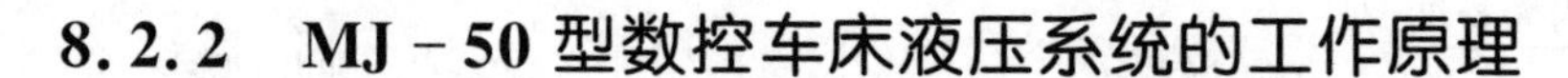

8.2.2 MJ－50型数控车床液压系统的工作原理

机床的液压系统采用单向变量泵供油，系统压力调至4 MPa，压力由压力计15显示。泵输出的压力油经过单向阀进入系统，其工作原理如下：

（1）卡盘的夹紧与松开：当卡盘处于正卡（或称外卡）且在高压夹紧状态下，夹紧力的大小由减压阀8调整，夹紧压力由压力计14显示。当1YA通电时，阀3左位工作，系统压力油经阀8、阀4、阀3流到液压缸右腔，液压缸左腔的油液经阀3直接回到油箱。这时活塞杆左移，卡盘夹紧。反之，当2YA通电时，阀3右位工作，系统压力油经阀8、阀4、阀3流到液压缸左腔，液压缸右腔的油液经阀3直接回到油箱，活塞杆右移，卡盘松开。

当卡盘处于正卡或在低压夹紧状态下，夹紧力的大小由减压阀9调整，这时3YA通电，阀4右位工作。阀3的工作情况与高夹紧时相同。

卡盘反卡（或称内卡）时的工作情况与正卡相似，不再赘述。

（2）回转刀架的回转：回转刀架换刀时，刀架松开，然后刀架转位到指定的位置，最后刀架复位夹紧，当4YA通电时，阀6右位工作，刀架松开。当8YA通电时，液压马达带动刀架正转，转速由单向调速阀11控制。若7YA通电，则液压马达带动刀架反转，转速由单向调速阀12控制。当4YA断电时，阀6左位工作，使刀架夹紧。

（3）尾座套筒的伸缩运动：当6YA通电时，阀7左位工作，系统压力油经减压阀10、换向阀7流到尾座套筒液压缸的左阀，液压缸右腔油液经单向调速阀13、阀7回到油箱，缸筒带动尾座套筒伸出，伸出时的预紧力大小通过压力计16显示。反之，当5YA通电时，阀7右位工作，系统压力油经减压阀10、换向阀7、单向调速阀13流到液压缸右腔，液压缸左腔的油液经阀7流回油箱，套筒缩回。

8.2.3 MJ－50型数控车床液压系统的特点

（1）采用单向变量液压泵向系统供油，能量损失小。

（2）用换向阀控制卡盘，实现高压和低压夹紧的转换，并且可分别调节高压夹紧或低压夹紧压力的大小。这样可根据工作情况调节夹紧力，操作方便简单。

（3）用液压马达实现刀架的转位，可实现无级调速，并能控制刀架正、反转。

（4）用换向阀控制尾座套筒液压缸的换向，以实现套筒的伸出或缩回，并能调节尾座套筒伸出工作时的预警力大小，以适应不同工作的需要。

（5）压力计14、压力计15、压力计16可分别显示系统相应处的压力，以便于故障诊断和调试。

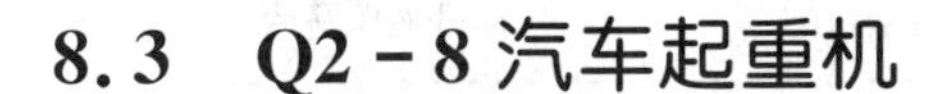

8.3 Q2－8 汽车起重机

8.3.1 汽车起重机液压系统简介

汽车起重机是一种在交通运输、基建、消防等领域广泛使用的工程机械，具有能以较快速度行走，机动性好、适应性强、自备动力不需要配备电源、能在野外作业、操作简便灵活等特点。在汽车起重机上采用液压起重技术，承载能力大，可在有冲击、振动和环境较差的条件下工作。由于系统执行元件需要完成的动作较为简单，位置精度要求较低，所以系统以手动操纵为主，对于起重机械液压系统，设计中应确保工作可靠与安全。

汽车起重机是用相配套的载重汽车为基本部分，在其上添加相应的起重功能部件，组成完整汽车起重机，并利用汽车自备的动力作为起重机的液压系统动力；起重机工作时，汽车的轮胎不受力，依靠四条液压支撑腿将整个汽车抬起来，并将起重机的各个部分展开，进行起重作业；当需要转移起重作业现场时，需要将起重机的各个部分收回到汽车上，使汽车恢复到车辆运输功能状态，进行转移。图 8－4 为汽车起重机的结构原理图，它主要由以下 5 个部分构成。

(1) 支腿装置：起重作业时使汽车轮胎离开地面，架起整车，不使载荷压在轮胎上，并可调节整车的水平度，一般为 4 腿结构。

(2) 吊臂回转机构：使吊臂实现 360°任意回转，在任何位置都能够锁定停止。

(3) 吊臂伸缩机构：使吊臂在一定尺寸范围内可调，并能够定位，用以改变吊臂的工作长度，一般为 3 节或 4 节套筒伸缩结构。

(4) 吊臂变幅机构：使吊臂在 15°～80°之间任意可调，用于改变吊臂的倾角。

(5) 吊钩起降机构：使重物在起吊范围内任意升降，并在任意位置负重停止，起吊和下降速度在一定范围内无级可调。

8.3.2 汽车起重机液压系统的工作原理

汽车起重机液压系统的工作原理说明参照图 8－4。

Q2－8 型汽车起重机是一种中小型起重机(最大起重能力 8 t)，其液压系统如图 8－4 所示。起重机主要通过手动操纵实现多缸各自动作。起重作业时一般为单个动作，少数情况下有两个缸的复合动作。为了简化结构，系统采用一个液压泵给各执行元件串联供油的方式。在轻载情况下，各串联的执行元件可任意组合，使几个执行元件同时动作，如伸缩和回转或伸缩和变幅同时进行等。

液压系统中液压泵的动力，都是由汽车发动机通过装在底盘变速箱上的动力箱提供。液压泵为高压定量齿轮泵，由于发动机的转速可以通过油门人为进行调节、控制，因此尽管是定排量泵，但其输出的流量可以在一定的范围内通过控制汽车油门开

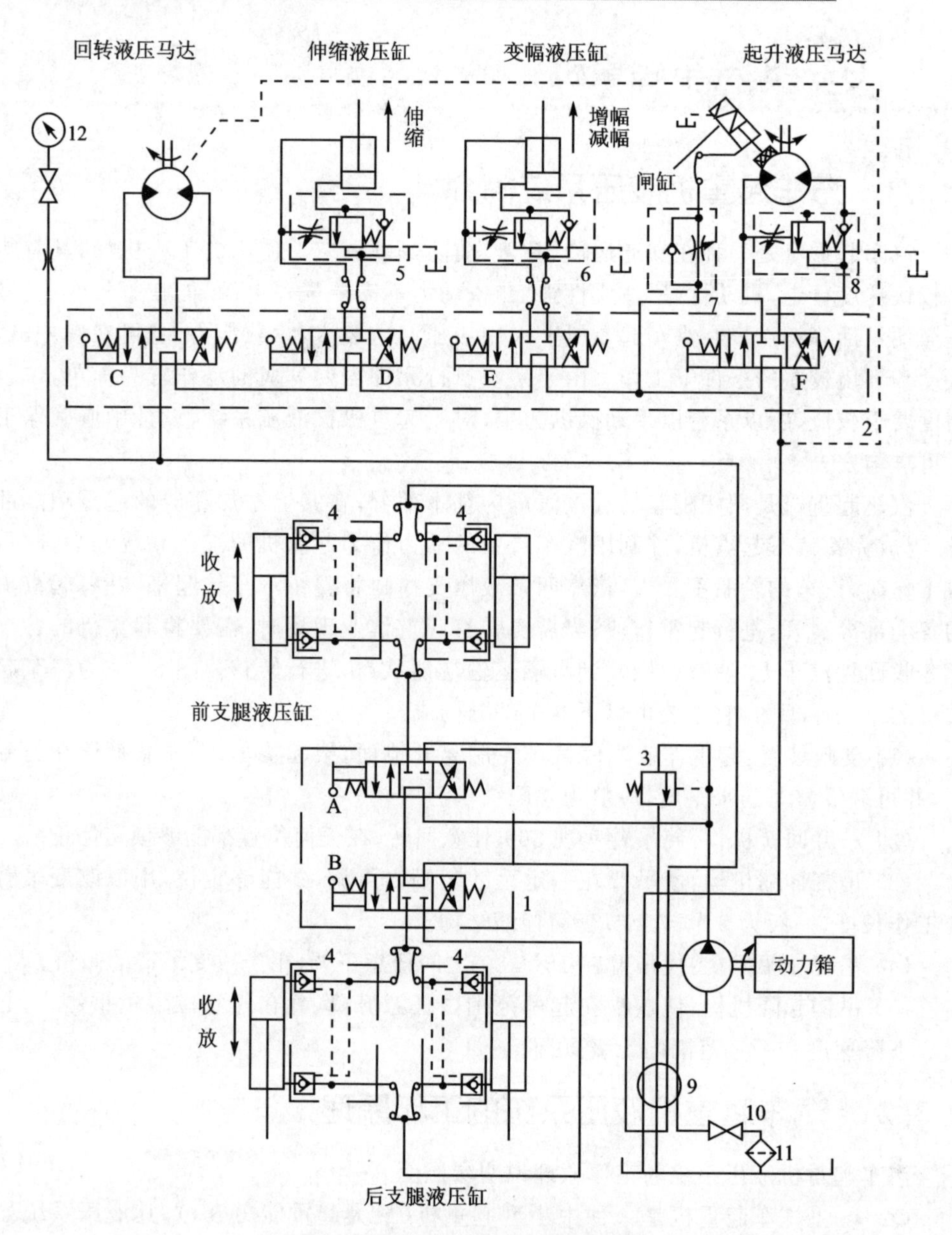

图 8-4　汽车起重机的液压系统

度的大小来控制，从而实现无级调速；该泵的额定压力为 21 MPa，排量为 40 r/min，额定转速为 1 500 r/min；液压泵通过中心回转接头 9、开关 10 和过滤器 11 从油箱吸油；输出的压力油经回转接头 9、多路换向阀手动阀组 1 和 2 的操作，将压力油串联地输送到各个执行元件，当起重机不工作时，液压系统处于卸荷状态。液压系统各部分工作的具体情况如下：

(1) 支腿缸收放回路

该汽车起重机的底盘前后各有两条支腿，通过机械机构可以使每一条支腿收起和放下。在每一条支腿上都装着一个液压缸，支腿的动作由液压缸驱动。两条前肢腿和两条后肢腿分别由多路换向阀 1 中的三位四通手动换向阀 A 和 B 控制其伸出或缩回。换向阀均采用 M 型中位机能，且油路采用串联方式。确保每条支腿伸出去的可靠性至关重要，因此每个液压缸均设有双向锁紧回路，以保证支腿被可靠地锁住，防止在起重时发生“软腿”现象或行车过程中支腿自行滑落。此时系统中油液的流动情况为：

1) 前支腿。

进油路：动力箱→液压泵→多路换向阀 1 中的阀 A→两个前支腿缸进油腔。

回油路：两个前支腿缸回油腔→多路换向阀 1 中的阀 A→阀 B 中位→旋转接头 9→多路换向阀 2 中的阀 C、D、E、F 的中位→旋转接头 9→油箱。

2) 后支腿。

进油路：动力箱→液压泵→多路换向阀 1 中的阀 A 的中位→阀 B→两个后支腿缸进油腔。

回油路：两个后支腿缸回油腔→多路换向阀 1 中的阀 A 的中位→阀 B→旋转接头 9→多路换向阀 2 中的阀 C、D、E、F 的中位→旋转接头 9→油箱。

(2) 吊臂回转回路

吊臂回转机构采用液压马达作为执行元件。液压马达通过蜗轮蜗杆减速箱和一对内啮合的齿轮传动驱动转盘回转。由于转盘转速较低，每分钟仅为 1～3 转，故液压马达的转速也不高，因此没有必要设置液压马达制动回路。系统中用多路换向阀 2 中的一个三位四通手动换向阀 C 来控制转盘正、反转，和锁定不动 3 种工况。此时系统中油液的流动情况为：

进油路：动力箱→液压泵→多路换向阀 1 中的阀 A→阀 B 中位→旋转接头 9→多路换向阀 2 中的阀 C→回转液压马达进油腔。

回油路：回转液压马达回油腔→多路换向阀 2 中的阀 C→多路换向阀 2 中的阀 D、E、F 的中位→旋转接头 9→油箱。

(3) 伸缩回路

起重机的吊臂由基本臂和伸缩臂组成，伸缩臂套在基本臂之中，用一个由三位四通手动换向阀 D 控制的伸缩液压缸驱动吊臂的伸出和缩回。为防止因自重而使吊臂下落，油路中设有平衡回路。此时系统中油液的流动情况为：

进油路：动力箱→液压泵→多路换向阀 1 中的阀 A→阀 B 中位→旋转接头 9→多路换向阀 2 中的阀 C 中位→换向阀 D→伸缩缸进油腔。

回油路：伸缩缸回油腔→多路换向阀 2 中的阀 D→多路换向阀 2 中的阀 E、F 的中位→旋转接头 9→油箱。

(4) 变幅回路

吊臂变幅是用一个液压缸改变起重臂的俯角角度完成的。变幅液压缸由三位四通手动换向阀 E 控制。同样，为防止在变幅作业时因自重而使吊臂下落，在油路中设有平衡回路。此时系统中油液的流动情况为：

进油路：动力箱→液压泵→阀 A 中位→阀 B 中位→旋转接头 9→阀 C 中位→阀 D 中位→阀 E→变幅缸进油腔。

回油路：变幅缸回油腔→阀 E→阀 F 中位→旋转接头 9→油箱。

(5) 起降回路

起降机构是汽车起重机的主要工作机构，它用一个低速大转矩定量液压马达带动卷扬机工作。液压马达的正、反转由三位四通手动换向阀 F 控制。起重机起升速度的调节是通过改变汽车发动机的转速，从而改变液压泵的输出流量和液压马达的输入流量实现的。在液压马达的回油路上设有平衡回路，以防止重物自由落下；在液压马达上还设有单向节流阀的平衡回路，以及单作用闸缸组成的制动回路，当系统不工作时，通过闸缸中的弹簧力实现对卷扬机的制动，防止起吊重物下滑；当吊车负重起吊时，利用制动器延时张开的特性，可以避免卷扬机起吊时发生溜车下滑现象。此时系统中油液的流动情况为：

进油路：动力箱→液压泵→阀 A 中位→阀 B 中位→旋转接头 9→阀 C 中位→阀 D 中位→阀 F→卷扬机马达进油腔。

回油路：卷扬机马达回油腔→阀 F→旋转接头 9→油箱。

8.3.3 汽车起重机液压系统的特点

从图 8-4 可以看出，该液压系统由调压、调速、换向、锁紧、平衡、制动、多缸卸荷等基本回路组成，其性能特点是：

(1) 在调压回路中：采用安全阀限制系统最高工作压力，防止系统过载，对起重机实现超重起吊安全保护作用。

(2) 在调速回路中：采用手动调节换向阀的开度大小调整工作机构（起降机构除外）的速度，方便灵活，充分体现以人为本，用人来直接操纵设备的思路。

(3) 在锁紧回路中：采用由液控单向阀构成的双向液压锁将前后支腿锁定在一定位置上，工作可靠安全，确保整个起吊过程中，每条支腿都不会出现“软腿”的现象，即使出现发动机死火或液压管道破裂的情况，双向液压锁仍能正常工作，且有效时间长。

(4) 在平衡回路中：采用经过改进的单向液控顺序阀作平衡阀，以防止在起升、吊臂伸缩和变幅作业过程中，因重物自重而下降，工作稳定可靠，但在一个方向有背压，会对系统造成一定的功率损耗。

(5) 在多缸卸荷回路中：采用多路换向阀结构，其中的每一个三位四通手动换向阀的中位机能都为 M 型中位机能，并且将阀在油路中串联起来使用，这样可以使任

何一个工作机构单独动作;这种串联结构也可在轻载下使机构任意组合地同时动作;采用6个换向阀串联连接,会使液压泵的卸荷压力加大,系统效率降低,但由于起重机不是频繁作业机械,这些损失对系统的影响不大。

(6) 在制动回路中:采用由单向节流阀和单作用闸缸构成的制动器,利用调整好的弹簧力进行制动,制动可靠、动作快,由于要用液压缸压缩弹簧完成松开刹车,因此刹车松开的动作慢,可防止负重起重时的溜车现象发生,能够确保起吊安全,并且在汽车发动机死火或液压系统出现故障时,能够迅速实现制动,防止被起吊的重物下落。

8.4 液压系统设计

在液压系统的设计过程中,除了要满足主机在动作和性能等方面的要求外,还必须满足体积小、重量轻、成本低、效率高、结构简单、工作可靠、使用和维护方便等要求。

液压系统设计的步骤为:①明确设计要求,进行工况分析;②拟定液压系统原理图;③液压元件的计算和选择;④液压系统的性能验算;⑤绘制工作图和编制技术文件。

对某些比较复杂的液压系统,以上设计步骤需经过多次反复比较,才能最后确定方案。

8.4.1 液压系统设计要求

液压系统设计任务书中规定的各项要求是液压系统设计的依据,设计师必须明确。

(1) 液压系统的动作要求。液压传动系统应完成的运动,运动的方式,工作循环和动作周期,以及同步、互锁和配合要求等。

(2) 液压系统的性能要求。负载条件、速度要求,工作行程、运动平稳性和精度,工作可靠性等。

(3) 液压系统工作环境的要求。环境温度、湿度、尘埃、通风情况,以及易燃易爆、振动、安装空间等情况。

8.4.2 液压系统工况分析

液压系统工况分析是指对液压执行元件的工作情况进行分析,主要是了解工作过程中执行元件在各个工作阶段中的流量、压力和功率的变化规律,并将该规律用曲线表示出来,作为确定液压系统主要参数,拟定液压系统方案的依据。

(1) 运动分析。按工作要求和执行元件的运动规律,绘制执行元件的工作循环图和速度循环图。图8-5为某组合机床动力滑台的运动分析图。其中图8-5(a)为动力滑台工作循环图。图 8-5(b)为动力滑台速度—位移(时间)曲线图。

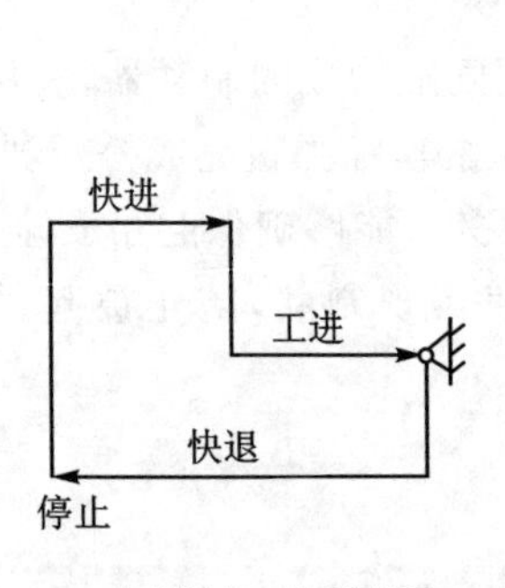

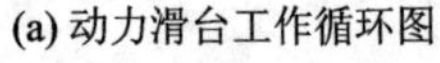
(a) 动力滑台工作循环图

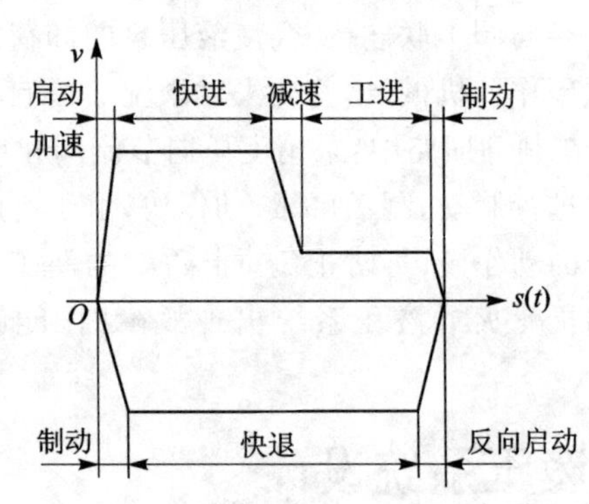

(b) 动力滑台速度—位移(时间)曲线图

图 8-5　动力滑台运动分析图

(2) 负载分析。根据执行元件在运动过程中负载的变化情况,做出其负载——位移(时间)曲线图,即负载图。图 8-6 为某组合机床动力滑台的负载图。当执行元件为液压缸时,在作往复直线运动的液压缸所受到的工作负载 F 为:

$$F = F_q + F_u + F_a + F_G + F_m + F_b \tag{8-1}$$

式中,F_q——切削负载,指沿液压缸运动方向的切削分力,期权分立与运动方向相反为正值,相同为负值;

F_u——导轨摩擦负载,与导轨的形状、受力大小及摩擦系数有关;

F_a——惯性负载;

F_G——重力负载,垂直放置的工作部件向上移动时为正值,向下移动时为负值,水平放置的工作部件为零;

F_m——密封阻力负载,与密封装置的类型、液压缸的制造质量、密封装置装配状况及液压缸的工作压力有关,$F_m = 0.1F$,或者计入液压缸机械效率 η_m,并取 $\eta_m = 0.9 \sim 0.95$;

F_b——背压负载(初算时暂不考虑)。

(1) 摩擦负载 F_u

对于平导轨,摩擦负载:

$$F_u = fN \tag{8-2}$$

对于 V 形导轨:

$$F_u = fN/\sin(\alpha/2) \tag{8-3}$$

式中,f——导轨的摩擦系数,见表 8-3;

N——作用在导轨上的正压力,N;

α——V 形导轨的夹角。

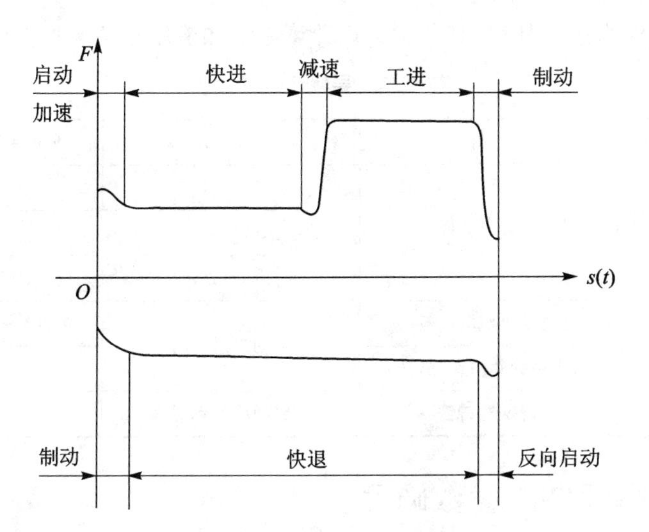

图 8-6　动力滑台负载—位移(时间)曲线图

(2) 惯性负载 F_a

$$F_a = G\Delta v / g\Delta t \tag{8-4}$$

式中，G——运动部件所受的重力，N；

g——重力加速度，m/s；

Δv——速度变化量，m/s；

Δt——启动或制动时间，s。一般机械的 $\Delta t = 0.1 \sim 0.5$ s，行走机械 $\Delta t = 0.5 \sim 1.5$ s。液压缸在各个工作阶段的工作负载应分析计算如下：

启动时：

$$F = (F_{uj} \pm F_G)/\eta_m \tag{8-5}$$

加速时：

$$F = (F_{ud} \pm F_G + F_a)\eta_m \tag{8-6}$$

快速时：

$$F = (F_{ud} \pm F_G)\eta_m \tag{8-7}$$

工进时：

$$F = (F_q + F_{ud} \pm F_G)\eta_m \tag{8-8}$$

快退时：

$$F = (F_{ud} \pm F_G)\eta_m \tag{8-9}$$

式中，F_{uj}——导轨静摩擦负载；

F_{ud}——导轨动摩擦负载；

η_m——液压缸机械效率，一般取 $\eta_m = 0.9 \sim 0.95$。

若执行机构为液压马达,其负载力矩计算方法和液压缸情况相类似。

表 8-3　导轨摩擦系数 f

导轨种类	导轨材料	工作状态	摩擦系数 f
滑动导轨	铸铁对铸铁	启动时	0.16～0.20
		低速:$v<0.16$m/s 时	0.10～0.12
		高速:$v>0.16$m/s 时	0.05～0.08
滚动导轨	铸铁导轨对滚柱(珠)	启动或运动时	0.005～0.020
	淬火钢导轨对滚柱(珠)		0.003～0.006
静压导轨	铸铁对铸铁	启动或运动时	0.000 5

8.4.3　执行元件的参数确定

(1) 选择工作压力:当负载确定后,工作压力的选定决定了液压系统的经济性和合理性。若工作压力低,则执行元件的尺寸就大,完成给定速度所需的流量也大;若工作压力过高,则密封要求就高,元件的压力等级高,所以应根据实际情况选取适当的工作压力。常用类比法或负载法选取,见表 8-4 和表 8-5。

表 8-4　各类液压设备常用系统压力

设备类型	机　床		农业机械		液压机	
	磨床	组合机床	龙门刨床	拉床	小型工程机械	起重机械
工作压力 p/MPa	0.8～2	3～5	2～8	8～10	10～16	20～32

表 8-5　根据负载选择系统压力

负载 F/kN	<5	5～10	10～20	20～30	30～50	>50
工作压力 p/MPa	0.8～1	1.5～2	2.5～3	3～4	4～5	>5～7

(2) 确定执行元件的几何参数:对于液压缸来说,它的几何参数是有效工作面积 A,对于液压马达来说就是排量 V,液压缸有效,工作面积 A 为:

$$A = F/p \tag{8-10}$$

式中,F——液压缸工作负载,N;

p——液压缸工作压力,Pa;

这样计算出来的工作面积 A 可以用确定液压缸的缸筒内径 D、活塞杆直径 d。对于有低速稳定性要求的设备,还应按液压缸所要求的最低稳定速度验算,即:

$$A \geqslant q_{\min}/v_{\min} \tag{8-11}$$

式中,$q_{\min}$——流量阀最小稳定流量,可由产品样本查得 m^3/s;

$v_{\min}$——液压缸最低速度,m/s;

(3) 编制液压执行元件工况图:根据负载图(或负载转矩图)和执行和液压执行元件的有效工作面积(或排量)就可编制液压执行元件工况图,即压力图、流量图、功率图,如图 8-7 所示。

根据工况图可以直接找出最大工作压力、最大流量和最大功率,根据这些参数即可选择液压泵、液压阀及其电动机。

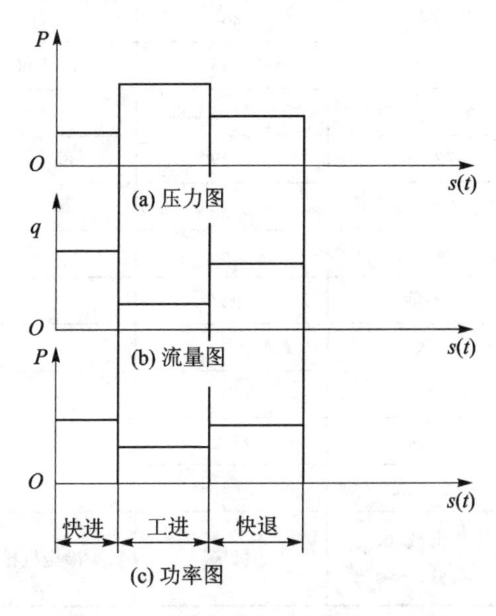

图 8-7 为某组合机床液压缸工况图

8.4.4 拟定液压系统原理图

拟定液压系统原理图可综合应用前面的内容,多考虑几个方案,进行分析比较。一般的方法:根据设备的性能要求选择合理的液压基本回路;再将基本回路组合成完整的液压系统。

(1) 确定供油方式:一般根据液压系统的工作压力、流量、转速、效率、定量或变量等选择液压泵。表 8-6 为液压泵种类和特性比较。

(2) 确定调速方法:选择调速方法时,除满足工艺上提出的速度要求外,还应考虑液压系统的功率、调速范围、速度刚性、温升、经济性等要求。表 8-7 为几种调速方法比较。

(3) 速度换接回路选择:速度换接回路的形式,常通过行程阀或电磁阀实现。表 8-8 为采用行程阀和电磁阀回路的比较。

(4) 换向回路选择:根据系统对换向阀性能要求,选择换向阀的控制方式。表 8-9 为换向阀控制方式比较。

表 8-6　液压泵种类与特性

特　性	类　别			
	齿轮盘	叶片泵	柱塞泵	
			轴向式	径向式
额定压力/MPa	125	28	35	100
排量/$mL \cdot r^{-1}$	1～500	1～350	4～1 000	6～500
最高转速/$r \cdot min^{-1}$	900～4 000	1 200～3 000	5 000	1 800
总效率(%)	75～90	75～90	85～95	80～92
适用黏度/$mm^2 \cdot s^{-1}$	20～500	20～200	20～200	
自吸能力	非常好	好	差	
变量能力	不能	能	好	
输出压力脉动	大	小	中	
污染敏感度	大	小	小	
粘度对效率的影响	很大	较大	很小	
噪声	小～大	小～中	中～大	
适用场	工程机械、搬运机械、车辆	机床	冶金机械、锻压机械、建筑机械	

表 8-7　调速方法比较

调速方法	节流调速;进油路;回油路	容积调速	联合调速
适用	中小功率速度不高;压力控制方便;承受负值负载	功率较大、调速范围大	中等功率温升小、效率速度刚度好
应用	组合机床类:车、镗、钻、磨	组合机床刨、拉床、液压机、注塑机	组合机床、粉末冶金压机

表 8-8　行程阀和电磁阀比较

类　别	特　点
行程阀	换接平稳,工作可靠,换接位置精度较高
电磁阀	结构简单,控制灵活,调整方便

(5) 压力控制回落选择:节流调速中,常用溢流阀组成恒压控制回路。容积调速和容积节流调速中,常用溢流阀组成限压安全保护回路。

(6) 其他回路的设置:根据液压系统要求,可设置卸荷回路、减压回路、增压回路、多级调压回路、远程调压回路、顺序动作回路、同步回路等。

表8-9　换向阀控制方式比较

类　别	特　点
电磁阀	操作方便,便于布置
电液阀	部件重,流量大,换向速度可调
行程阀	换向平稳,换向精度高
手动阀	换向动作频繁,工作持续时间短,操作安全

液压基本回路确定之后,即可综合成完整的液压系统,在满足工作机构运动要求及生产率的前提下,应力求所综合的液压系统简单,工作安全可靠,动作平稳、效率高,调整和维护保养方便。

8.4.5　液压元件的计算和选择

初步拟定液压系统原理图后,便可进行液压元件的计算和选择,也就是通过计算各液压元件在工作中承受的压力和通过的流量,确定各元件的规格和型号。

确定液压泵的类型后,根据液压泵的最高供油压力和最大供油量选择液压泵的规格。

(1) 确定液压泵的最高工作压力 p

执行元件最大工作压力 p_{max} 的出现有两种情况:其一是执行元件在运动行程终了,停止运动时(如液压机、夹紧缸)出现;其二是执行元件在运动过程中(如机床、提升机)出现。确定液压泵的最高工作压力时就应分别对待。

对于第一种情况:$p_p \geqslant p_{max}$

对于第二种情况:$p_p \geqslant p_{max} + \Sigma\Delta p$

式中,p_{max}——执行元件的最大工作压力;

$\Sigma\Delta p$——管路总压力损失。

初步估算时,一般节流调速和管路简单的系统取 $\Sigma\Delta p = 0.2 \sim 0.5$ MPa,有调速阀和管路较复杂的系统取 $\Sigma\Delta p = 0.5 \sim 1.5$ MPa。

(2) 确定液压泵的最大供油量 q_p:

$$q_p \geqslant K\Sigma q_{max} \tag{8-14}$$

式中,K——系统泄露系数,一般取 $K = 1.1 \sim 1.3$;

Σq_{max}——同时工作的执行元件流量之和的最大值。

对于节流调速系统,如果最大供油量出现在调速时,尚需加溢流阀的最小溢流量 0.05 m^3/s,保持溢流阀溢流稳压状况。

(3) 选择液压泵规格

液压泵的额定压力 p_n:

$$p_n = (1.2 \sim 1.6)p \tag{8-15}$$

液压泵额定流量 q_n：

$$q_n = q_p \tag{8-16}$$

(4) 确定液压泵的驱动功率 p_i

系统使用定量泵供油，在整个工作循环中，液压泵的功率变化较小时，可按下式计算液压泵所需驱动功率。

$$p_i \geqslant pq/\eta_p \tag{8-17}$$

式中，p——液压泵的工作压力，p_a；

q——液压泵的流量，m^3/s；

η_p——液压泵的总效率。

使用限压式变量泵时用限压式变量泵的压力——流量特性曲线的最大功率点（拐点）估算。

液压泵的规格型号确定之后，参照液压系统原理图可以估算出各控制阀承受的最大工作压力和最大实际流量，查产品样本确定阀的型号规格。一般要求选定的阀类元件的公称压力和流量大于系统最高工作压力和通过该阀的最大实际流量。对于换向阀，有时也允许短时间通过的实际流量略大于该阀的公称流量，但不超过 20%。流量阀按系统中流量调节范围选取，其最小稳定流量应能满足执行元件最低稳定速度的要求。

根据液压系统对各辅助元件的要求，按第 6 章的有关原则进行选择。

8.4.6 液压系统的性能验算

因为在设计液压系统时，某些参数是初步估计的，在选定了液压元件后，应根据实际情况对整个液压系统的某些技术性能进行必要的验算，以便对所选的液压元件和液压系统的参数作进一步调整。液压系统性能验算的项目很多，常见的有回路压力损失验算和发热温升验算。

回路压力损失是管道内的沿程压力损失和局部压力损失以及阀类元件处的局部压力损失三项之和。这三项压力损失计算可用本书前面中的有关公式估算。进油路和回油路上的压力损失应分别计算，并且回油路上的压力损失应折算到进油路情况中。当计算出的压力损失值与确定系统最高工作压力时选定的压力损失相差太大时，则应对设计进行必要的修改。

液压系统在工作时有压力损失、机械效率、容积效率，这些大都转变为热能，使系统发热，油温升高，产生不良后果，影响正常工作。为此必须控制油液温升 ΔT 在许可范围内。如机床系统的温升 $\Delta T \leqslant 25$ ℃～30 ℃，工程机械的温升 $\Delta T \leqslant 35$ ℃～40 ℃，精密机床的温升 $\Delta T \leqslant 10$ ℃～15 ℃。液压系统中产生热量的元件很多，散热的元件主要是油箱，在达到热平衡时控制温升，必须验算。

(1) Φ 发热量计算

功率损失转换为热量，因此系统单位时间的发热量为：

$$\Phi = p_m - p_z = p_m(1-\eta) \quad (8-19)$$

式中，p_m——液压泵输入功率，kW；

p_z——液压执行元件输出功率，kW；

η——液压系统总效率，等于液压泵效率 η_p、回路效率 η_l、液压执行元件效率 η_c 的乘积，$\eta = \eta_p \cdot \eta_l \cdot \eta_c$。

（2）油箱单位时间散热量计算：

$$\Phi = C_T \Delta T \quad (8-20)$$

式中，C_T——油箱散热系数，kW/m℃^{2}，取 $C_T = (15 \sim 18) \times 10^3$；

A——油箱散热面积，m^2；

ΔT——油液温升，℃。

（3）达到热平衡时的温升：

$$\Delta T = \Phi / C_T A \quad (8-21)$$

计算所得温升大于允许温升时，可增大油箱散热面积或增设冷却装置。

8.4.7　绘制液压系统工作图和编制技术文件

（1）液压系统原理图：除画出整个系统的回路外，还应附有液压元件明细表，标明各液压元件的规格、型号和压力调整值，并绘出执行元件工作循环图，列出相应电磁铁和压力继电器的动作顺序表。

（2）液压系统装配图：液压系统装配图包括泵站装配图、集成油路装配图、管路安装图。

（3）非标准件的装配图和零件图：技术文件一般包括液压系统设计计算说明书，液压系统原理图，液压系统工作原理说明和操作使用及维护说明书，部件目录表，标准件通用件及外购件汇总表等。

思考题

一、填空题

1. 常用方向阀的操作方式有________、________、________等 3 种。

2. 液压泵的容积效率是该泵________流量与________流量的比值。

3. 在液压系统中，当压力油流过节流口、喷嘴或管道中狭窄缝隙时，由于________会急剧增加，该处________将急剧降低，这时有可能产生气穴。

4. 液压缸的泄漏主要是由________和________造成的。

二、判断题

1. 溢流阀作安全阀使用时，系统正常工作时其阀芯处于半开半关状态。（　　）

2. 双活塞杆液压缸又称为双作用液压缸，单活塞杆液压缸又称为单作用液压缸。（　　）

3. 滑阀为间隙密封，锥阀为线密封，后者不仅密封性能好，而且开启时无死区。 （　）

4. 充液增速回路利用液控单向阀充液。 （　）

5. 气动三大件是指分水滤气器、减压阀、油雾器的组合。 （　）

6. 与液压传动相比，由于气体的可压缩性大，因此气动执行机构的运动稳定性低、定位精度不高。 （　）

三、选择题

1. 液压系统的动力元件是________。

A. 电动机　　B. 液压泵

C. 液压缸　　D. 液压阀

2. 液压缸差动连接工作时，缸的________。

A. 运动速度增加了　　B. 压力增加了

C. 运动速度减小了　　D. 压力减小了

3. 液压系统的真空度应等于________。

A. 绝对压力与大气压力之差　　B. 大气压力与绝对压力之差

C. 相对压力与大气压力之差　　D. 大气压力与相对压力之差

4. 调速阀是用________而成的。

A. 节流阀和定差减压阀串联　　B. 节流阀和顺序阀串联

C. 节流阀和定差减压阀并联　　D. 节流阀和顺序阀并联

5. 液压传动中所用的油液，随着油液温度的升高，其粘度将________。

A. 不变　　B. 略有上升

C. 显著上升　　D. 显著下降

四、简答题

1. 试说明液压伺服系统和液压传动系统的区别是什么？

2. 什么是液压系统的设计，液压系统设计的基本步骤是什么？

第 9 章
气压传动概述

气动系统是指使用气体作为工作介质使固体物件移动的系统。本书所指的气动是气动技术或气压传动与控制技术的简称。气压传动与控制系统是指以压缩气体为工作介质,实现动力传递和工程控制的系统,常用的压缩气体是压缩空气。

9.1 气压传动系统的工作原理及组成

1. 气压传动系统的工作原理

气压传动系统的工作原理是利用空气压缩机将电动机或其他原动机输出的机械能转变为空气的压力能,然后在控制元件的控制和辅助元件的配合下,通过执行元件把空气的压力能转变为机械能,从而完成直线或回转运动,并对外作功。

2. 气压传动系统的组成

典型的气压传动系统,一般由以下 4 个部分组成:

(1)气压发生装置——将原动机输出的机械能转变为空气的压力能,其主要设备是空气压缩机。

(2) 控制元件——用来控制压缩空气的压力、流量和流动方向,保证执行元件具有一定的输出力和速度,并按设计的程序正常工作。如压力阀、流量阀、方向阀和逻辑阀等。

(3) 执行元件——是将空气的压力能转变为机械能的能量转换装置,如气缸和气马达。

(4) 辅助元件——是用于辅助保证气动系统正常工作的一些装置,如过滤器、干燥器、空气过滤器、消声器和油雾器等。

9.2 气压传动的特点

1. 气压传动及其应用

气压传动简称气动，是指以压缩空气为工作介质传递动力和控制信号，控制和驱动各种机械和设备，以实现生产过程机械化、自动化的技术。因为以压缩空气为工作介质具有防火、防爆、防电磁干扰，抗振动、冲击、辐射，无污染，结构简单，工作可靠等特点，所以气动技术与液压、机械、电气和电子技术结合，已发展成为实现自动化生产的一个重要手段，在机械工业、冶金工业、轻纺食品工业、化工、交通运输、航空航天、国防建设等方面到广泛的应用。

2. 气压传动的优点

(1) 空气随处可取，且取之不尽，节省了购买、贮存、运输介质的费用和麻烦；空气可直接排入大气，对环境无污染，处理方便，不必设置回收管路，因而也不存在介质变质、补充和更换等问题。

(2) 因空气粘度小(约为液压油的万分之一)，在管内流动阻力小，压力损失小，便于集中供气和远距离输送。即使有泄漏，也不会像液压油一样污染环境。

(3) 与液压相比，气动反应快，动作迅速，维护简单，管路不易堵塞。

(4) 气动元件结构简单，制造容易，适于标准化、系列化、通用化。

(5) 气动系统对工作环境适应性好，特别在易燃、易爆、多尘埃、强磁、辐射、振动等恶劣工作环境中工作时，安全性优于液压、电子和电气系统。

(6) 空气具有可压缩性，使气动系统能够实现过载自动保护，也便于贮气罐贮存能量，以备急需用。

(7) 排气时气体因膨胀而温度降低，因而气动设备可以自动降温，长期运行也不会发生过热现象。

3. 气压传动的缺点

(1) 空气具有可压缩性，当载荷变化时，气动系统的动作稳定性差，但可以采用气液联动装置解决此问题。

(2) 工作压力较低(一般为 0.4～0.8 MPa)，又因结构尺寸不宜过大，因而输出功率较小。

(3) 气信号传递的速度比光、电子速度慢，故不宜用于传递速度要求高的复杂回路中，但对一般机械设备，气动信号的传递速度是能够满足要求的。

(4) 排气噪声大，需加消声器。

9.3　空气的性质

空气是气压传动的主要工作介质，空气的成分、性能、主要参数等因素对气动系统能否正常工作有直接影响。

1. 空气的组成

自然界的空气是由许多种气体混合而成的，其主要成分是 N(78.03%)、O_2(20.95%)、Ar(0.93%)、CO_2(0.03%)、H_2(0.01%)、Ne(0.001 2%)、He(0.000 43%)、Kr(0.000 005%)和 Xe(0.000 000 6%)等，另外还包含水蒸气、砂土等细小固体。在城市和工厂区，由于烟雾及汽车排气，大气中还含有 CO_2、HNO_2、碳氢化合物等物质。

2. 干空气和湿空气

干空气是指完全不含水蒸气的空气，湿空气是指含有水蒸气的空气。空气中含有的水蒸气量愈多，愈潮湿。湿空气中所含的水分的程度，可用湿度表示，湿度的表示方法有绝对湿度和相对湿度。

(1) 绝对湿度

绝对湿度也就是单位空气中所含水蒸气的质量，它是大气干湿程度的物理表达方式，通常用 1 m^3 内所有的水蒸气的克数表示。由于水蒸气的压强随着密度增加而增加，因此空气绝对湿度通常可以用压强表示。

(2) 相对湿度

相对湿度是指空气中实际含有的水蒸气量(绝对湿度)与当时温度下饱和水蒸气量(饱和湿度)的百分比。它表示在一定温度下，空气中的饱和水蒸气量的程度。相对湿度愈大，空气越潮湿，反之，则越干燥。因此相对湿度表示空气的干湿程度。

思考题

一、填空题

1. 气压传动系统主要由气源装置、________、________、________组成。
2. 气压传动是以________为工作介质进行能量传递的传动方式。
3. 相对湿度反映了________，气动技术条件中规定各种阀的工作介质的相对湿度不得大于________。
4. 空气的主要性能包括________和________。

二、判断题

1. 绝对湿度表明湿空气所含水分的多少，能反映湿空气吸收水蒸气的能力。

( )

2. 气压传动具有传递功率小，噪音大等缺点。（　）

3. 与液压计算不同，气动系统因受压力影响，需将不同压力下的压缩空气转换成大气压力下的自由空气流量来计算。（　）

4. 通常压力计所指示的压力是绝对压力。（　）

三、选择题

1. 气压传动的优点是________。

A. 工作介质取之不尽，用之不竭，但易污染

B. 气动装置噪音大

C. 执行元件的速度、转矩、功率均可作无级调节

D. 无法保证严格的传动比

2. 单位湿空气体积中所含水蒸气的质量称为________。

A. 湿度　　B. 相对湿度

C. 绝对湿度　　D. 饱和绝对湿度

四、简答题

1. 举例说明气动技术有何应用？

2. 气压传动与液压传动相比较，有何优缺点？

第 10 章

气动元件

气动元件通过气体的压强或膨胀产生的力做功的元件，即将压缩空气的弹性能量转换为动能的机件，如气缸、气动马达、蒸汽机等。气动元件是一种动力传动形式，亦为能量转换装置，利用气体压力传递能量。

10.1　气源装置及辅件

如图 10－1 所示，气源装置包括压缩空气的发生装置以及压缩空气的存贮、净化等辅助装置。它为气动系统提供合乎质量要求的压缩空气，是气动系统的一个重要组成部分。

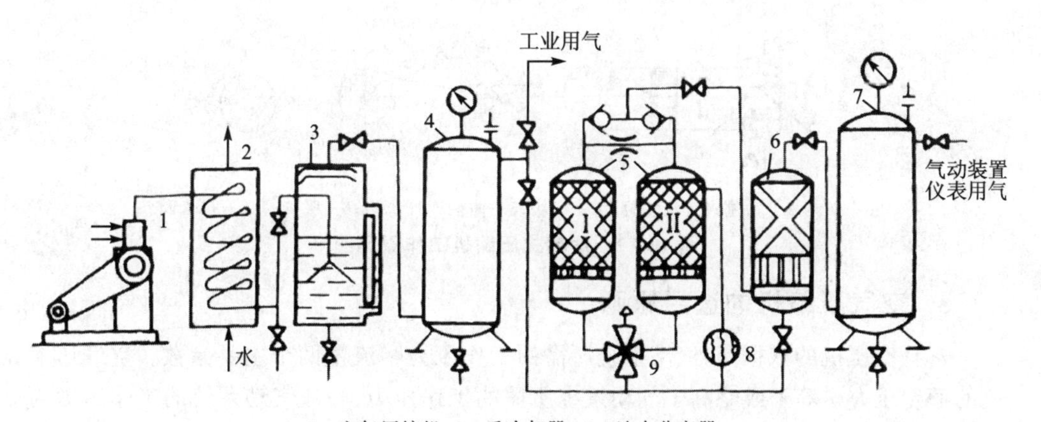

1—空气压缩机；2—后冷却器；3—油水分离器；
4、7—贮气罐；5—干燥器；6—过滤器；8—加热器；9—四通阀

图 10－1　气源装置的组成和布置示意图

气源装置一般由气压发生装置、净化及贮存压缩空气的装置和设备、传输压缩空

气的管道系统和气动3大件4部分组成。

图10－1中,1为空气压缩机,用以产生压缩空气,一般由电动机带动,其吸气口装有空气过滤器,以减少进入空气压缩机内气体的杂质量;2为后冷却器,用以冷却压缩空气,使气化的水、油凝结起来;3为油水分离器,用以分离,并排出冷却凝结的水滴、油滴、杂质等;4为贮气罐,用以贮存压缩空气,稳定压缩空气的压力,并除去部分油分和水分;5为干燥器,用以进一步吸收或排除压缩空气中的水分及油分,使之变成干燥空气;6为过滤器,用以进一步过滤压缩空气中的灰尘、杂质颗粒;7为贮气罐,贮气罐4输出的压缩空气可用于一般要求的气压传动系统,贮气罐7输出的压缩空气可用于要求较高的气动系统(如气动仪表及射流元件组成的控制回路等);8为加热器,可将空气加热,使热空气吹入闲置的干燥器中进行再生,以备干燥器Ⅰ、Ⅱ交替使用;9为四通阀,用于转换两个干燥器的工作状态。

10.1.1 气压发生装置

1. 空气压缩机的分类

空气压缩机简称空压机,是气源装置的核心,用以将原动机输出的机械能转化为气体的压力能。空压机有以下几种分类方法:

(1) 按工作原理分类;

(2) 按输出压力分类;

(3) 按输出流量(即铭牌流量或自由流量)分类。

2. 空气压缩机的工作原理

气动系统中最常用的是往复活塞式空压机,其工作原理如图10－2所示。

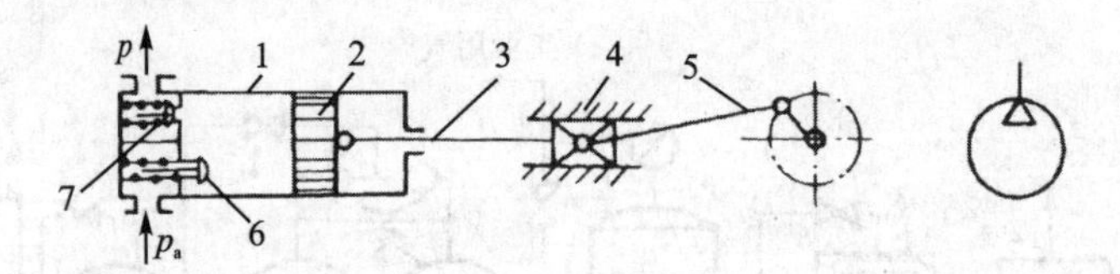

1—缸体;2—活塞;3—活塞杆;4—滑块;5—曲柄连杆机构;6—吸气阀;7—排气阀

图10－2 活塞式压缩机工作原理图

3. 空气压缩机的选用原则

选择空压机的依据是:气动系统所需的工作压力和流量两个主要参数。空气压缩机的额定压力应等于或略高于气动系统所需的工作压力,一般气动系统的工作压力为0.4～0.8 MPa,故常选用低压空压机,特殊需要亦可选用中、高压或超高压空压机。

输出流量的选择,要根据整个气动系统对压缩空气的需要再加一定的备用余量,作为选择空气压缩机(或机组)流量的依据。空气压缩机铭牌上的流量是自由空气流量。

10.1.2　压缩空气净化设备

直接由空气压缩机排出的压缩空气，如果不进行净化处理，不除去混在压缩空气中的水分、油分等杂质是不能为气动装置使用的，因此必须设置一些除油、除水、除尘，并使压缩空气干燥的提高压缩空气质量、进行气源净化处理的辅助设备。压缩空气净化设备一般包括后冷却器、油水分离器、贮气罐和干燥器。

(1) 后冷却器

后冷却器安装在空气压缩机出口管道上，空气压缩机排出具有140℃～170℃的压缩空气经过后冷却器，温度降至40℃～50℃。这样，就可使压缩空气中油雾和水汽达到饱和，使其大部分凝结成滴而析出，如图10－3所示。

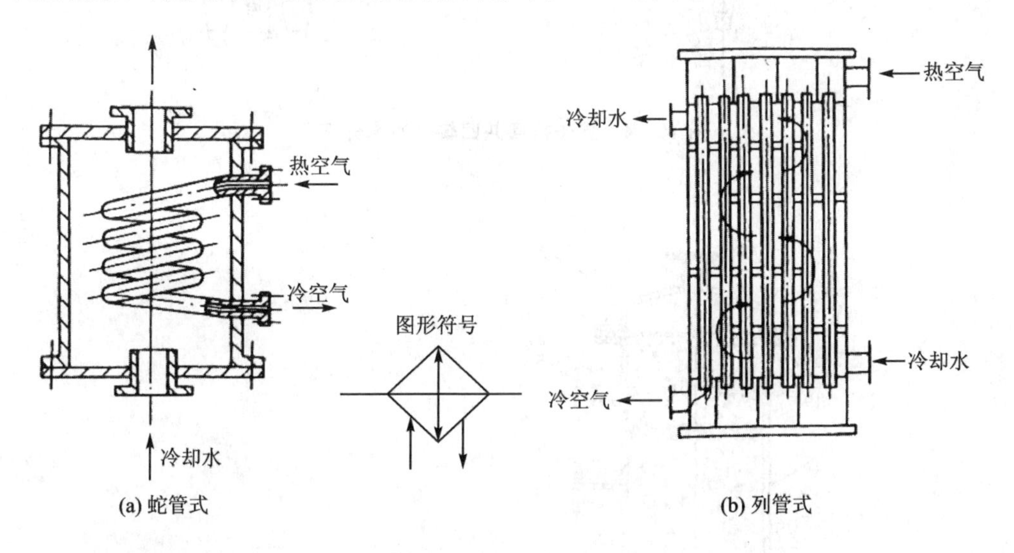

(a) 蛇管式　　(b) 列管式

图10－3　后冷却器

(2) 油水分离器

油水分离器主要利用回转离心、撞击、水浴等方法使水滴、油滴及其他杂质颗粒从压缩空气中分离出来。撞击折回式油水分离器结构形式如图10－4所示。

(3) 贮气罐

贮气罐的主要作用是贮存一定数量的压缩空气，减少气源输出气流脉动，增加气流连续性，减弱空气压缩机排出气流脉动引起的管道振动；进一步分离压缩空气中的水分和油分。

(4) 干燥器

如图10－5所示，干燥器的作用是进一步除去压缩空气中含有的水分、油分和颗粒杂质等，使压缩空气干燥，提供的压缩空气用于对气源质量要求较高的气动装置、气动仪表等。压缩空气干燥方法主要采用吸附、离心、机械降水及冷冻等方法。

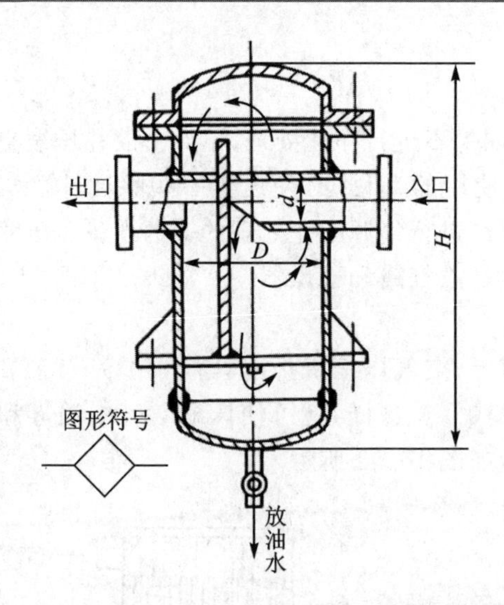

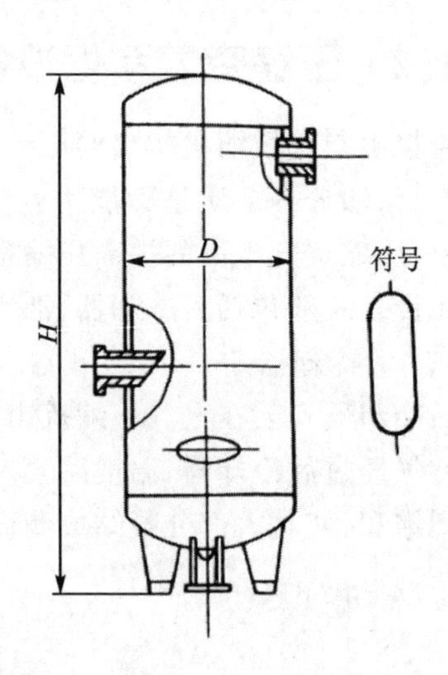

图 10－4　撞击折回并回转式油水分离器

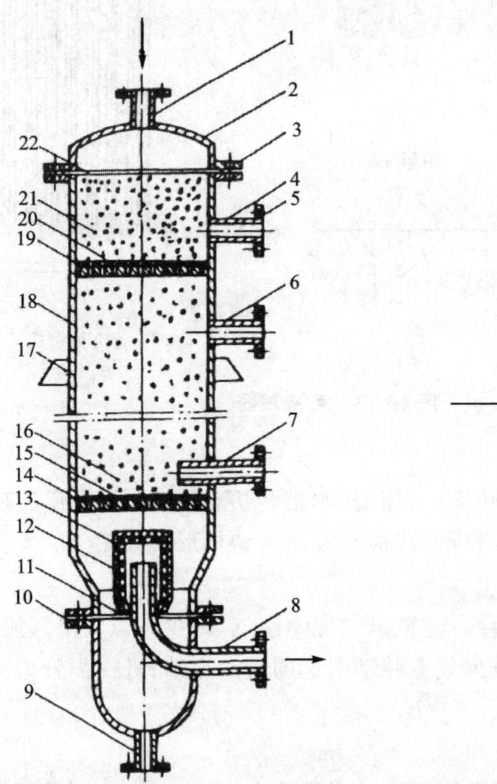

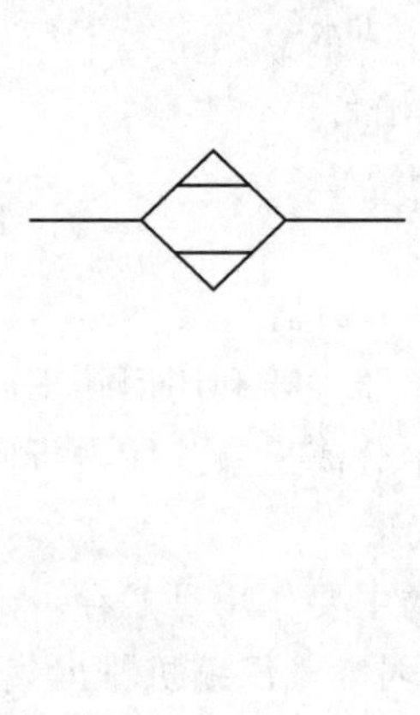

1—湿空气进气管；2—顶盖；3、5、10—法兰；4、6—再生空气排气管；7—再生空气进气管；

8—干燥空气输出管；10—排水管；11、22—密封垫；12、15、20—钢丝过滤网；13—毛毡；14—下栅板；

16、21—吸附剂层；17—支撑板；18—筒体；19—上栅板

图 10－5　干燥器

10.1.3 管道系统

管道系统包括管道和管接头。

1. 管道

气动系统中常用的管道有硬管和软管。硬管以钢管和紫铜管为主,常用于高温高压和固定不动的部件之间连接。软管有各种塑料管、尼龙管和橡胶管等,其特点是经济、拆装方便、密封性好,但应避免在高温、高压和有辐射场合使用。

2. 管接头

管接头是连接、固定管道所必需的辅件,分为硬管接头和软管接头两类。

3. 管道系统的选择

气源管道的管径大小是根据压缩空气的最大流量和允许的最大压力损失决定的。

10.1.4 气动三大件

空气过滤器、减压阀和油雾器一起称为气动三大件,三大件依次无管化连接而成的组件称为三联件,是多数气动设备必不可少的气源装置。大多数情况下,三大件组合使用,其安装次序依进气方向为空气过滤器、减压阀和油雾器。

1. 空气过滤器

如图 10-6 所示,空气过滤器又称分水滤气器、空气滤清器,它的作用是滤除压

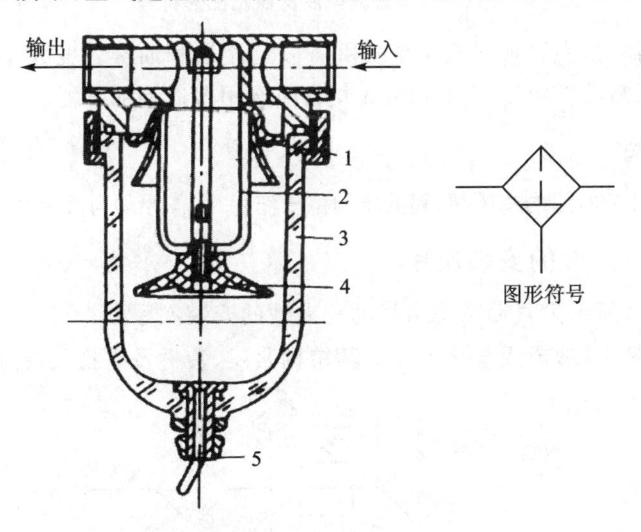

1—旋风叶子;2—滤芯;3—存水杯;4—挡水板;5—排水芯

图 10-6 空气过滤器及图形符号图

缩空气中的水分、油滴及杂质，以达到气动系统所要求的净化程度。它属于二次过滤器，大多与减压阀，油雾器一起构成气动三联件，安装在气动系统的入口处。

2. 油雾器

如图 10－7 所示，油雾器是一种特殊的注油装置，它以压缩空气为动力，将润滑油喷射成雾状并混合于压缩空气中，使压缩空气具有润滑气动元件的能力。

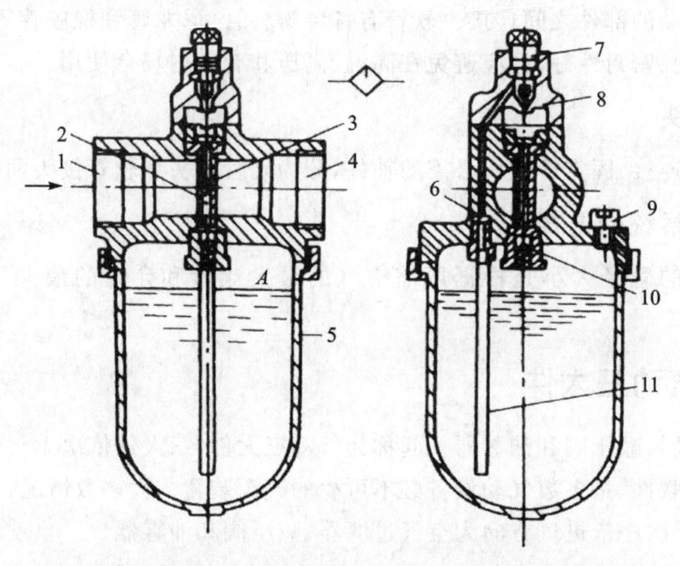

1—输入口；2—小孔；3—喷嘴小孔；4—输出口；5—储油杯；6—单向阀；
7—可调节流阀；8—视油器；10—油塞；10—单向阀；11—吸油管

图 10－7　普通型油雾器及图形符号

选择油雾器时，主要根据气压系统所需额定流量和油雾粒度大小确定油雾器的型式和通径，所需油雾粒度若为 50 μm 左右应选用普通型油雾器。

3. 减压阀

气动三大件中所用的减压阀，起减压和稳压作用，工作原理与液压系统减压阀相同。

4. 气动三大件的安装次序

如图 10－8 所示为气动系统中气动三大件的安装次序图。目前新结构的三大件插装在同一支架上，形成无管化连接。其结构紧凑、装拆及更换元件方便，应用普遍。

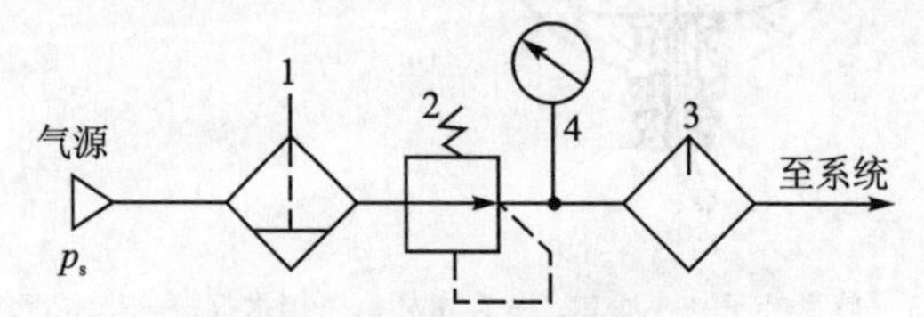

1—空气过滤器；2—减压阀；3—油雾器；4—压力表

图 10－8　气动三大件的安装次序

10.2 气动执行元件

气动执行元件是将压缩空气的压力能转换为机械能的装置，包括气缸和气马达。

10.2.1 气 缸

气缸是气动系统的执行元件之一。它是将压缩空气的压力能转换为机械能，并驱动工作机构作往复直线运动或摆动的装置，与液压缸比较，它具有结构简单，制造容易，工作压力低和动作迅速等优点，故应用十分广泛。

1. 气缸的分类

气缸种类很多，结构各异、分类方法也多，常用的有以下几种。

(1) 按压缩空气在活塞端面作用力的方向不同分为单作用气缸和双作用气缸。

(2) 按结构特点不同分为活塞式、薄膜式、柱塞式和摆动式气缸等。

(3) 按安装方式可分为耳座式、法兰式、轴销式、凸缘式、嵌入式和回转式气缸等。

(4) 按功能分为普通式、缓冲式、气—液阻尼式、冲击和步进气缸等。

2. 气缸的工作原理和用途

大多数气缸的工作原理与液压缸相同，以下介绍几种具有特殊用途的气缸。

(1) 气—液阻尼缸。在气压传动中，需要准确的位置控制和速度控制时，可采用综合了气压传动和液压传动优点的气—液阻尼缸。图10-9为式气—液阻尼缸工作原理图。

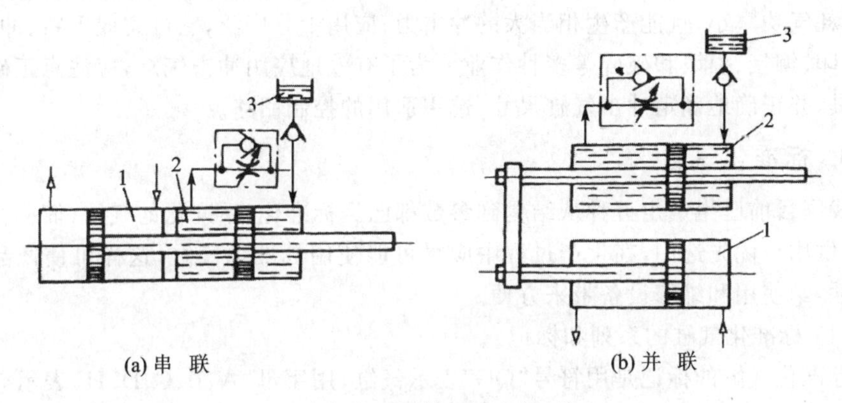

1—气缸；2—液压缸；3—高位油箱

图10-9 气—液阻尼缸

串联式气—液阻尼缸的缸体较长，加工和安装时对同轴度要求较高，并要注意解决气缸和液压缸之间的油与气的互窜问题。

图10-9(b)为并联式气—液阻尼缸，它由气缸和液压缸并联而成，其工作原理

和作用与串联气—液阻尼缸相同。这种气—液阻尼缸的缸体短，结构紧凑，消除了气缸和液压缸之间的窜气现象。

(2) 薄膜式气缸。薄膜式气缸是一种利用膜片在压缩空气作用下产生变形推动活塞杆做直线运动的气缸。图 10－10 为薄膜式气缸结构简图。它可以是单作用的，也可以是双作用的。

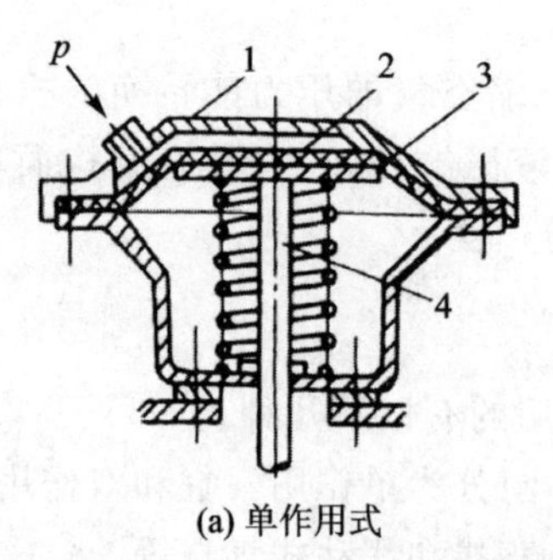

(a) 单作用式

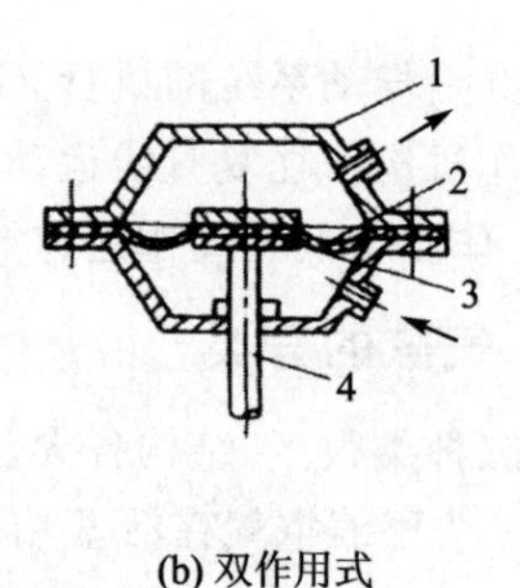

(b) 双作用式

1—缸体；2—膜片；3—膜盘；4—活塞杆

图 10－10　薄膜式气缸

薄膜式气缸与活塞式气缸相比较，具有结构紧凑、简单、成本低、维修方便、寿命长和效率高等优点，但因膜片的变形量有限，其行程较短，一般不超过 40～50 mm，且气缸活塞上的输出力随行程的加大而减小，因此它的应用范围受一定限制，适用于气动夹具、自动调节阀及短行程工作场合。

(3) 冲击气缸。冲击气缸是把压缩空气的压力能转换为活塞和活塞杆的高速运动，输出动能，产生较大的冲击力，打击工件做功的一种气缸。冲击气缸结构简单、成本低，耗气功率小，且能产生相当大的冲击力，应用十分广泛，它可完成下料、冲孔、弯曲、打印、铆接、模锻和破碎等多种作业。为了有效地应用冲击气缸，应注意正确地选择工具，并正确地确定冲击气缸尺寸，选用适用的控制回路。

3. 标准化气缸

我国目前已生产出五种从结构到参数都已经标准化、系列化的气缸(简称标准化气缸)供用户优先选用，在生产过程中应尽可能使用标准化气缸，这样可使产品具有互换性，给使用和维修设备带来方便。

(1) 标准化气缸的系列和标记

标准化气缸的标记是用符号“QG”表示气缸，用字母“A、B、C、D、H”表示 5 种系列。具体的标志方法是：

QG	A、B、C、D、H	缸径×行程

5 种标准化气缸的系列为：QGA—无缓冲普通气缸；QGB—细杆(标准杆)缓冲气缸；

QGC—粗杆缓冲气缸；QGD—气—液阻尼缸；QGH—回转气缸。

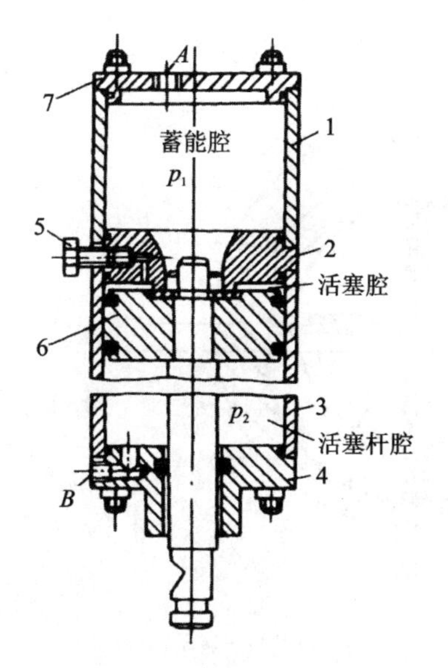

1—缸体；2—中盖；3—缸体；4—端盖

图 10-11　冲击气缸

例如，标记为 QG　A80×100，表示气缸的直径为 80 mm，行程为 100 mm 的无缓冲普通气缸。

(2) 标准化气缸的主要参数

标准化气缸的主要参数是缸径 D 和行程 S。缸径标志了气缸活塞杆的输出力，行程标志了气缸的作用范围。

标准化气缸的缸径 D(单位 mm)有下列 11 种规格：

缸径：40，50，63，80，100，125，160，200，250，320，400。

标准化气缸的行程 S：无缓冲气缸和气—液阻尼缸，取 $S=(0.5\sim2)D$；有缓冲气缸，取 $S=(1\sim10)D$。

10.2.2　气动马达

气动马达是将压缩空气的压力能转换成旋转的机械能的装置。气动马达有叶片式、活塞式、齿轮式等多种类型，在气压传动中使用最广泛的是叶片式和活塞式马达。

图 10-12 为双向旋转叶片式气动马达的结构示意图。当压缩空气从进气口进入气室后立即喷向叶片 1，作用在叶片的外伸部分，产生转矩带动转子 2 作逆时针转动，输出机械能。若进气、出气口互换，则转子反转，输出相反方向的机械能。转子转动的离心力和叶片底部的气压力、弹簧力(图中未画出)使得叶片紧贴在定子 3 的内壁上，以保证密封，提高容积效率。叶片式气动马达主要用于风动工具，高速旋转机械及矿山机械等。

气动马达的突出特点是具有防爆、高速等优点，但输出功率小、耗气量大、噪声大和易产生振动等。

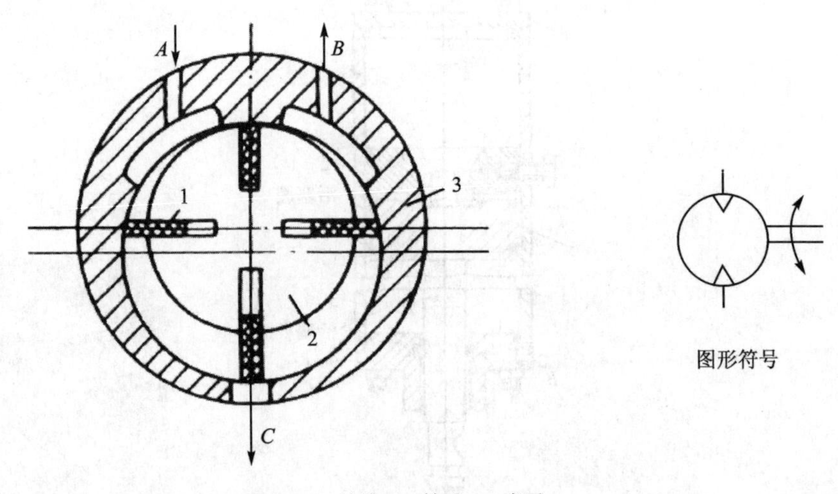

1—叶片;2—转子;3—定子

图 10-12 双向旋转叶片式气动马达

10.3 气动控制元件

气动控制元件按其功能和作用分为压力控制阀、流量控制阀和方向控制阀 3 大类。此外,还有通过控制气流方向和通断实现各种逻辑的元件等。

10.3.1 方向控制阀

气动方向控制阀和液压方向控制阀相似,按其作用特点可分为单向型和换向型两种,其阀芯结构主要有截止式和滑阀式。

1. 单向型控制阀

单向型控制阀包括单向阀、或门型梭阀、与门型梭阀和快速排气阀。

(1) 或门型梭阀

在气压传动系统中,当两个通路 P_1 和 P_2 均与另一通路 A 相通,而不允许 P_1 与 P_2 相通时,就要用或门型梭阀,如图 10-13 所示。

如图 10-13(a)所示,当 P_1 进气时,将阀芯推向右边,通路 P_2 被关闭,于是气流从 P_1 进入通路 A。反之,气流则从 P_2 进入 A,如图 10-13(b)所示。当 P_1,P_2 同时进气时,哪端压力高,A 就与哪端相通,另一端就自动关闭。图 10-13(c)为该阀的图形符号。

(2) 与门型梭阀(双压阀)

与门型梭阀又称双压阀,该阀只有当两个输入口 P_1、P_2 同时进气时,A 口才能输出。图 10-14 所示为与门型梭阀。

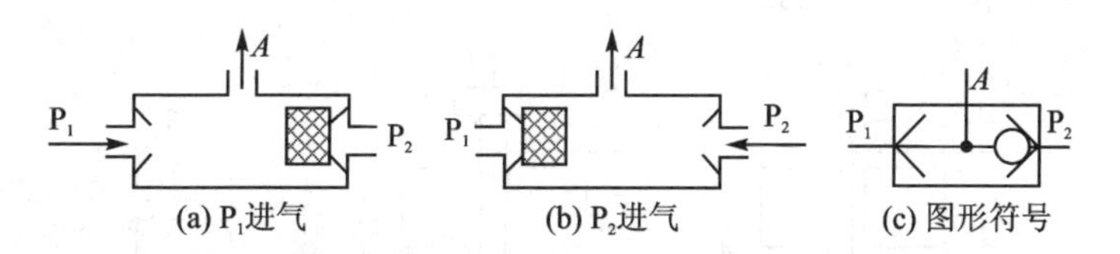

(a) P_1进气　　(b) P_2进气　　(c) 图形符号

图 10－13　或门型梭阀

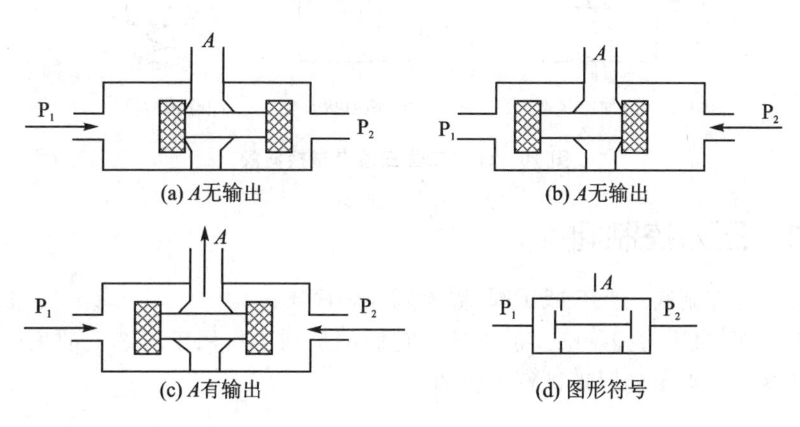

(a) *A*无输出　　(b) *A*无输出

(c) *A*有输出　　(d) 图形符号

图 10－14　与门型梭阀

（3）快速排气阀

快速排气阀又称快排阀，它是为加快气缸运动作快速排气用的。图 10－15 为膜片式快速排气阀。

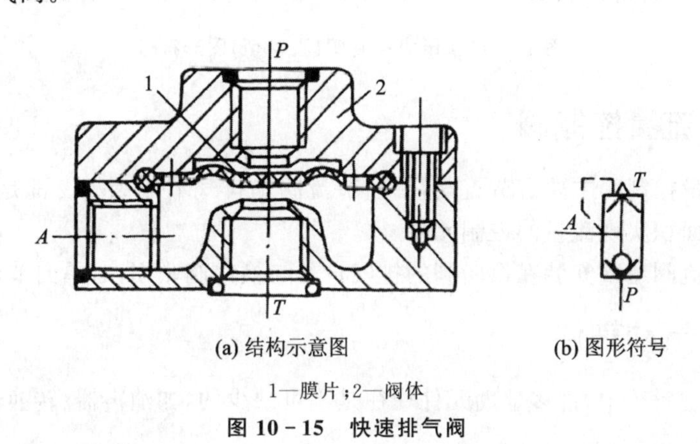

(a) 结构示意图　　(b) 图形符号

1—膜片；2—阀体

图 10－15　快速排气阀

2. 换向型控制阀

换向型方向控制阀（简称换向阀），是通过改变气流通道而使气体流动方向发生变化，从而达到改变气动执行元件运动方向的目的。它包括气压控制换向阀、电磁控制换向阀、机械控制换向阀、人力控制换向阀和时间控制换向阀等。图 10－16 为二位三通电磁换向阀结构原理图。

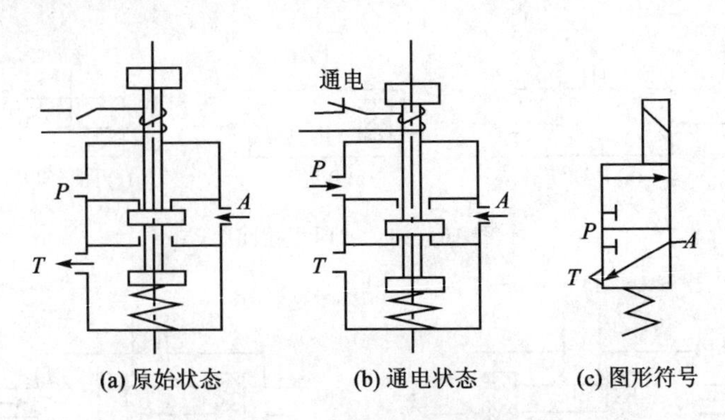

(a) 原始状态　(b) 通电状态　(c) 图形符号

图 10-16　二位三通电磁换向阀

10.3.2　压力控制阀

气动压力控制阀主要有减压阀、溢流阀和顺序阀。

图 10-17 为压力控制阀图形符号。它们都是利用作用于阀芯上的流体(空气)压力和弹簧力相平衡的原理进行工作的。

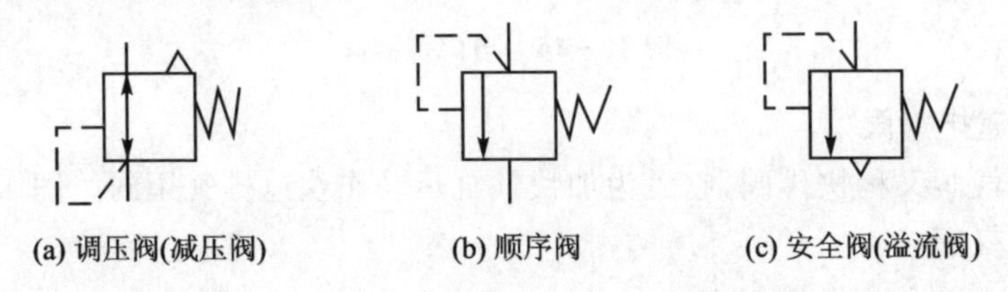

(a) 调压阀(减压阀)　(b) 顺序阀　(c) 安全阀(溢流阀)

图 10-17　压力控制阀(直动型)图形符号

10.3.3　流量控制阀

气动流量控制阀主要有节流阀,单向节流阀和排气节流阀等。都是通过改变控制阀的通流面积实现流量的控制元件。

排气节流阀通常安装在换向阀的排气口处与换向阀联用,起单向节流阀的作用。

10.3.4　气动辅件

气动控制系统中,许多辅助元件往往是不可缺少的,如消声器、转换器、管道和接头等。

1. 消声器

消声器的作用是排除压缩气体高速通过气动元件排到大气时产生的刺耳噪声污染。气动系统中的消声器主要有吸收型、膨胀干涉型和膨胀干涉吸收型,如图 10-18 所示。

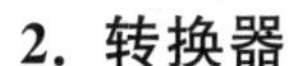

2. 转换器

转换器是将电、液、气信号相互间转换的辅件，用来控制气动系统工作。气动系统中的转换器主要有气—电、电—气和气—液等。气—液转换器的储油量应不小于液压缸最大有效容积的 1.5 倍，如图 10－19 所示。

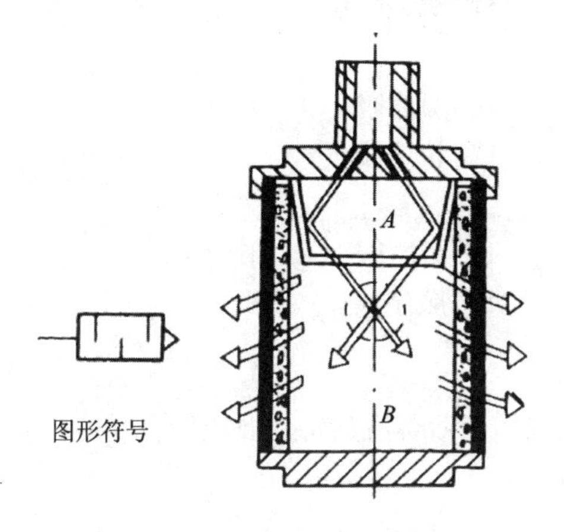

图 10－18　膨胀干涉吸收型消声器

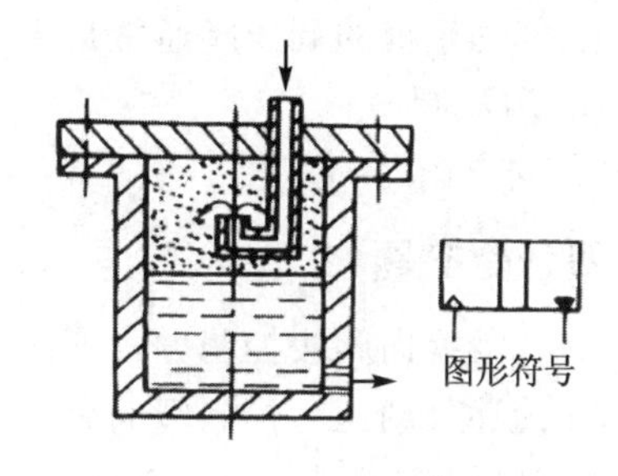

图 10－19　气—液转换器

思考题

一、填空题

1. 气动控制阀是气动系统的________元件，根据用途和工作特点不同，控制阀可以分为三类：________、________、________控制阀。

2. 压力控制阀按其控制功能可以分为________、________、________。

3. 方向控制阀按其作用特点可分为________控制阀和________控制阀两种。

4. 排气节流阀与节流阀一样，也是靠调节________调节阀的流量的，它必须装在执行元件的________处，它不仅能调节执行元件的运动________，还因为它常带有消声器件，所以也起降低排气________作用。

二、判断题

1. 气动系统的压力是由溢流阀决定的。　（　　）

2. 通常调压阀的出口压力保持恒定，且可以调高或调低压力值。　（　　）

3. 安全阀即溢流阀，在系统正常工作时处于常开的状态。　（　　）

4. 换向型方向控制阀的功用是改变气流通道，使气流方向发生变化，改变阀芯的运动方向。　（　　）

三、选择题

1. 以下不属于方向控制阀的是________。

A. 与门型梭阀　　B. 或门型梭阀

C. 快速排气阀　　D. 排气节流阀

2. ______阀与其他控制方式相比,使用频率较低、动作速度较慢。

A. 气压控制　　B. 电磁控制

C. 人力控制　　D. 机械控制

3. “速度控制阀”通常是指________。

A. 单向节流阀　　B. 调速阀

C. 排气节流阀　　D. 快速排气阀

4. 气动系统的调压阀通常是指________。

A. 溢流阀　　B. 减压阀

C. 安全阀　　D. 顺序阀

四、简答题

1. 气动换向阀按控制方式不同可分为哪几种,各有何特点及应用?

2. 简述气动压力控制阀的分类及功用。

3. 气动三大件是什么,有哪些作用?

4. 气动溢流阀和安全阀有何区别与联系?

第11章

气动基本回路

气动基本回路按其功能分为方向控制回路、压力控制回路、速度控制回路和其他常用基本回路。

11.1 方向控制回路

11.1.1 单作用气缸换向回路

图11-1(a)所示为由二位三通电磁阀控制的换向回路,通电时,活塞杆伸出;断电时,在弹簧力作用下活塞杆缩回。

图11-1(b)所示为由三位五通电磁阀控制的换向回路。

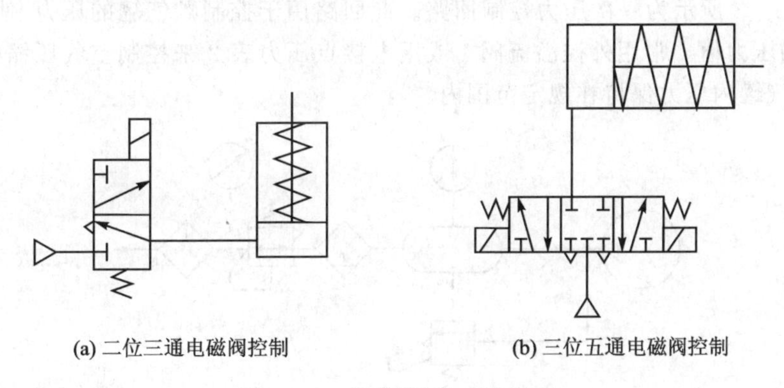

(a) 二位三通电磁阀控制　　(b) 三位五通电磁阀控制

图11-1 单作用气缸换向回路

11.1.2 双作用气缸换向回路

图 11－2(a)为小通径的手动换向阀控制二位五通主阀操纵气缸换向；图 11－2(b)为二位五通双电控阀控制气缸换向；图 11－2(c)为两个小通径的手动阀控制二位五通主阀操纵气缸换向；图 11－2(d)为三位五通阀控制气缸换向。该回路有中停功能，但定位精度不高。

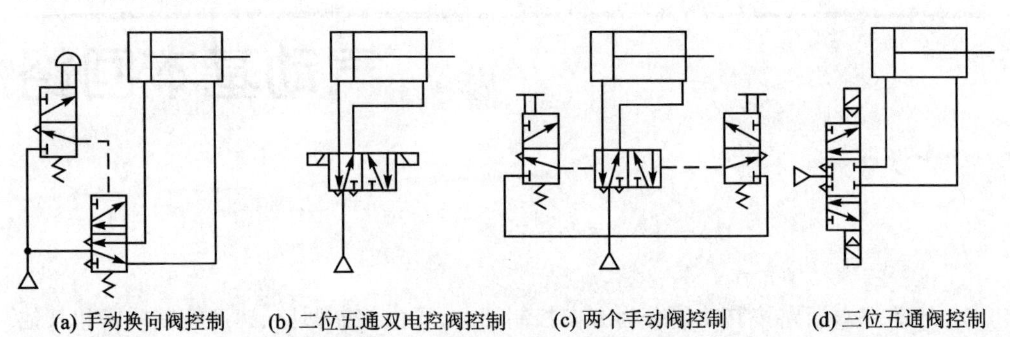

(a) 手动换向阀控制　(b) 二位五通双电控阀控制　(c) 两个手动阀控制　(d) 三位五通阀控制

图 11－2　双作用气缸换向回路

11.2 压力控制回路

压力控制回路的功用是使系统保持在某一规定的压力范围内。常用的有一次压力控制回路，二次压力控制回路和高低压转换回路。

11.2.1 一次压力控制回路

图 11－3 所示为一次压力控制回路。此回路用于控制贮气罐的压力，使之不超过规定的压力值。常用外控溢流阀 1 或用电接点压力表 2 来控制空气压缩机的转、停，使贮气罐内压力保持在规定范围内。

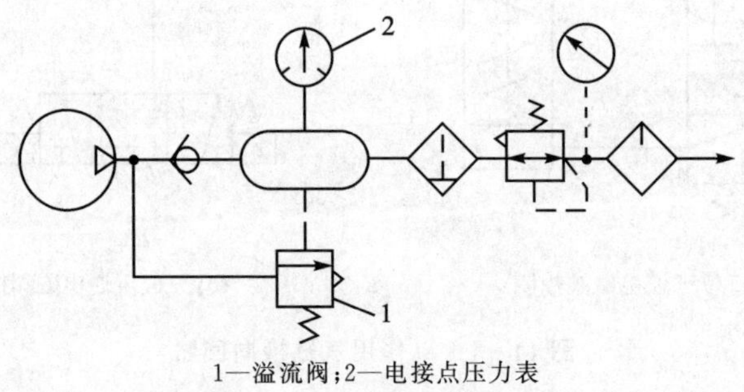

1—溢流阀；2—电接点压力表

图 11－3　一次压力控制回路

11.2.2 二次压力控制回路

图 11－4 所示为二次压力控制回路，图 11－4(a)是由气动三大件组成的，主要由溢流减压阀来实现压力控制；图 11－4(b)是由减压阀和换向阀构成的对同一系统实现输出高低压力 p_1、p_2 的控制；图 11－4(c)是通过减压阀实现对不同系统输出不同压力 p_1、p_2 的控制。

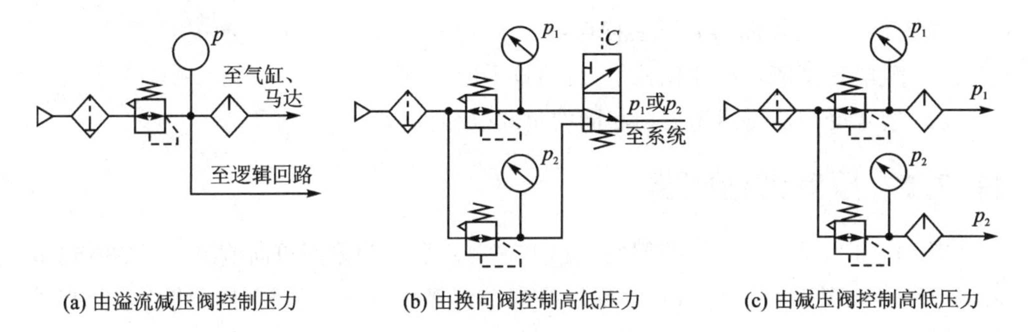

(a) 由溢流减压阀控制压力　(b) 由换向阀控制高低压力　(c) 由减压阀控制高低压力

图 11－4　二次压力控制回路

11.3 速度控制回路

气动系统因使用的功率都不大，所以主要的调速方法是节流调速。

11.3.1 单向调速回路

图 11－5 所示为双作用缸单向调速回路，其中，图 11－5(a)为供气节流调速回路。在图 11－5 所示位置时，当气控换向阀不换向时，进入气缸 A 腔的气流流经节

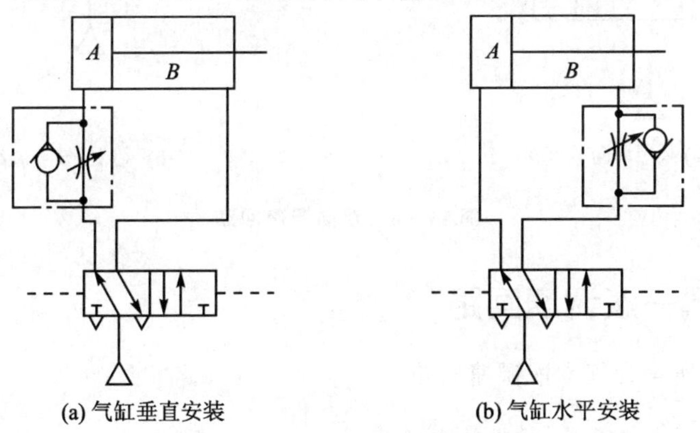

(a) 气缸垂直安装　(b) 气缸水平安装

图 11－5　双作用缸单向调速回路

流阀,B腔排出的气体直接经换向阀快排。当节流阀开度较小时,由于进入A腔的流量较小,压力上升缓慢。当气压达到能克服负载时,活塞前进,此时A腔容积增大,结果使压缩空气膨胀,压力下降,使作用在活塞上的力小于负载,因而活塞就停止前进。待压力再次上升时,活塞才再次前进。这种由于负载及供气的原因使活塞时走时停的现象,叫气缸的“爬行”。节流供气多用于垂直安装的气缸的供气回路中,在水平安装的气缸供气回路中一般采用图11-5(b)的节流排气回路。

排气节流调速回路具有下述特点:

(1) 气缸速度随负载变化较小,运动较平稳;

(2) 能承受与活塞运动方向相同的负载(反向负载)。

11.3.2 双向调速回路

图11-6所示为双向调速回路。图11-6(a)所示为采用单向节流阀式的双向节流调速回路。图11-6(b)所示为采用排气节流阀的双向节流调速回路。它们都是采用排气节流调速方式,当外负载变化不大时,进气阻力小,负载变化对速度影响小,比进气节流调速效果要好。

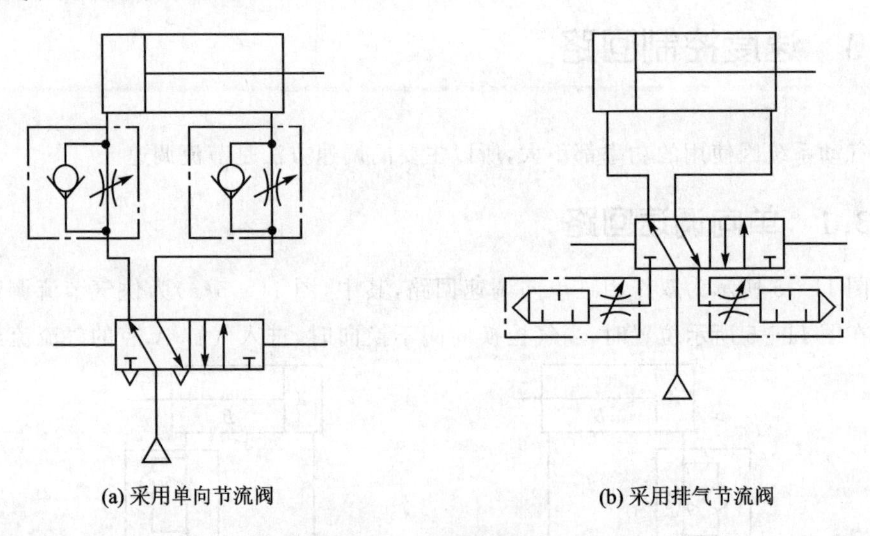

(a) 采用单向节流阀　　(b) 采用排气节流阀

图11-6 双向调速回路

11.3.3 气—液调速回路

图11-7所示为气—液调速回路。

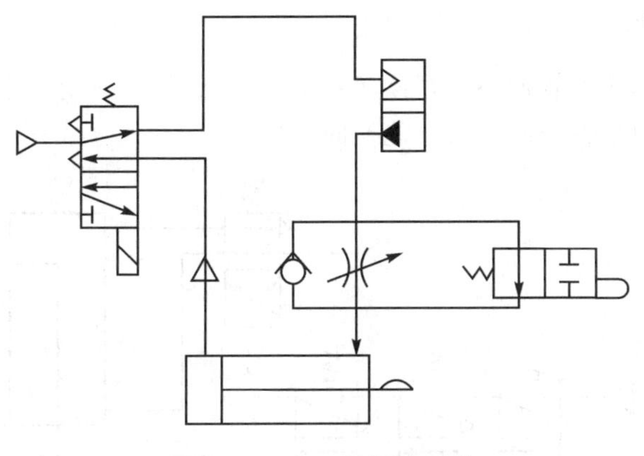

图 11－7　气—液调速回路

11.4　其他常用基本回路

11.4.1　安全保护回路

气动机构负荷过载或气压的突然降低以及气动执行机构的快速动作等都可能危及操作人员或设备的安全,因此在气动回路中,常常要加入安全回路。下面介绍几种常用的安全保护回路。

1. 过载保护回路

图 11－8 所示为过载保护回路。按下手动换向阀 1,在活塞杆伸出的过程中,若遇到障碍 6,无杆腔压力升高,打开顺序阀 3,使阀 2 换向,阀 4 随即复位,活塞立即退回,实现过载保护。若是无障碍 6,气缸向前运动时压下阀 5,活塞即刻返回。

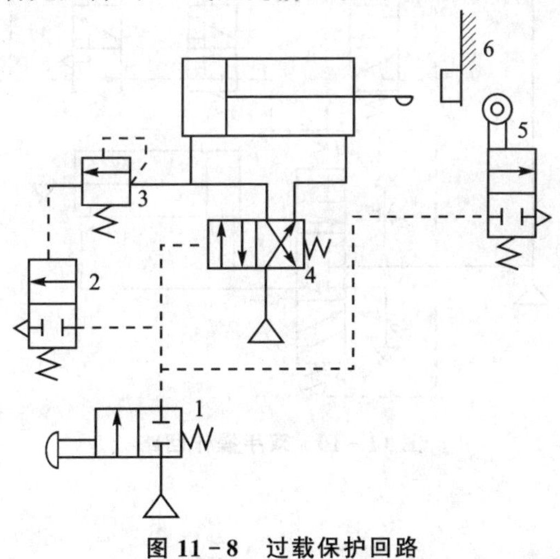

图 11－8　过载保护回路

2. 互锁回路

图 11－9 所示为互锁回路。在该回路中，四通阀的换向受 3 个串联的机动三通阀控制，只有 3 个阀都接通，主阀才能换向。

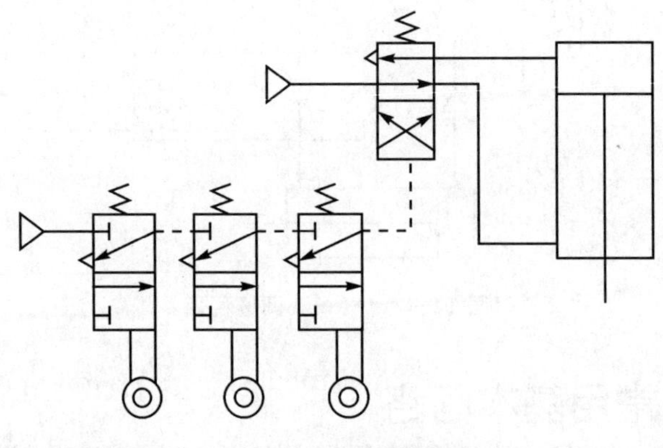

图 11－9　互锁回路

3. 双手同时操作回路

所谓双手同时操作回路就是使用两个启动阀的手动阀，只有同时按动两个阀才动作的回路。图 11－10 所示为双手同时操作回路。

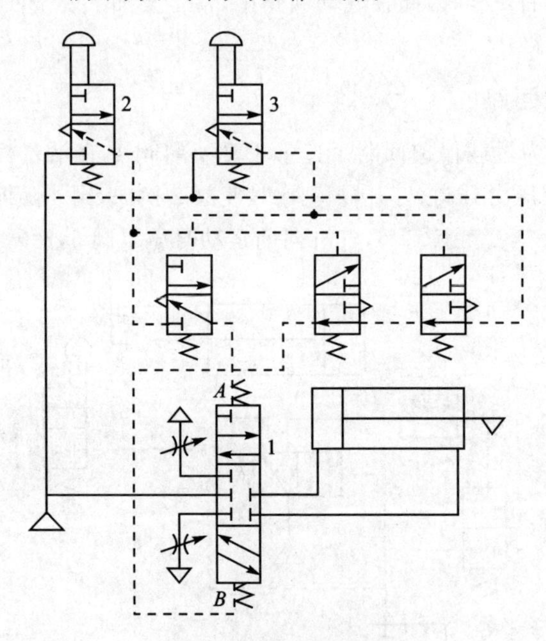

图 11－10　双手操作回路

11.4.2 延时回路

图 11－11 所示为延时回路。图 11－11(a)为延时输出回路，当控制信号切换阀 4 后，压缩空气经单向节流阀 3 向贮气罐 2 充气。当充气压力经过延时升高致使阀 1 换位时，阀 1 就有输出。图 11－11(b)为延时接通回路，按下阀 8，则气缸向外伸出，当气缸在伸出行程中压下阀 5 后，压缩空气经节流阀到贮气罐 6，延时后才将阀 7 切换，气缸退回。

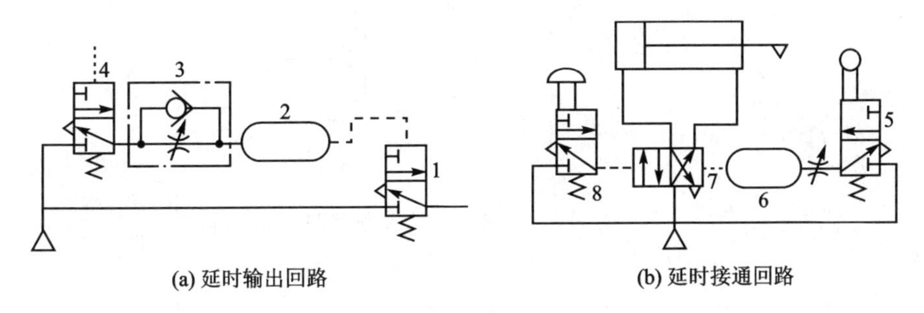

(a) 延时输出回路　　(b) 延时接通回路

图 11－11　延时回路

11.4.3 顺序动作回路

顺序动作是指在气动回路中，各个气缸按一定顺序完成各自的动作。

1. 单缸往复动作回路

图 11－12 所示为 3 种单往复动作回路。图 11－12(a)是行程阀控制的单往复回路；图 11－12(b)是压力控制的往复动作回路；图 11－12(c)是利用延时回路形成的时间控制单往复动作回路。

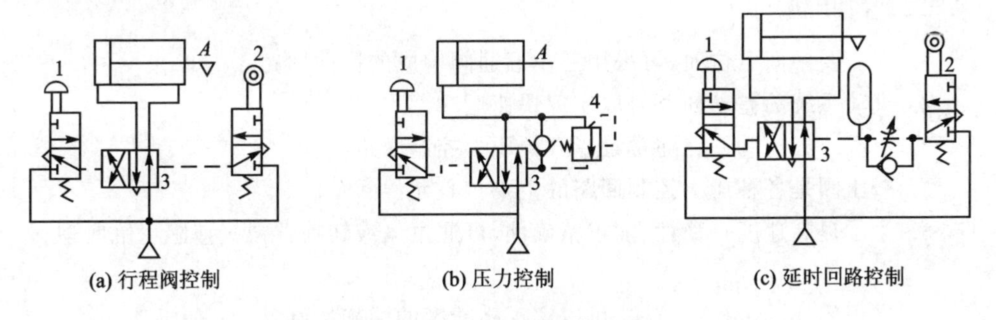

(a) 行程阀控制　　(b) 压力控制　　(c) 延时回路控制

图 11－12　单往复动作回路

由以上可知，在单往复动作回路中，每按下一次按钮，气缸就完成一次往复动作。

2. 连续往复动作回路

图 11－13 所示为连续往复动作回路，它能完成连续的动作循环。

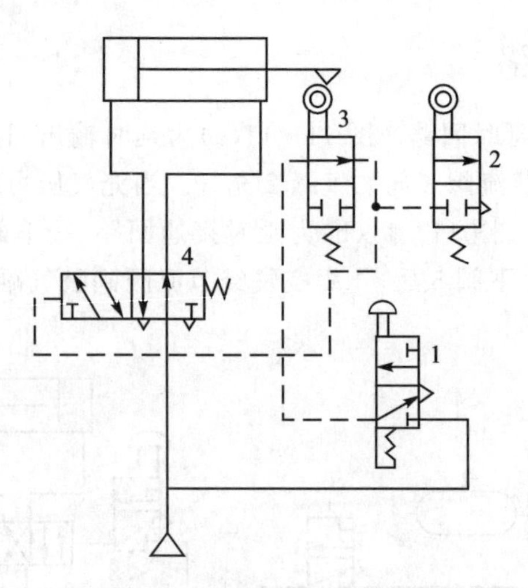

图 11－13　连续往复动作回路

思考题

一、填空题

1. 气动回路按功能不同，可以分为________、________、________和________等基本类型，另外还有________、________、________等其他控制回路。

2. ________可以构成单作用执行元件和双作用执行元件的各种换向控制回路。

3. 速度控制回路是利用________改变进排气管路的有效截面积，以实现速度控制的。

4. 在气动系统中，加入安全回路的目的是保证________的安全。

二、判断题

1. 当需要中间定位时，可采用三位五通阀构成的换向回路。（　）

2. 气动系统的差动回路可以实现快速运动。（　）

3. 一次压力控制回路通常是指气源压力控制回路。（　）

4. 减压阀是各种压力控制回路的主要核心元件。（　）

5. 为了提高速度平稳性、加工精确性，可通过气液转换器或气液阻尼缸实现。（　）

6. 采用闭环同步控制方法，可以实现高精度的同步控制。（　）

7. 互锁回路的作用是防止气缸动作而相互锁紧。（　）

三、选择题

1. 在气动系统中，有时需要提供两种不同压力，来驱动双作用气缸在不同方向上的运 动，这时可采用________。

A. 双作用气缸回路　　B. 双压驱动回路

C. 双向速度回路　　D. 双动控制回路

2. 残压排出回路属于________回路。

A. 压力控制　　B. 安全保护

C. 调压回路　　D. 减压

3. 气液联动速度控制回路常用元件是________。

A. 气转换器　　B. 气液阻尼缸

C. 气液阀　　D. 气液增压缸

四、简答题

1. 单作用气缸和双作用气缸的换向回路主要区别是什么？

2. 欲使双作用气缸自动换向，且在任意位置停止，可选择哪些换向阀？

3. 何为差动回路？

4. 为何安全回路中，都不可缺少过滤装置和油雾器？

5. 延时回路相当于电气元件中的什么元件？

6. 气动系统中常用的压力控制回路有哪几种？

参考文献

[1] 陈淑梅. 液压与气压传动:英汉双语[M]. 2 版. 北京:机械工业出版社,2014.
[2] 何存兴,张铁华. 液压传动与气压传动[M]. 2 版. 武汉:华中科技大学出版社,2000.
[3] 林建亚,何存兴. 液压元件[M]. 北京:机械工业出版社,1988.
[4] 曹建东,龚肖新. 液压传动与气动技术[M]. 北京:北京大学出版社,2006.
[5] 左健民. 液压与气压传动学习指导与例题集[M]. 北京:机械工业出版社,2012.
[6] 牛国玲,李彩花,胡晓平. 液压与气压传动[M]. 北京:北京大学出版社,2016.
[7] 贾铭新. 液压传动与控制解难和练习[M]. 北京:国防工业出版社,2003.
[8] 王积伟. 液压传动[M]. 北京:机械工业出版社,2006.
[9] 袁承训. 液压与气压传动[M]. 北京:机械工业出版社,1995.
[10] 路甬祥. 液压气动技术手册[M]. 北京:机械工业出版社,2002.
[11] 赵家文. 液压与气动应用技术[M]. 苏州:苏州大学出版社,2004.
[12] 李慕洁. 液压传动与气压传动[M]. 北京:机械工业出版社,1989.
[13] 陈奎生. 液压与气压传动[M]. 武汉:武汉理工大学出版社,2001.
[14] 左健民. 液压与气压传动[M]. 北京:机械工业出版社,2016.
[15] 徐永生. 液压与气动[M]. 北京:高等教育出版社,2001.
[16] 袁子荣. 液气压传动与控制[M]. 重庆:重庆大学出版社,2002.
[17] 袁子荣. 新型液压元件及系统集成技术[M]. 北京:机械工业出版社,2012.
[18] 王庭树,余从晞. 液压及气动技术[M]. 北京:国防工业出版社,1988.
[19] 吴振顺. 气压传动与控制[M]. 哈尔滨:哈尔滨工业大学出版社,2009.